"十二五"国家科技支撑计划课题(2013BAK05B02)资助

中国北方牧区草原旱灾、雪灾快速评估和应急救助决策研究

Study on Rapid Evaluation and Emergency Rescue Decision of Grassland Drought and Snow Disaster in Northern China

张继权 陈 鹏 刘兴朋 佟志军 郭恩亮 著

科学出版社

北京

内 容 简 介

本书是"十二五"社发领域国家科技支撑计划项目"重大自然灾害综合风险评估与减灾关键技术及应用示范"课题二"重大自然灾害应急救助关键技术研究与示范"的最新研究成果，是迄今为止有关草原旱灾、雪灾快速评估及应急救助研究领域最全面和系统的一部专著。首先全面介绍了草原旱灾、雪灾损失评估及其应急救助的国内外相关研究进展与发展趋势、主要研究内容与研究方案；在此基础上系统地介绍了草原旱灾损失快速评估、草原雪灾损失快速评估、草原旱灾与雪灾社会影响评价、草原雪灾应急救助需求与能力评估和草原雪灾应急救助物资库及避难所优化布局的最新研究方法、技术流程与研究成果；最后构建了草原旱灾、草雪灾应急救助管理系统平台，提出了草原旱灾、雪灾应急救助管理对策体系。

本书可供从事草原自然灾害研究的科研人员、管理人员、业务人员阅读和参考，还可以供政府减灾管理部门的技术官员、保险的工程技术人员参考使用，也可作为高等院校相关专业研究生的教学参考用书。

图书在版编目 (CIP) 数据

中国北方牧区草原旱灾、雪灾快速评估和应急救助决策研究 / 张继权等著. —北京：科学出版社，2017.6

ISBN 978-7-03-053182-7

Ⅰ. ①中⋯ Ⅱ. ①张⋯ Ⅲ. ①牧区-旱灾-灾害防治-研究-中国 ②牧区-雪害-灾害防治-研究-中国 Ⅳ. ①P426.616

中国版本图书馆 CIP 数据核字 (2017) 第 109060 号

责任编辑：霍志国 / 责任校对：何艳萍
责任印制：张　伟 / 封面设计：东方人华

科学出版社 出版
北京东黄城根北街 16 号
邮政编码：100717
http://www.sciencep.com

北京中石油彩色印刷有限责任公司 印刷
科学出版社发行　各地新华书店经销

*

2017 年 6 月第　一　版　开本：720×1000 B5
2017 年 6 月第一次印刷　印张：19 3/4　插页：3
字数：380 000

定价：128.00 元
(如有印装质量问题，我社负责调换)

第一作者简介

张继权,男,教授、博士生导师,吉林省"长白山学者"特聘教授,1965年2月生,吉林长春市人。日本鸟取大学联合农学研究科生物环境农学博士,日本学术振兴会外国人特别研究员、日本京都大学防灾研究所博士后。现任东北师范大学环境学院副院长、东北师范大学自然灾害研究所所长、东北师范大学综合灾害风险管理研究中心主任,兼任中国灾害防御协会风险分析专业委员会常务理事和副理事长、中国草学会草原火专业委员会常务副理事长和秘书长、中国农业资源与区划学会农业灾害风险专业委员会理事会常务理事和副理事长、吉林省气象学会副理事长、吉林省减灾委专家委员会副主任委员、吉林省气象标准化委员会副主任委员、吉林省气象学会气象灾害防灾减灾专业委员会理事长、"未来地球计划"中国国家委员会(CNC-FE)"变化环境下的灾害预警"工作组专家委员会委员、中国科协灾害风险综合研究计划工作协调委员会(IRDR-China)委员、中国自然资源学会资源持续利用与减灾专业委员会委员、农业部草原防火专家组专家等职务。

长期致力于综合灾害风险研究,首次提出了基于形成机理的综合自然灾害风险评价与管理理论,并初步建立起了比较完整和实用的自然灾害风险评价与管理理论、程序与技术方法体系、数量模型及相应软件系统。主持科研项目80多项,其中国家自然科学基金4项、国家公益性行业农业和水利科研专项各1项、全球变化研究国家重大科学研究计划("973")专题1项、"973"计划前期专项1项、"十二五"国家科技支撑计划项目1项和课题3项、"十一五"国家科技支撑课题3项、"十五"国家科技支撑计划课题1项、博士点基金1项、吉林省重点科技攻关项目2项。发表论文200余篇,其中在 Ecosystems & Environment、Stochastic Environmental Research and Risk Assessment、International Journal of

Environmental Research and Public Health、*Theoretical and Applied Climatology*、*Natural Hazards*、*Knowledge-Based Systems*、*Human and Ecological Risk Assessment: An International Journal*、*Sensors* 等期刊上发表 SCI 检索论文 50 篇，超过平均影响因子 20 篇，EI、ISTP 收录 60 篇；出版学术著作 9 部；取得软件著作权 10 项，获发明专利 3 项，制定国家或行业标准 5 项。

2007 年北京师范大学出版社出版了《主要气象灾害风险评价与管理研究的数量化方法及其应用》，是迄今为止国内外首部综合研究区域气象灾害风险的专著；2009 年受聘北京大学出版社《高等院校安全与减灾管理系列教材》主编，2012 年首次出版了《综合灾害风险管理导论》；2012 年中国农业出版社出版了《中国北方草原火灾风险评价、预警及管理研究》；2015 年科学出版社出版了《农业气象灾害风险评价、预警及管理研究》。

科技部"十二五"国家科技支撑计划项目"重大自然灾害综合风险评估与减灾关键技术及应用示范"首席科学家、吉林省高校首批"学科领军教授"，获吉林省优秀海外归国人才学术贡献奖、长春市第二批优秀人才荣誉称号，享受长春市政府特殊津贴，获中国水利水电科学研究院科学技术奖一等奖、中国草学会草业科技奖三等奖。

前　言

在全球气候变化背景下，我国北方牧区自然灾害呈现频发、重发的趋势。由于北方牧区草原防灾抗灾能力相对脆弱，公共设施、基础设施相对薄弱，承灾能力低，牧民的防灾避灾知识缺乏，是受灾影响最大的群体，尤其是近年来，生态环境的持续恶化导致牧业的脆弱性日趋加剧，已对我国牧业可持续发展构成严重威胁。牧区本身又是自然灾害多发区，自然灾害则是草原畜牧业经济的经营和管理中遇到的最为常见的风险因素。多年来，自然灾害给草原畜牧业带来了严重的经济损失，并且灾害风险呈上升趋势。其中，旱灾和雪灾是突发性强、危害大的自然灾害，对草原地区人民生命财产的威胁很大，制约着牧区畜牧业经济的发展，同时引发牧区草原生态环境的严重恶化。尤其是近年来，随着全球气候变化与我国经济社会的快速发展，旱灾和雪灾发生频率和危害程度均呈上升趋势，每年因自然灾害造成的损失为 70 亿~100 亿元左右，对农牧业生产造成的危害严重，也直接影响到依靠农牧业安身立命的农牧民群众的生活水平的提高，已对地区社会可持续发展和国家公共安全与社会稳定等构成了严重威胁。

牧区地理位置特殊，区内发育多种类型草原，草原在全国陆地生态系统中具有举足轻重的地位。我国北方草原牧区地处干旱半干旱区，降水量、径流量年内、年际变化大，干旱发生的频次多，覆盖面广，持续时间长，影响牧草正常生长，饲草供应和人畜饮水缺乏，极易形成干旱灾害，对草原畜牧业和牧民造成严重损失。牧区干旱发生的频次多，覆盖面广，持续时间长，影响牧草正常生长，饲草供应和人畜饮水缺乏，极易形成干旱灾害，对草原畜牧业和牧民造成严重损失。据统计在新中国成立以来的 60 多年中，我国因旱损失牲畜 50 万头（只）以上的有 10 余年。干旱除了对畜牧业生产有着直接影响，对草原生态环境也具有潜在危害，干旱对地表植被生长抑制加速了土地的沙化、草场退化，促使地下水位下降，造成人畜饮水困难，使生态环境进一步恶化。因此，针对草原地区的干旱灾害开展损失快速评估模型和应急救助决策研究，有着理论与现实的双重意义。

雪灾是我国牧区常见的、危害大、范围广的气象灾害之一，历史上出现的雪灾给草原牧区带来巨大的经济损失。据统计，我国牧区由于雪灾的影响，年均家畜死亡率在 5% 以上，重灾年份可达 25% 以上，年均家畜掉膘损失为死亡损失的 3~4 倍，年畜牧业直接和间接经济损失可达 50 亿元以上，严重制约着草原牧区畜牧业经济的稳定持续发展。因此，建立牧区雪灾快速评估指标体系，构建牧区雪灾损失快速评估模型和应急救助决策支持平台，可以为牧区雪灾的预防，牧区雪灾保险，防灾减灾资金的投入提供客观依据，为政府制定牧区雪灾管理对策、减灾规划，部署防灾、抗灾、救灾工作和草原发展规划提供理论依据和技术支撑。同时，对草原生态环境建设、草原畜牧业可持续发展具有重要的意义。

对于自然灾害损失与社会影响快速评估研究，一些国际组织、国家和地区很早就制定了较为详细的操作手册，指导灾害损失评估工作。而我国因数据统计不完备、灾害管理制度不完善等原因，损失评估工作相对滞后，且鲜有针对草原雪灾、旱灾的损失评估研究，急需加强技术与政策层面研究，推动灾害，尤其是草原旱灾、雪灾损失快速评估工作。自然灾害应急救助需求与能力评估的研究刚刚起步，从需求与能力评估两个方面来看，能力评估的研究较多，最为薄弱的是需求评估。对于应急能力评估，国内外学者主要是对城市防灾减灾能力进行了大量研究，建立了各种各样评价指标体系与评价模型。对于需求评估，国内还不多见，一些国际组织的大型评估系统或模型中涉及救助需求评估，例如，联合国、欧盟和世界银行正在开发一套灾后需求评估软件（PDNAs），重点针对灾后早期灾情评估和救灾需求评估。总体来说，目前应急工作的需求与能力评估主要处于研究层面，能力评估研究成果相对丰富，需求评估还刚刚起步。对于选址方法，大多数学者仅仅是从方法论中提出了选址的原则及相关模型，对于商业领域来说，选址的标准已基本形成，学者已经有固有的思路，但是，对于救灾应急储备库选址及应急物资动态调配等方面则很少有明确的思路，还不能满足业务部门需求。总之，我国对草原旱灾、雪灾损失快速标准和应急救助决策还缺乏统一认识和实践检验，实用性和可操作性强的草原旱灾、雪灾损失快速标准和应急救助决策研究还很罕见，这已成为制约我国北方牧区草原减灾工作深入开展的瓶颈。

本书是"十二五"社发领域国家科技支撑计划项目"重大自然灾害综合风险评估与减灾关键技术及应用示范（2013BAK05B00）"课题二"重大自然灾害应急救助关键技术研究与示范（2013BAK05B02）"最新研究成果的总结。本书以中国北方牧区草原旱灾、雪灾为研究对象，构建了草原干旱灾害、雪灾损失快速评估及草原旱灾、雪灾社会影响评价基础数据库；在此基础上，利用CASA模型，结合室内外实验数据，完成了不同情景下松嫩草原干旱灾害损失的快速评估；以锡林郭勒地区为研究区，基于区域灾害系统理论，利用微波遥感反演方法、GIS空间分析方法、脆弱性曲线方法，对草原雪灾损失进行了快速评估；根据旱灾与雪灾社会影响的形成机制与概念框架，以草原旱灾和雪灾为例分别建立草原旱灾和草原雪灾社会影响评价的指标体系，并对其进行筛选和解释，探讨并提出草原旱灾与草原雪灾社会影响评价的方法，分别建立了评价模型并进行评价；结合灾害应急救助工作实际需求，基于数学建模、GIS技术和情景分析技术等，分析研究区域内灾害风险、经济社会发展水平和交通运输等因素，开展了多灾害多目标的应急救灾储备站点的空间布局优化技术研究，并构建了相关技术体系；最后构建了草原旱灾、雪灾应急救助管理系统平台，提出了草原旱灾、雪灾应急救助管理对策体系。

全书由张继权教授负责总体设计和定稿。全书共分七章，其中第 1 章由张继权、郭恩亮执笔；第 2 章由马齐云、张继权执笔；第 3 章由哈斯、张继权、刘兴朋执笔；第 4 章由董振华、张继权、佟志军执笔；第 5 章由陈鹏执笔；第 6 章陈鹏执笔；第 7 章由陈鹏、马齐云、冯天计、乌日娜执笔。

在本书的写作过程中，课题组各位成员通力合作，付出了很大的努力和心血，在此向课题组各位成员表示衷心感谢！同时本书在写作过程中引用了大量的参考文献，借此机会向各位作者表示衷心感谢！本书在出版过程中，受到科学出版社的大力支持，编辑为此付出了辛勤的劳动，在此表示诚挚的谢意！

限于作者知识水平和能力所限，对一些问题的认识尚有待于反复实践和不断深入，书中疏漏和错误之处在所难免，敬请各位专家、同行和广大读者批评指正。

张继权

东北师范大学环境学院

东北师范大学自然灾害研究所

东北师范大学综合灾害风险管理研究中心

2017 年 4 月

目 录

前言
第1章 绪论 ··· 1
  1.1 研究目的和意义 ·· 1
  1.2 国内外相关研究进展和展望 ·· 5
    1.2.1 草原旱灾损失快速评估研究进展 ···························· 5
    1.2.2 草原雪灾损失快速评估研究进展 ··························· 13
    1.2.3 灾害链研究进展 ·· 18
    1.2.4 草原旱灾、雪灾应急减灾与应急救助研究进展 ············ 25
    1.2.5 国内外相关研究存在的问题 ································ 28
    1.2.6 国内外相关研究展望 ······································· 29
  1.3 研究目标与研究内容 ·· 30
    1.3.1 研究目标 ·· 30
    1.3.2 研究内容 ·· 30
  1.4 研究方法与研究技术路线 ··· 32
  1.5 研究创新点 ·· 46
  参考文献 ·· 47
第2章 草原旱灾损失快速评估研究 ·· 61
  2.1 研究区域与数据来源 ·· 61
    2.1.1 研究区域 ·· 61
    2.1.2 数据来源 ·· 62
  2.2 理论依据与研究方法 ·· 63
    2.2.1 理论依据 ·· 63
    2.2.2 研究方法 ·· 64
  2.3 草原干旱灾害系统分析 ··· 69
    2.3.1 孕灾环境 ·· 69
    2.3.2 致灾因子 ·· 70
    2.3.3 承灾体 ·· 74
  2.4 草原干旱时空分布格局分析 ······································ 75
    2.4.1 松嫩草原干旱识别 ··· 75
    2.4.2 松嫩草原干旱时空分布规律 ······························· 76

2.5 草原 NPP 估算及其时空格局 ·· 80
   2.5.1 CASA 模型参数的求取与确定 ·· 80
   2.5.2 松嫩草原 NPP 估算实现及精度验证 ································ 82
   2.5.3 松嫩草原 NPP 时空分布特征 ·· 84
2.6 干旱灾害损失率曲线构建 ·· 87
   2.6.1 基于 CASA 模型的干旱损失率曲线构建 ···························· 87
   2.6.2 基于野外实验的干旱损失率曲线构建 ································ 90
   2.6.3 两种损失率曲线的对比分析 ·· 92
2.7 干旱灾害损失快速评估研究 ··· 93
   2.7.1 松嫩草原干旱灾害对草地产量影响的损失快速评估 ··············· 94
   2.7.2 松嫩草原干旱灾害对草地载畜量影响的损失快速评估 ············ 98
参考文献 ·· 102

第3章 草原雪灾损失快速评估研究 ·· 104
3.1 研究区概况与数据来源 ·· 104
   3.1.1 研究区概况 ·· 104
   3.1.2 数据来源 ··· 105
3.2 理论依据与研究方法 ·· 106
   3.2.1 理论依据 ··· 106
   3.2.2 研究方法 ··· 108
3.3 草原雪灾致灾系统分析 ·· 109
   3.3.1 孕灾环境子系统分析 ··· 109
   3.3.2 致灾因子子系统分析 ··· 110
   3.3.3 承灾体子系统分析 ·· 113
3.4 草原牧区积雪面积时空演变格局 ·· 117
   3.4.1 积雪面积时间变化 ·· 120
   3.4.2 积雪面积空间变化 ·· 120
3.5 基于 FY-3B 微波遥感数据的积雪深度反演研究 ·························· 122
   3.5.1 反演模型建立 ··· 122
   3.5.2 模型反演精度验证 ·· 125
3.6 草原雪灾多承灾体损失率曲线建立 ·· 127
   3.6.1 锡林郭勒地区草原主要承灾体雪灾损失率的计算 ················· 127
   3.6.2 锡林郭勒地区不同承灾体草原雪灾损失率曲线的建立 ·········· 128
3.7 草原牧区不同承灾体草原雪灾损失快速评估 ······························ 129
   3.7.1 锡林郭勒地区草原雪灾草场损失快速评估 ························· 130
   3.7.2 锡林郭勒地区草原雪灾牲畜损失快速评估 ························· 130

     3.7.3 锡林郭勒地区草原雪灾牲畜棚舍损失快速评估 …………… 131
     3.7.4 锡林郭勒地区草原雪灾人口损失快速评估 ……………… 131
     3.7.5 锡林郭勒地区草原雪灾直接经济损失快速评估 ………… 132
  参考文献 ………………………………………………………………… 134
第4章 草原旱灾、雪灾社会影响评价研究 …………………………………… 135
  4.1 草原旱灾危险性时空演变特征分析 ……………………………… 135
     4.1.1 研究区域与研究方法 …………………………………………… 135
     4.1.2 草原旱灾危险性时空演变特征 ………………………………… 139
     4.1.3 结论与讨论 …………………………………………………… 145
  4.2 草原雪灾时空演变分析 ……………………………………………… 146
     4.2.1 理论依据与研究方法 …………………………………………… 146
     4.2.2 草原雪灾时空演变特征分析 …………………………………… 149
     4.2.3 内蒙古锡林郭勒盟草原雪灾灾情评价与区划 ………………… 154
  4.3 草原干旱–雪灾灾害链推理模型研究 ……………………………… 163
     4.3.1 研究方法与灾害链类型 ………………………………………… 163
     4.3.2 草原干旱–雪灾灾害链推理模型的构建 ……………………… 166
     4.3.3 草原干旱–雪灾灾害链推理模型的检验 ……………………… 168
     4.3.4 锡林郭勒盟草原旱灾、雪灾综合区划 ………………………… 169
  4.4 草原旱灾社会影响评价研究 ………………………………………… 171
     4.4.1 草原旱灾社会影响机理分析 …………………………………… 171
     4.4.2 草原旱灾社会影响评价方法 …………………………………… 172
     4.4.3 基于SD模型的草原旱灾社会影响驱动机理分析 …………… 174
     4.4.4 草原旱灾社会影响评价指标体系选取及模型构建 …………… 175
     4.4.5 草原旱灾社会影响评价与区划 ………………………………… 178
  4.5 草原雪灾社会影响评价研究 ………………………………………… 179
     4.5.1 草原雪灾社会影响机理分析 …………………………………… 179
     4.5.2 草原雪灾社会影响评价方法 …………………………………… 180
     4.5.3 草原雪灾社会影响评价指标体系与模型构建 ………………… 181
     4.5.4 草原雪灾社会影响评价与区划 ………………………………… 183
  参考文献 ………………………………………………………………… 186
第5章 草原雪灾应急救助需求与能力评估研究 ……………………………… 188
  5.1 自然灾害应急救助理论 ……………………………………………… 188
     5.1.1 自然灾害应急救助基本概念 …………………………………… 188
     5.1.2 自然灾害应急救助特征 ………………………………………… 189
     5.1.3 自然灾害应急救助评估内涵与内容 …………………………… 190

5.1.4　自然灾害应急救助的意义 …………………………………………… 191
　　　5.1.5　自然灾害应急救助体系 …………………………………………… 192
　　　5.1.6　自然灾害应急救助评估 …………………………………………… 193
　5.2　草原雪灾应急救助能力研究 ……………………………………………… 198
　　　5.2.1　草原雪灾应急救助能力评价方法 ………………………………… 198
　　　5.2.2　草原雪灾应急救助能力评价指标体系与模型构建 ……………… 199
　　　5.2.3　草原雪灾应急救助能力评价结果分析 …………………………… 203
　5.3　草原雪灾应急救助需求研究 ……………………………………………… 209
　　　5.3.1　草原雪灾应急救助需求研究方法 ………………………………… 210
　　　5.3.2　草原雪灾应急救助需求模型的构建 ……………………………… 212
　　　5.3.3　草原雪灾应急救助需求结果分析 ………………………………… 216
　参考文献 ……………………………………………………………………………… 219

第6章　草原雪灾应急救助物资库及避难所优化布局研究 …………………… 221
　6.1　草原雪灾风险评价与区划研究 …………………………………………… 221
　　　6.1.1　研究区域与数据来源 ……………………………………………… 221
　　　6.1.2　理论依据与研究方法 ……………………………………………… 223
　　　6.1.3　草原雪灾风险因素辨识 …………………………………………… 225
　　　6.1.4　草原雪灾风险评价指标体系与模型的建立 ……………………… 227
　　　6.1.5　基于行政尺度与格网尺度的草原雪灾风险评价 ………………… 229
　6.2　草原雪灾应急物资库优化布局研究 ……………………………………… 238
　　　6.2.1　草原雪灾物资库布局影响因子分析 ……………………………… 238
　　　6.2.2　草原雪灾物资库优化布局与服务区划分 ………………………… 242
　6.3　社区应急避难所优化布局技术研究 ……………………………………… 246
　　　6.3.1　社区应急避难场所区位选址模型构建 …………………………… 247
　　　6.3.2　实证案例 …………………………………………………………… 249
　6.4　区级应急避难所优化布局研究 …………………………………………… 251
　　　6.4.1　应急避难所选址影响因素分析 …………………………………… 251
　　　6.4.2　应急避难所优化布局原则 ………………………………………… 252
　　　6.4.3　避难所选址适宜性分析 …………………………………………… 253
　　　6.4.4　避难所优化布局模型构建及应用 ………………………………… 255
　参考文献 ……………………………………………………………………………… 257

第7章　草原旱灾、雪灾应急救助管理系统构建与决策研究 …………………… 259
　7.1　北方牧区草原旱灾、雪灾应急救助技术整体框架与技术平台构建
　　　……………………………………………………………………………… 259
　　　7.1.1　基于"3S"技术的草原牧区旱灾损失快速评估系统概念框架

　　　　的构建 ·· 259
　7.1.2　北方牧区草原旱灾、雪灾应急救助可视化系统 ·············· 262
　7.1.3　北方牧区草原干旱识别与损失评估可视化系统 ·············· 265
　7.1.4　北方牧区草原雪灾损失快速评估可视化系统 ·················· 270
　7.1.5　北方牧区草原雪灾应急物资库优化布局系统 ·················· 275
　7.1.6　北方牧区草原雪灾应急避难所优化布局系统 ·················· 280
7.2　北方牧区草原旱灾、雪灾管理及防御对策研究 ······················ 286
　7.2.1　草原干旱灾害风险管理技术对策 ······································ 286
　7.2.2　草原雪灾损失防御对策研究 ·· 293
参考文献 ··· 296

彩图

Contents

Foreword

Chapter 1　Introduction ⋯ 1
- 1.1　Purpose and significance of the study ⋯ 1
- 1.2　Research progress and prospect at home and abroad ⋯ 5
  - 1.2.1　Research progress on rapid evaluation of grassland drought disaster loss ⋯ 5
  - 1.2.2　Research progress on rapid evaluation of grassland snow disaster loss ⋯ 13
  - 1.2.3　Research progress of disaster chain ⋯ 18
  - 1.2.4　Research progress on the mitigation and relief of grassland drought and snow disaster ⋯ 25
  - 1.2.5　The problems of the related researches at home and abroad ⋯ 28
  - 1.2.6　The prospect of the related researches ⋯ 29
- 1.3　Study objectives and contents ⋯ 30
  - 1.3.1　Study objectives ⋯ 30
  - 1.3.2　Study contents ⋯ 30
- 1.4　Study methods and technical route ⋯ 32
- 1.5　The innovation of the study ⋯ 46
- References ⋯ 47

Chapter 2　Research on rapid evaluation of grassland drought disaster loss ⋯ 61
- 2.1　Study area and data sources ⋯ 61
  - 2.1.1　Study area ⋯ 61
  - 2.1.2　Data sources ⋯ 62
- 2.2　Theoretical basis and research methods ⋯ 63
  - 2.2.1　Theoretical basis ⋯ 63
  - 2.2.2　Research methods ⋯ 64
- 2.3　Analysis of the system of grassland drought disaster ⋯ 69
  - 2.3.1　Hazard-formative environment ⋯ 69
  - 2.3.2　Hazard factors ⋯ 70

  2.3.3 Hazard-bearing body ································· 74
2.4 Temporary and spatial patterns of grassland drought ············· 75
  2.4.1 Identification of grassland drought in the Songnen grassland ······ 75
  2.4.2 Temporary and spatial variations of grassland drought in the Songnen grassland ································· 76
2.5 Estimation of grassland Net Primary Product (NPP) and its temporal and spatial variations ································· 80
  2.5.1 Calculation and determination of the parameters in the CASA model ································· 80
  2.5.2 Achievement and verification of NPP estimation in the Songnen grassland ································· 82
  2.5.3 Temporary and spatial variations of NPP in the Songnen grassland ································· 84
2.6 Construction of the loss rate curves of drought disaster ············ 87
  2.6.1 Construction of the loss rate curves of drought disaster based on CASA model ································· 87
  2.6.2 Construction of the loss rate curves of drought disaster based on field experiment ································· 90
  2.6.3 Comparative analysis of the two loss rate curves ·············· 92
2.7 Research on rapid evaluation of drought disaster loss ············· 93
  2.7.1 Research on rapid evaluation of grassland drought disaster loss of grassland yield ································· 94
  2.7.2 Research on rapid evaluation of grassland drought disaster loss of carrying capacity ································· 98
 References ································· 102

Chapter 3 Study on rapid evaluation of grassland snow disaster loss ········ 104
3.1 Study area and data sources ································· 104
  3.1.1 Study area ································· 104
  3.1.2 Data sources ································· 105
3.2 Theoretical basis and research methods ························ 106
  3.2.1 Theoretical basis ································· 106
  3.2.2 Research methods ································· 108
3.3 Analysis of grassland snow disaster system ······················· 109
  3.3.1 Analysis of hazard-formative environment subsystem ··········· 109

  3.3.2 Analysis of hazard-factor subsystem ………………………… 110
  3.3.3 Analysis of hazard-affected bodies' subsystem ……………… 113
3.4 Temporal and spatial situation change of grassland snow cover ………… 117
  3.4.1 Temporal situation change of snow cover …………………… 120
  3.4.2 Spatial situation change of snow cover ……………………… 120
3.5 Snow depth retrieval based on FY-3B microwave remote sensing data
  …………………………………………………………………………… 122
  3.5.1 Snow depth retrieval model …………………………………… 122
  3.5.2 Model retrieval accuracy test ………………………………… 125
3.6 Loss curves of multiple hazard-affected bodies of grassland snow disaster
  …………………………………………………………………………… 127
  3.6.1 Loss rate calculation of main hazard-affected bodies of grassland snow disaster in Xilingol League ……………………………… 127
  3.6.2 Loss curves of different hazard-affected bodies of grassland snow disaster in Xilingol League ……………………………… 128
3.7 rapid evaluation of different hazard-affected bodies loss of grassland snow disaster ………………………………………………………… 129
  3.7.1 Rapid evaluation of grassland loss of grassland snow disaster in Xilingol League …………………………………………………… 130
  3.7.2 Rapid evaluation of livestock loss of grassland snow disaster in Xilingol League …………………………………………………… 130
  3.7.3 Rapid evaluation of canopies loss of grassland snow disaster in Xilingol League …………………………………………………… 131
  3.7.4 Rapid evaluation of population loss of grassland snow disaster in Xilingol League …………………………………………………… 131
  3.7.5 Rapid evaluation of direct economic loss of grassland snow disaster in Xilingol League ……………………………………… 132
 References ………………………………………………………………… 134
Chapter 4 Study on social impact assessment of grassland drought and snow disaster ………………………………………………………… 135
 4.1 Spatial and temporal evolution of drought hazards in grassland ………… 135
  4.1.1 Study area and research methods …………………………… 135
  4.1.2 Spatial and temporal evolution of drought hazards in grassland … 139
  4.1.3 Conclusion and discussion …………………………………… 145

4.2　Spatial and temporal evolution of snow disaster in grassland ……………… 146
　　4.2.1　Theoretical basis and research methods …………………………… 146
　　4.2.2　Spatial and temporal evolution of grassland snow disaster …… 149
　　4.2.3　Grassland snow disaster assessment and zoning of Xilingol League ……………………………………………………………… 154
4.3　Research on reasoning model of grassland drought-snow disaster …… 163
　　4.3.1　Research methods and disaster chain types …………………… 163
　　4.3.2　Construction of grassland drought-snow disaster reasoning model ……………………………………………………………… 166
　　4.3.3　Test of grassland drought-snow disaster reasoning model ……… 168
　　4.3.4　Grassland drought-snow disaster comprehensive zoning of Xilinguol League ……………………………………………………………… 169
4.4　Study on social impact assessment of grassland drought disaster ……… 171
　　4.4.1　Mechanism analysis of the social impact of grassland drought disaster …………………………………………………………… 171
　　4.4.2　The assessment methods of the social impact of grassland drought disaster …………………………………………………………… 172
　　4.4.3　The driving mechanism analysis of the social impact of grassland drought disaster based on System Dynamic model …………… 174
　　4.4.4　Construction of indices system and assessment model of the social impact of grassland drought disaster …………………………… 175
　　4.4.5　Grassland drought disaster social impact assessment and zoning ……………………………………………………………… 178
4.5　Study on social impact assessment of grassland snow disaster ………… 179
　　4.5.1　Mechanism analysis of the social impact of grassland snow disaster …………………………………………………………… 179
　　4.5.2　The assessment methods of the social impact of grassland snow disaster …………………………………………………………… 180
　　4.5.3　Construction of indices system and assessment model of the social impact of grassland snow disaster ………………………………… 181
　　4.5.4　Grassland snow disaster social impact assessment and zoning … 183
References ……………………………………………………………………… 186

Chapter 5　Research on evaluation of emergency rescue demand and capability of grassland snow disaster ……………………………… 188

5.1 Theory of natural disaster emergency rescue 188
    5.1.1 Basic conception of natural disaster emergency rescue 188
    5.1.2 Features of natural disaster emergency rescue 189
    5.1.3 Connotation and content of natural disaster emergency rescue 190
    5.1.4 Significance of natural disaster emergency rescue 191
    5.1.5 System of natural disaster emergency rescue 192
    5.1.6 Evaluation of natural disaster emergency rescue 193
5.2 Research on the capability of emergency rescue of grassland snow disaster 198
    5.2.1 Evaluation methods of the capability of emergency rescue of grassland snow disaster 198
    5.2.2 Evaluation index system and construction the model of the capability of emergency rescue of grassland snow disaster 199
    5.2.3 Results of evaluation of the capability of emergency rescue of grassland snow disaster 203
5.3 Research on the demand analysis of emergency rescue of grassland snow disaster 209
    5.3.1 Methods of the demand analysis of emergency rescue of grassland snow disaster 210
    5.3.2 Construction of the model of the demand analysis of emergency rescue of grassland snow disaster 212
    5.3.3 Results of the demand analysis of emergency rescue of grassland snow disaster 216
References 219

Chapter 6 Study on emergency rescue material storage and haven layout optimization of grassland snow disaster 221
6.1 Study on risk assessment and regionalization of grassland snow disaster 221
    6.1.1 Study area and data sources 221
    6.1.2 Theoretical basis and research methods 223
    6.1.3 Risk factor identification of grassland snow disaster 225
    6.1.4 Construction of indices system and assessment model of the grassland snow disaster risk 227
    6.1.5 Grassland snow disaster risk assessment based on administrative

district and grid level ·· 229
6.2 Study on emergency rescue material storage layout optimization of grassland snow disaster ·· 238
  6.2.1 Analysis of influencing factors on the distribution of grassland snow disaster material storage ·· 238
  6.2.2 Material storage layout optimization and service area division of grassland snow disaster ·· 242
6.3 Study on layout optimization of community emergency haven ············ 246
  6.3.1 Location model of community emergency haven ···················· 247
  6.3.2 Empirical case ·· 249
6.4 Study on optimal layout of emergency haven in district level ············ 251
  6.4.1 Analysis of influencing factors on the location of emergency haven ·· 251
  6.4.2 The principle of layout optimization of emergency haven ········ 252
  6.4.3 Suitability analysis of haven location ·································· 253
  6.4.4 Construction and application of the optimal layout model of haven ·· 255
References ·· 257

Chapter 7 Study on construction and decision-making of grassland drought and snow rescue emergency rescue management system ········· 259

7.1 Construction of the overall framework and technology platform of grassland drought and snow disaster emergency rescue technology in northern pastoral area ··· 259
  7.1.1 Construction of conceptual framework for rapid assessment system of drought loss in grassland pasture based on "3S" technology ·· 259
  7.1.2 Visualization system of grassland drought and snowstorm emergency rescue in northern pastoral area ························ 262
  7.1.3 Visualization system of grassland drought identification and loss assessment in northern pastoral area ································· 265
  7.1.4 Visualization system of grassland snow disaster quick evaluation loss in northern pastoral area ·· 270
  7.1.5 Optimal layout system of grassland snow disaster emergency materials in northern pastoral area ····································· 275

7.1.6 Optimal layout system of grassland snowstorm emergency shelter in northern pastoral area ………………………………… 280
7.2 Study on grassland drought, snow disaster management and defense countermeasures in northern pastoral area ……………………… 286
    7.2.1 Technical measures for grassland drought disaster risk management ………………………………………………………… 286
    7.2.2 Study on the countermeasures of grassland snow disaster ……… 293
References …………………………………………………………………… 296

Color picture

第1章 绪 论

1.1 研究目的和意义

我国是世界上受自然灾害影响最严重的国家之一,自然灾害种类多、强度大、频率高,持续时间长、影响范围广、造成损失重。据1949年以来的统计,一般年份,全国受灾人口约300万,倒塌房屋300多万间,农作物受灾面积4000万~4700万公顷。进入20世纪90年代以来,自然灾害造成的经济损失有明显的上升趋势,每年的灾害损失都在1000亿元以上,占我国国民生产总值的2%~6%。尤其是近年来,随着全球气候变化与我国经济社会的快速发展,重大自然灾害发生频率和危害程度均呈上升趋势,已对社会可持续发展和国家公共安全与社会稳定等构成了严重威胁。为了最大限度地减轻自然灾害造成的损失,促进我国经济发展和社会进步,急需开展自然灾害快速评估和应急救助决策关键技术研究,提升我国自然灾害防灾减灾及保障能力。北方牧区属于温带大陆性气候,太阳辐射强烈,降水量稀少,蒸发量和干燥度大,土地大部分为沙性质地等,这些客观因素导致了牧区生态环境的脆弱(Tong et al.,2016)。自然灾害则是草原畜牧业经济的经营和管理中遇到的最为常见的风险因素,尤其是近年来生态环境严重恶化,特别是草原退化沙化促使了这些灾害的频繁发生,形成了恶性循环。由于北方草原牧区抗灾能力低下,灾害对牧业生产及牧民的生活与生计等造成严重的影响和损失。近几年,每年因自然灾害造成的损失为70亿~100亿元左右,对农牧业生产造成的危害严重,也直接影响到依靠农牧业安身立命的农牧民群众的生活水平的提高,可以说已经成为影响北方牧业可持续发展的隐患之一。

北方牧区草原降水量、径流量年内、年际变化大,干旱发生的频次多,覆盖面广,持续时间长,影响牧草正常生长,饲草供应和人畜饮水缺乏,极易形成干旱灾害。畜牧业一直是北方牧区的经济支柱产业,旱灾的频繁发生给牧区畜牧业生产造成严重的影响。据统计在新中国成立以来的60多年中,我国因旱损失牲畜50万头(只)以上的有10余年。其中北方草原地区多属干旱、半干旱地区,干旱灾害是牧区畜牧业主要的气象灾害,其发生频率高,持续时间长,波及范围大,对牧区社会经济有严重影响。根据内蒙古牧区干旱灾情历史资料的统计,内蒙古地区干旱灾害出现的频率高达65.8%。平均年遭受干旱灾害的面积达2459万公顷,其与该区可利用草场面积的比率,即受旱率高达39.47%,牲畜因旱年平均死亡率为4.7%(沈建国等,2008)。干旱除了对畜牧业生产有着直接影响,对草原生态环境也具有潜在危害,干旱对地表植被生长抑制加速了土地的沙化、草场退化,促使地下水位下降,造成人畜饮水困难,使生态环境进一步恶化。干旱灾害的发生特征在时间上具有连续性,在空间上具有连片性。传统的以气象站点观测数据来监测干旱的方法已远不能满足现代生产和管理的需要,迫切要求利用遥感、GIS 技术等现代的科技手段,对草原牧区干旱灾害发生的直接承灾体(草原)进行大面积、实时的动态监测,对干旱灾害的发生、发展进行翔实的定量研究。雪灾是除了旱灾以外,我国牧区常见的、危害大、范围广的气象灾害之一,历史上出现的雪灾给草原牧区带来巨大的经济损失。据统计,我国牧区由于雪灾的影响,年均家畜死亡率在5%以上,重灾年份可达25%以上,年均家畜掉膘损失为死亡损失的3~4倍,年畜牧业直接和间接经济损失可达50亿元以上,严重制约着草原牧区畜牧业经济的稳定持续发展。多年来,自然灾害给北方草原畜牧业带来了严重的经济损失,并且灾害风险呈上升趋势,在全球气候变化背景下,牧区雪灾和旱灾呈频发、重发的趋势,因此,建立牧区雪灾快速评估体系,构建牧区雪灾应急救助决策体系与模型,可以为牧区雪灾的预防,牧区雪灾保险,防灾减灾资金的投入提供客观依据,为政府制定牧区雪灾管理对策、减灾规划,部署防灾、抗灾、救灾工作和草原发展规划提供理论依据和技术支撑。同时,开展此项目对草原生态环境建设、草原畜牧业可持续发展具有重要的意义。

  草原旱灾和雪灾是危害性比较大的自然灾害,其原因复杂,涉及天气、气候、社会以及自然界各种有关的因素,其发生具有一定的随机性和不确定性,对草原地区人民生命财产的威胁很大,给经济建设、社会安定带来巨大影响,严重制约着我国畜牧业生产稳定发展,同时也对人民的生存环境乃至国土安全构成严重威胁。由于北方牧区草原防灾抗灾能力相对脆弱,公共设施、基础设施相对薄弱,承灾能力低,牧民的防灾避灾知识缺乏,是受灾影响最大的群体,尤其是近年来,全球气候变暖、生态环境的恶化导致牧业的脆弱性日趋加剧,已对我国牧业可持续发展构成严重威胁。然而,我国对于牧区草原自然灾害的系统研究,尤其灾害风险与应急减灾的研究起步较晚,有关成果还不成熟,已成为制约我国牧区防灾减灾工作深入开展的瓶颈。牧区是我国自然灾害受灾严重的重要区域,但是由于很多成果主要是针对我国东部地区及重要商品粮基地的研究,对老少边穷地区等脆弱地区灾害的关注不足,这对于防灾减灾工作产生很大的限制。因此,实现对自然灾害的快速评估和应急救助决策,科学应急救助、综合风险处置,推进以综合灾害风险管理为核心的防灾减灾工作是迫切需要解决的重大科学和关键技术问题。实现牧区草原干旱、雪灾科学、高效的应急救助的前提是对灾害损失、社会影响及其救助需求与能力的及时快速掌握。理清多灾种与灾害链损失形成过程,构建北方牧区草原干旱、雪灾灾害链损失快速评估指标与技术体系,以及牧区草原干旱、雪灾的社会影响快速评估和灾害救助需求与能力评估内容框架与技术方法是实现牧区草原干旱、雪灾应急救助快速评估的关键。因此,开展北方牧区草原干旱、雪灾应急救助快速评估的研究,对于保护农牧区已有财富不遭到破坏和经济、生态、社会安全,促进北方牧区经济社会的可持续发展和西部开发的顺利实施有着重要的意义。具体研究意义如下:

(1) 研究内容紧扣国家科技及社会发展规划,符合国家防灾减灾需求。

本书研究内容紧密结合《国家中长期科学和技术发展规划纲要(2006—2020年)》和《国家气象灾害防御规划(2009—2020年)》。在《国家中长期科学和技术发展规划纲要(2006—2020年)》"科学前沿问题"中明确提出要重点研究开发"地球系统过程与资源、环境和灾害效应";在面向国家重大战略需求的基础研究中也指出需要开展"复杂系统、灾变形成及其预测控制"方面的研究。在《国家综合防灾减灾规划(2011—2015年)》中特别强调了加强国家自然灾害风险管理能力建设。在《国家气象灾害防御规划(2009—2020年)》中指出需要"加强气象灾害风险评估",并提出要开展"研究制定综合评估气象灾害危险性、承灾体脆弱性和气象灾害风险评估的方法和模型、风险等级标准和风险区划工作规范,开展气象灾害风险区划和评估"等方面的工作,为经济社会发展布局和编制气象灾害防御方案、应急预案提供依据。对气象灾害防御的针对性、及时性和有效性提出了更高要求,尤其是如何科学防灾、依法防灾,最大限度地减少灾害造成的人员伤亡和经济损失。

《国家综合防灾减灾规划(2011—2015年)》将"加强国家自然灾害风险管理建设"作为主要任务之一,其中包括"建立国家和区域综合灾害风险评价指标体系,开展各类自然灾害风险评估方法和临界致灾条件研究,加强自然灾害综合风险评估试点工作";此外,"加强防灾减灾科技支撑能力建设"也是主要任务之一,包括"加强防灾减灾科学研究,开展自然灾害形成机理和演化规律研究,重点加强自然灾害早期预警、重特大自然灾害链、自然灾害与社会经济环境相互作用、全球气候变化背景下自然灾害风险等科学研究。编制国家防灾减灾科技规划,注重防灾减灾跨部门、跨领域、多专业的交叉科学研究,设立防灾减灾重大科技项目,并给予长期持续支持"。在《"十二五"农业与农村科技发展规划》将"农林生态环境"作为8个"重点领域与方向"之一,其中"农林重大灾害防控"被列为3个重大专题,并提出要开展"主要农作物和森林重大病虫害暴发成灾规律与防控机制、外来生物入侵途径及其机制等研究。加强主要干旱、低温、火灾等农林业重大气象灾害的致灾成灾机理研究"、"农林重大病虫害防控关键技术、干旱低温等农业气象灾害监测与防控技术研究,研发相应的设备和制剂"、"农林重大入侵物种的检测监测和防控技术,农林重大病虫害监测预警与防控技术,重大农林气象灾害防控、监测预警与风险评价技术等研究,加强农作物重大生物灾害综合治理,灾害应急设备与技术等研发与示范"。因此,本书研究内容与国家和部门的多个规划纲要密切相关,紧密围绕和落实国家"十二五"重大战略任务。

面对日趋严重的自然灾害,《中华人民共和国国民经济和社会发展第十二个五年规划纲要》也指出,"加强对极端天气和气候事件的监测、预警和预防,提高防御和减轻自然灾害的能力"、"健全防灾减灾体系,增强抵御自然灾害能力"、"加强山洪地质气象地震灾害防治"。因此,重大自然灾害整合风险管理、监测预警及防灾减灾的核心技术研发已提升到国家公共安全与社会稳定的战略层面。开展北方牧区草原旱灾、雪灾快速评估和应急救助决策研究,增强应对牧区雪灾和旱灾等自然灾害的防御能力,提前做好防灾准备和灾害应对工作,减轻灾害造成的影响和损失,将对我国牧区经济建设、国防安全、防灾减灾以及经济可持续发展具有非常重要的意义。

(2)本书研究内容是有效应对草原雪灾和旱灾,实现从目前被动的灾后管理模式向自然灾害风险评估与控制模式的转变,提高自然灾害管理的时效性、准确性和决策的科学性。

我国牧区自然灾害的形成原因极为复杂,涉及天气、气候、社会以及自然界各种有关的因素,其发生具有一定的随机性和不确定性。近年来由于对自然灾害的发生缺少思想和物质准备,而导致灾害损失加重的事例屡见不鲜,进行自然灾害快速损失评估与应急减灾研究已成为一项十分紧迫的任务,对促进牧区经济社会可持续发展十分必要。

迄今为止,我国牧区的自然灾害防灾减灾工程体系和非工程体系还很不完善,工程抗灾能力和管理水平仍然偏低,防灾意识淡薄。目前,我国的灾害管理还处于应急管理状态,缺乏长远规划。从很大程度上来说,各地的灾害管理工作还处于"重抗轻防"的状态。

通过对所在区域的旱灾、雪灾发生、发展规律分析和研究,应用由多种指标组成的灾害损失评估指标体系对旱灾、雪灾灾害事件进行早期识别和可能的损失估计,发布自然灾害开始、结束、损失程度等信息,为有关部门实施防灾减灾措施提供决策依据,达到对自然灾害进行风险管理的目的。发展有效的自然灾害风险评估系统一直是一项重大的挑战,随着自然灾害的频率和程度加强,世界上许多地区增加了社会的脆弱性,因此建立北方牧区草原旱灾、雪灾快速评估和应急救助决策体系是灾害防备计划和防灾政策的关键部分。

通过本书研究内容的开展,可形成比较完善的北方牧区草原旱灾、雪灾快速评估和应急救助决策技术体系,利用开发的北方牧区草原旱灾、雪灾快速评估和应急救助决策平台,可为管理部门做好灾前预警、实时监测、灾后快速反应及制定科学的防灾减灾对策提供及时、准确的信息服务和决策技术支撑,提高应急管理的时效性、准确性和决策的科学性,实现从目前被动的灾后管理模式向灾前预警、灾时应急和灾后救援三个阶段一体化的牧区草原旱灾、雪灾综合管理与控制模式的转变。

1.2 国内外相关研究进展和展望

1.2.1 草原旱灾损失快速评估研究进展

1. 草原干旱识别指数研究进展

干旱形成原因与所造成的影响十分复杂,对于干旱的概念,世界上并没有统一的定义。目前国际上较为通行与认可的是 1997 年美国气象学会(American Meteorological Society, AMS)对干旱的定义与划分,分为气象干旱、农业干旱、水文干旱与社会经济干旱(张继权和李宁,2007),而且这四种干旱类型具有随干旱持续时间增加逐渐发生的特征。干旱灾害是表征干旱现象在某一时期异常严重,导致某一地区的经济活动(尤其指农业生产活动)和人类生活受到较大危害的现象,当然干旱区和极端干旱区需要特殊考虑。本研究根据国家《北方牧区草原干旱等级(GB/T 29366—2012)》中对草原干旱的定义,将草原干旱灾害定义为:由于长时期降水偏少,导致区域水分收支失衡,牧草水分发生亏缺,影响牧草正常返青、生长发育而导致的草地地上生物量减少的干旱现象。

干旱的识别及其影响的分析和评估需要一定的量化标准,以便于干旱程度的多时空尺度的对比(Heim,2002)。近年来,国内外学者为识别干旱的发生及其程度,研发了较多的干旱指数作为干旱识别与评价的指标(Mishra and Singh,2010; Wang et al. ,2016))。目前,干旱指数开发以及应用取得了较大的发展,为干旱的监测、预测、评估及其时空分布规律研究提供了技术方法和理论依据(Heim,2002; 沈彦军等,2013)。随着科学技术的发展,现有干旱指标大概可分成两类,一是传统的基于地面气象数据的干旱指数;另一类是基于遥感数据的遥感监测干旱指数。各类指数的侧重点、适用地区及计算的难易程度都不尽相同。本研究对这两类干旱指标在草原干旱识别中的应用进行归纳,主要如下。

(1)基于地面气象数据的草原干旱指数

基于地面气象数据的干旱指数研究与开发,主要依靠地面台站观测或实验观测数据。采用气候统计、数理统计方法,利用搜集到的降水、气温、地表湿度等地表气象数据,对区域干旱情况进行识别及定量化分析。但由于干旱形成原因复杂、波及范围较广,较难找到普适性且多用途的干旱指数。因此,经过近几十年的发展,出现了较多的基于地面观测数据的干旱指数。而各干旱指数均在特定地域及时间段内有其适用性及合理性,具有重要的科学与应用价值(沈彦军等,2013)。

干旱指数最初的发展主要针对传统农业农作物种植区进行,而对草原干旱的研究较少。表 1.1 列出了部分目前应用较为广泛的干旱指数,其中部分指数也已在草原干旱研究中进行了应用。虽然基于地面观测数据的干旱指数应用较为广泛,且遵从统一的计量方法,因此方便多时空、多区域尺度对区域干旱情况进行对比,但在大范围观测上,由于干旱形成原因及造成影响均较为复杂,所以其观测结果的精度也是当前干旱指数研究中关注的重点问题。

表1.1　典型基于地面观测数据的干旱指数及其应用

干旱指数	简称	分析变量	指数适用性及应用参考
相对湿润度指数	M	降水量、蒸散量	表征某一时期降水量与蒸散量之间的平衡特征,反映水分的收支平衡关系;但蒸散量的确定较为麻烦;应用文献:戴策乐木格(2014)
标准化降水指数	SPI	降水量	计算某一时段降水量出现的概率;计算的降水数据容易获取,具有多时间尺度特征;但未考虑前期径流蒸散量,容易受极端降水事件的影响;应用文献:Huang等(2015)
帕默尔指数	PDSI	土壤水分平衡各分量	综合考虑降水、蒸散发以及土壤水分等条件,反映出气象干旱与水文干旱特征;但对基础数据条件要求较高,且随地区和季节差异,数据难以准确搜集;应用文献:王兆礼等(2016)
标准化蒸散指数	SPEI	降水量、潜在蒸散量	该指数基于SPI指数构建,综合考虑了降水量和蒸散对干旱形成的影响,保留了PDSI指数对温度的敏感性,而且又具有适合多尺度、多空间比较的优点;应用文献:Liu等(2016)
综合气象干旱指数	CI	降水、潜在蒸散量	计算简便,考虑了降水和蒸散作用,同时又考虑前期降水情况,具有较好的时空比较性,可反映短时间尺度植被水分亏欠情况;应用文献:周扬等(2013)
土壤相对湿度指数	R	土壤含水量、田间持水量	适于某一时刻土壤水分盈亏监测。但是,土壤有效水分受土壤特性的影响,使用时需根据区域土壤性质的具体情况对干旱等级划分范围做适当调整;应用文献:云文丽等(2013)

(2)基于遥感数据的草原干旱指数

遥感技术的大力发展,使得大范围、实时动态的干旱监测成为可能。基于遥感技术的干旱监测,现主要应用于农业领域,利用可见光和近红外等遥感资料反演干旱监测所需的各类地表参数。基于遥感数据的干旱监测不仅省时省力,而且在空间代表性及采样周期性上具有不可替代的优越性,具有重要的社会经济意义(孙灏等,2012)。此外,微波遥感法和热惯量法因其在土壤湿度反演上具有优势,目前被国内外研究学者认为是较具有潜力的干旱监测方法(刘欢等,2012)。

表1.2列出了部分目前应用较为广泛的草原干旱指数及其算法与应用参考。遥感技术在干旱监测应用方面潜力巨大,因此基于遥感数据的干旱指数开发和应用也是当前国内外干旱研究中的重点工作。但在基于遥感数据的干旱监测指数应用过程中,下垫面的影响不可忽略,且不同遥感源基于同种算法会得出不同的结果,需要对比验证。

表 1.2 典型基于遥感数据的草原干旱指数算法及其应用

指数名称	指数算法	指数适用性及应用参考
归一化植被指数	$\text{NDVI}=\dfrac{R_{\text{NIR}}-R_{\text{RED}}}{R_{\text{NIR}}+R_{\text{RED}}}$	NDVI反映植被覆盖度和植被长势,NDVI的波动可表征干旱程度;但不同区域、不同植被类型,可比性较差;应用文献:Li等(2014)
垂直干旱指数	$\text{PDI}=\dfrac{1}{\sqrt{M^2+1}}(R_{\text{RED}}+MR_{\text{NIR}})$ $R_{\text{NIR}}=MR_{\text{RED}}+I$	可以较真实反映区域内植被空间变异;但是对数据质量要求高,需要地面参数验证;应用文献:Zhu等(2010)
植被条件指数	$\text{VCI}=\dfrac{\text{NDVI}-\text{NDVI}_{\min}}{\text{NDVI}_{\max}-\text{NDVI}_{\min}}$	比NDVI更能反映水分胁迫状况;指示植被生长状况及时空变化,季节性明显;应用文献:Thavorntam等(2015)
温度植被干旱指数	$\text{TVDI}=\dfrac{\text{LST}-\text{LST}_{\min}}{a+b\times\text{NDVI}-\text{LST}_{\min}}$	可以较好地反演表层土壤湿度,但容易受土壤背景的影响;应用文献:陈斌等(2013)
归一化水分指数	$\text{NDWI}=\dfrac{R_{860}-R_{1240}}{R_{860}+R_{1240}}$	可较为客观地体现地表植被水分信息,指示水分异常;但是对植被生长前期或植被覆盖度较低情况下的旱情监测效果欠佳;应用文献:Chandrasekar等(2015)
草原干旱指数	$\text{GDI}=\omega_1\times\text{PRE}+\omega_2\times\text{SM}+(1-\omega_1-\omega_2)\times\text{CWC}$	综合了多源数据,即考虑降水、土壤湿度、植被冠层水分含量等信息,对草原干旱情况进行识别及检测;针对不同区域,各参数权重的确定,需要进行调整及优化;应用文献:He等(2015)

注:R_{RED}、R_{NIR}分别代表红、近红波段的反射率;M、I分别代表光谱特征空间的基线斜率和截距;LST代表地表温度,单位为K;$\text{NDVI}_{\max}$、$\text{NDVI}_{\min}$分别代表NDVI同期多年的最大值和最小值;a、b分别为植被温度特征空间中干边的截距和斜率;R_{860}、R_{1240}分别代表860nm和1240nm波长的地表反射率;PRE代表降水量;SM代表土壤湿度;CWC代表植被冠层含水率。

综上,当前研究中,国内外关于草原干旱识别的指数并没有统一的标准,各学者依据研究目的、各指标适用范围及可获取的数据程度来选择合适的干旱指数进行应用。综合以上考虑及分析,本研究采用综合了SPI指数与PDSI指数优点的SPEI指数对草原干旱进行识别与分析。

2. 草地NPP估算模型研究进展

陆地植被净初级生产力(Net Primary Productivity,NPP)是人类与许多牲畜赖以生存的食物链的初始环节(Gao,2016),不仅是地表生态过程的关键参数之一,也是判定生态系统碳源/汇和调节生态过程的主要决定因素(Zhang et al.,2016;孙成明等,2015)。NPP定义为:植被在单位面积和时间上累积的有机干物质总量,是光合作用产生的有机碳总量中去除植被自养呼吸后的剩余部分(李传华和赵军,

2013；Pan et al. ,2016；Huang et al. ,2013；孙成明等,2013）。植被 NPP 反映了植被固定和转化光合作用产物的效率,可表征植被群落的生产能力及生态系统的健康状况（郭灵辉等,2016）。在全球气候变化背景下,植被 NPP 的变化也直接反映了陆地生态系统对气候变化的响应。

草地是陆地生态系统的重要组成部分。草地 NPP 在全球碳循环中至关重要,是草地生物量形成的基础（朱文泉,2005）,它对于气候变化十分敏感,尤其是温度与降水的变化,同时其动态监测也可以很好地指示非气候因素对草地 NPP 变化的影响,如放牧、火灾等。已有研究表明,在表征区域草原干旱灾害对草地产量的影响方面,草地 NPP 具有较好的敏感性和优越性（Chen et al. ,2012；Lei et al. ,2015；Liu et al. ,2015）。因此,本研究利用草地 NPP 作为表征草原干旱灾害对草地影响的指标；通过草地 NPP 的估算,借助相关的转化方法,可实现对草地产量及载畜量因旱灾损失的定量评估。

当前,草地 NPP 估算方法主要有两种,第一种为实际测量观测方法（冉慧,2010）,包括直接收割法、光合作用测定法和 CO_2 测定法；第二种为模型估算法,主要包括气候生产潜力模型、生理生态过程模型与光能利用率模型。由于实际测量观测方法,较适用于实验室观测或者定点小范围观测研究,且受人为主观因素影响较大,难以在较大空间尺度进行 NPP 估算,因此在区域尺度 NPP 估算中,仅用定点实测 NPP 观测数据对模型估算结果进行检验及校准。本研究主要对模型估算法的国内外研究进展进行评述。

（1）气候生产潜力模型

气候生产潜力模型,又称经验统计模型。模型主要原理为:植被的生产力主要受气候因子的制约,因此对气候因子（如温度、降水、日照、蒸散量等）与植被干物质生产量建立函数关系,估算植被 NPP 的值。在 NPP 估算的起步阶段,这一模型被很多学者广泛使用。气候生产潜力模型中,以 Miami 模型、Thornthwaite - Memorial 模型、Chikugo 模型和 CSCS 模型为代表,早期国内也有相关学者采用这些模型来对我国自然植被的生产潜力进行分析（冉慧,2010）。林慧龙等（2007）综述了草地净初级生产力模型的研究进展,对以上三种气候生产力模型基本情况、函数关系、基础数据需求等进行了介绍；闫淑君等（2001）利用 Thornthwaite-Memorial 模型对福建省 1960~2000 年气候变化对自然植被 NPP 的影响进行了分析,同时研究了未来气候变化对区域 NPP 可能造成的影响。当前,在预测气候变化可能对 NPP 造成影响的研究中,气候生产力模型也有相关的应用,如 Gang 等（2015）主要利用降水和蒸散数据驱动 CSCS 模型,估算了全球植被 NPP 的变化,同时结合全球气候模式 RCP 2.6 情景对未来 NPP 的变化进行了分析。

气候生产潜力模型的特点是估算 NPP 时候考虑的环境气候因子形式简单,相比而言获得基础数据较为容易,也在不同区域的应用中获得了不同程度的验证,因此在长期 NPP 估算中得到较为广泛的使用。但因其所考虑因子较为简单,未考虑植被本身的生理特性,也没有考虑植被与周围生长环境的相互作用机制,因此对植被 NPP 的估算结果误差较大。

(2)生理生态过程模型

生理生态过程模型,也称为机理模型。模型主要原理为:根据植物一般生长发育规律,描述植被对生态系统内部功能过程的依赖。此类模型大致可分为两类,一类是植被生长模拟模型,主要根据植物生长规律及发育水平动态的生长模拟模型,可定量和动态模拟植被生长、发育和产量的形成过程,并可模拟植被生长过程中对环境条件的反应(张美玲等,2011);另一类为生理生态过程的仿真模型,该模型通过对植被生长机理及其能量的内在转换机制进行研究,模拟植物生长发育过程中的生态生理过程,如光合作用、呼吸作用和蒸散蒸腾作用等,同时耦合气候与土壤数据对植被 NPP 进行估算。近年来,随着遥感与 GIS 技术的大力发展,为植被生理生态过程模型的发展注入了新的活力,模型运行中的相关地表植被信息与参数,均可用遥感反演技术获取。

目前,已有的生理生态过程模型较多,国内外常用的代表性模型有 CENTURY 模型、BIOME-BGC 模型和 BEPS 模型等。对于 CENTURY 模型,Feng 和 Zhao(2011)耦合了 CENTURY 模型和遥感数据对内蒙古牧区草地地上生物量进行模拟,并对其模拟精度进行验证,从而研究中国北方牧区放牧强度的监测方法。对于 BIOME-BGC 模型,该模型是内嵌于 MODIS 17A3 数据产品中的模型,由于遥感产品经过了前期处理,可直接用于研究中,因此应用较为广泛,如王新闯等(2013)基于 2000~2010 年 MODIS 17A3 数据集的年 NPP 数据,对河南植被 NPP 的时空变化特征进行了定量分析,并讨论了不同模型对区域 NPP 估算结果的影响。对于 BEPS 模型,有些学者也称其为生态遥感耦合模型,因其需要使用遥感数据进行驱动,张方敏等(2012)利用 GIMMS NDVI 数据生成的 LAI(叶面积指数)指数驱动 BEPS 模型,结合再分析气象资料,对亚洲东部地区 2000~2005 年总初级生产力(GPP)和总 NPP 进行了模拟分析,并基于实地观测数据进行验证,NPP 模拟精度为 78%;Wang 等(2014)利用 MODIS LAI 数据驱动 BEPS 模型,对中国西北部甘肃 2002~2010 年 NPP 进行了模拟分析,结果表明与实测数据及原始 BEPS 模型相比 NPP 模拟效果较好。

生理生态过程模型可以从机理上模拟植被的生长情况,并考虑到周围环境和气候因子的影响;模型还可与大气环流模式进行耦合,预测出全球变化对植被 NPP 的影响。随着"3S"技术的发展,基于遥感数据驱动的新型植被 NPP 估算模型逐渐增多,使得遥感数据在获取 NPP 空间分布中得以有效的应用,提高了 NPP 估算精度。但生理生态过程模型也有其自身的缺点,模型运行机制较为复杂,涉及参数较多,不仅难以获得,而且在参数确定上人为因素影响较大。此外,遥感数据作为输入参数,原始数据精度也会影响区域 NPP 的估算精度。

(3) 光能利用率模型

光能利用率模型,也称为参数模型。模型主要原理为:假定生态系统的生态过程趋向于调整植被的生长发育特性以响应环境条件,基于资源平衡的观点,认为植物的生长是资源可利用性的组合体,同时任何对植物生长发育起到限制作用的资源,如水、氮、太阳辐射等,均可用于植被 NPP 的估算。这些限制性资源之间可以通过转换因子进行联系,这一转换因子并没有固定的表达式,可以是复杂的调节模型,也可以是简单的比率常数。基于此,植被 NPP 估算的表达通式如下:

$$NPP = F_c \times R_v \qquad (1.1)$$

式中,NPP 为植被净初级生产力;F_c 为转换因子;R_v 为植被吸收的各限制性资源。在这些限制性资源中,植被吸收的光合有效辐射 APAR 是植被光合作用的驱动力,也是植被 NPP 的一个决定性因子,因此植被吸收的光合有效辐射 APAR 至关重要。Monteith 方程基于这一理论而建立,公式表达如下:

$$NPP = APAR \times \varepsilon \qquad (1.2)$$

式中,NPP 为植被净初级生产力;ε 为植物的光能利用率,受水分、温度、营养物质等影响。

随着遥感技术的发展,利用植被对不同波段的吸收反射特征,APAR 现已可通过遥感信息提取技术进行估算。因此,基于 APAR 的植被 NPP 估算在全球和区域应用中显示出其优越性。光能利用率模型依靠遥感信息的提取技术,可较为真实地反映出地表植被 NPP 的空间分布,且符合植被分布的地理规律,这是其他统计模型无法比拟的优点。当前,在植被 NPP 估算研究中,使用较为广泛的光能利用率模型主要有 CASA 模型、GLO-PEM 模型和 C-Fix 模型。对于 CASA 模型,该模型是目前在国内外草地 NPP 估算中使用较为广泛的光能利用率模型,如 Zhang 等(2014)利用 GIMMS NDVI 数据和 SPOT NDVI 数据作为遥感数据输入,基于 CASA 模型对 1982~2009 年中国青藏高原高寒草地 NPP 进行模拟并验证,模拟效果较好;尹锴等(2015)以 MODIS NDVI 作为遥感输入数据分析了 2010 年北京市植被 NPP 的时空格局,并对其影响因素进行了分析。对于 GLO-PEM 模型,Gholkar 等(2014)基于 GLO-PEM 模型对印度半干旱地区农田 NPP 进行模拟,分析其影响因素,从而对研究区农业发展水平进行判定。对于 C-Fix 模型,Yan 等(2015)基于 C-Fix 模型模拟了中国黑河流域下游区域 2000~2008 年植被 NPP 变化情况,然后使用分解分析方法对影响植被 NPP 的主要因子进行分析,结果表明蒸散量是影响植被 NPP 变化的主要因素;陈斌等(2007)基于 C-Fix 模型对 2003 年中国陆地生态系统的 NPP 空间格局进行分析,结果表明我国生态系统 NPP 变化从东南向西北逐渐降低。

光能利用率模型进行植被 NPP 估算的特点是以资源平衡和植被光合作用机理为基础理论。该模型依靠遥感数据作为直接输入,计算效率较高,输入参数少,简单实用;且在同等计算资源条件下,其估算的植被 NPP 较过程模型而言具有较高的时空分辨率(张美玲等,2011),容易推广各区域乃至全球使用。但是,光能利用率模型生理生态原理解释能力较差,利用遥感反演技术提取的植被指数在估算NPP的某些过程中仍旧存在一些不确定性和不一致性。

综上,我国当前对植被NPP估算方面,主要集中于森林植被NPP的估算或集中于某一区域整体的植被NPP估算。已有研究主要针对模型算法的改进、区域尺度NPP的时空演变规律及其对气候变化响应方面。此外,草地NPP的估算研究相对较少,在估算方法上较多使用传统的经验统计模型,模拟结果误差较大。

3. 干旱灾害损失评估研究进展

干旱灾害是我国发生范围最广、频率最高、造成损失最为严重的自然灾害,其特征主要有多发性、渐进性、持续性和累积性等(商彦蕊,2004)。干旱灾害是缓发性灾害,一般来说,仅当水资源(主要为降水)缺乏较为严重且其造成影响较为明显的时候,干旱灾害才会被感知,这种缓慢与持久性特征使得旱灾对社会经济生活造成的影响难以定量评价。但是,旱灾却实实在在地给人类经济、社会、生态、生活造成了方方面面的影响,最为直接的影响是会造成农牧业的减产、人畜饮水困难,进而会导致食物短缺、饥荒灾害,影响社会安定,造成粮食安全问题;旱灾的发生亦可诱发疾病,危害人类身体健康(Malik et al.,2012;杨丽萍等,2013),如 Smith 等(2014)对巴西亚马孙河流域研究发现,干旱不仅会增加火灾发生频率、降低空气质量,也会影响着儿童的呼吸系统健康。当前干旱灾害影响主要关注其对社会经济的影响,研究方法大致分为两类,一是对旱灾直接影响的统计、描述和相关分析,二是根据各产业链之间的相关关系,对旱灾造成损失的模拟估算,Ding 等(2011)对干旱造成的经济影响进行了较为全面的总结(图1.1)。

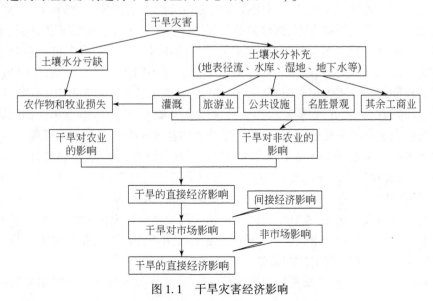

图1.1 干旱灾害经济影响

随着干旱灾害经济影响研究的发展,干旱灾害损失定量评估研究也日益增多。干旱灾害损失评估即灾情评估,当前灾情评估主要针对干旱灾害导致的直接经济损失进行评估,它是制定灾害救助方案和采取防灾减灾政策与措施的基础,也是灾情统计工作与灾害救助工作的核心内容。干旱灾害损失评估,主要有灾前预评估、灾中的监测评估和灾后损失评估三个阶段。灾前预评估,也称为干旱灾害风险评估,主要对干旱灾害发生可能性及强度进行预测,预估出干旱灾害可能的影响范围,尽可能做到防患于未然;灾中的监测评估,就是在灾害发生时,对干旱灾害程度、影响范围、受灾对象及可能造成损失的严重程度进行评估;灾后损失评估,主要是基于干旱灾害发生后各级部门以各种方式上报的灾情信息,以及包括利用遥感、GIS 等高新技术获取的信息资料,对这些灾情数据进行分析评估,同时也要对灾情与灾中的相关政策及方案进行评估。

国内外对于旱灾损失评估目前还没有统一方法,目前干旱灾害损失评估的主要方法有:传统的统计上报法、基于干旱指数的灾情评估、基于承灾体脆弱性的灾损评估和基于历史案例的灾情评估等(杨恒喜等,2010;夏兴生等,2015)。如袭祝香等(2012)利用吉林省农业部门对灾害损失的估算方法计算旱灾损失序列,基于该序列与气象要素建立相关关系,构建出旱灾损失评估模型,进而评估旱灾损失;张峰(2013)尝试利用拉格朗日法、直线滑动平均法及基于遥感手段的平均减产法对 2006 年川渝地区的水稻产量因旱损失率进行了评估;Mottaleb 等(2015)基于 MODIS 数据和家庭收入支出调查数据,采用双限制 Tobit 估计方法,评估了孟加拉国家庭单位上干旱与水淹对水稻产量造成的损失;Zhang 等(2015)研究了中国 29 个省份干旱与洪涝灾害造成农业的损失情况,结果表明干旱灾害在中国北方出现频率与强度增加,造成损失也将会增大。

当前国内外研究多是从干旱灾害发生后进行的灾损评估,主要针对干旱灾害对农业作物产量的影响方面,而对灾前预评估与灾中损失评估研究较为缺乏,导致灾情评估的前瞻性和实时性较差,并不能很好地指导相关部门及时制定各项应急减灾方案。因此,如何快速及时地评估干旱灾害对各国民经济部分造成的经济损失尤为重要。干旱灾害损失快评估,不仅可以快速估算出旱灾发生过程中造成的损失,及时为抗旱救灾、物资调配提供科学的参考依据,也可以指导相关部门有的放矢地制定水资源分配政策,从而将干旱造成的各方面损失降到最低程度。但是,干旱灾害损失快速评估研究在国内外并没有系统的研究,也没有明确的计算流程。杨恒喜等(2010)基于"3S"技术,提出了云南旱灾损失实时评估的技术流程,其中包括旱情的综合信息空间数据库建立、旱灾的遥感监测预警、旱灾经济损失的指标体系与经济估值算法等;夏兴生等(2015)基于历史相似案例的旱灾灾情数据,对河南省农业旱灾灾情进行了快速评估研究,结果表明该方法在农业旱灾灾情快速评估实际应用中具有一定的应用前景。

总体而言,干旱灾害损失的快速评估研究仍是我国当前干旱灾害相关研究中的薄弱环节。在灾害损失的快速评估中,目前研究力量主要集中在突发性自然灾害损失的评估中,如地震、台风、暴雨、洪水等,因为相较于旱灾而言,突发性自然灾害发生的起止特征较为明显,且造成的社会经济影响易于统计。如刘双庆等(2010)编写了基于宏观经济指标的地震灾害快速评估程序,利用天津地区的高密度强震台网资源,可计算出理论烈度下的地震灾害评估结果;方建等(2011)设计并开发了台风灾害快速评估信息系统,该系统可实现台风综合强度和影响范围的快速评估;杨帅和苏筠(2014)从暴雨的发生机制出发,拟合暴雨洪涝灾害的危险度与灾损率的函数关系,从而建立灾害损失快速评估模型。陈敏建等(2015)指出灾害损失可借助脆弱性曲线来描述,即建立不同程度的灾害与其损失之间的函数关系,以此来准确快速地评估出灾害造成的损失。该方法根据灾害风险理论,即在区域暴露性水平与防灾减灾水平能力一定的前提下,灾害实时损失决定于致灾因子危险性和承灾体脆弱性,是二者的乘积,表征为:$L = H \times V$,因此,如何快速确定致灾因子的危险性和承灾体的脆弱性就是灾害损失快速评估的关键(周瑶和王静爱,2012)。这种基于承灾体脆弱性曲线来评估灾害损失的快速方法,简便而又有效,目前被广泛用于洪涝灾害与暴风雨灾害损失快速评估中(吕娟和苏志诚,2008;贾艾晨等,2011)。

此外,目前在草原干旱灾害损失评估方面,已有研究较少,主要采用经验统计的方法对某一区域进行评估,评估方法普适性及实时性较弱。如陈素华等(2009)以内蒙古巴雅尔图草原为例,采用水分亏缺量作为草原干旱评估指标,基于实测生物量数据,在牧草生长不同阶段分别建立牧草生物量损失评估模型;李兴华和陈素华(2012)基于内蒙古草地监测站牧草和降水信息,对干旱造成的直接经济损失进行评估,包括牧草和畜产品减产、抗旱经费投入;颜亮东等(2013)基于2003~2011年青海省20个草原生态监测站点的灾害监测调查数据,对青海牧区干旱、雪灾灾害损失进行了综合评估;此外,Lei等(2015)提出了干旱对草原生态系统影响的评估框架,该框架综合了草地NPP数据与SPI指数,对草原干旱的影响进行定量评估,为草原干旱损失评估提供了新的思路。

1.2.2 草原雪灾损失快速评估研究进展

1. 草原雪灾损失评估国内外研究进展

雪灾评估是灾害管理中必不可少的一项基础性工作,是政府和社会广泛关注的重大现实问题,对科学准确地制定防灾备灾措施、及时组织开展雪灾应急救助工作以及灾后的恢复重建决策有着重要的支撑作用。雪灾的灾情评估主要是对雪灾范围、造成的损失和等级进行评估。其中,雪灾损失评估内容有人口、畜牧、生命线工程、作物、林木等承灾体损毁评估和直接经济损失评估等(吴玮等,2013)。

在国外很多发达国家基本上不属于天然放牧,具有良好的棚圈等畜牧业基础设施,虽然冬天降雪量大而导致雪灾发生,但是草料供给充足,因此对草地畜牧业的影响较小,其研究的热点是雪崩和风吹雪对交通及通信的影响以及干扰等方面的山地雪灾评估(王玮,2014)。Pozdnoukhov 等(2011)利用支持向量机(SVM)预测了雪崩灾害的时空分布;Kluver 等(2015)利用历史气象资料分析了美国本土的降雪频率与趋势;Tachiiri 等(2008)利用遥感数据及家畜统计资料,通过比较雪灾发生前后 NDVI、雪水当量、家畜存栏数与家畜死亡率的变化关系,对干旱内陆牧区进行雪灾灾后评估及经济损失预测;Tominaga 等(2011)通过结合气象数据,运用降水量预测模型和流体力学模型预测积雪分布及雪灾可能发生的区域;Nakai 等(2012)从气候变化角度出发,利用气象因子(如降水量、风速、温度等)建立了雪灾预警系统,可以预测雪崩的发生及风吹雪的路径;Bocchiola 等(2006)对意大利中部阿尔卑斯山的积雪深度频率曲线和雪崩危险度进行了研究。

国内对于雪灾的研究工作主要集中于时空分布(张涛涛等,2014;刘栎杉等,2013;许剑辉等,2014;沈永平等,2013;杜华明等,2015)、风险评估(李红梅等,2013;李兴华等,2014;李凡等,2014;王世金等,2014;梁凤娟等,2014)、灾情评估(陈前和彭元琪 2014;沈农保,2014)和防灾减灾对策研究(付秀琴,2014;李洪泉等,2014;杨建明,2014)。当前研究中对雪灾损失评估,由于分类的角度不一,选取的指标各不相同,归纳为两类:一类是以受灾程度,即选取灾情因子中的牲畜死亡率指标进行划分;另一类是以造成雪灾的主要气象要素变化进行划分,而且多数侧重于将气象因子和灾情因子综合起来对损失等级进行评价。

吴小辉(2015)利用历史灾情资料,梳理出历年雪灾灾情指标,重建了历年雪灾等级序列,揭示出青海省雪灾的时空分布特征;庄晓翠等(2015)采用阿勒泰地区的气象数据与同期的雪灾灾情资料及太阳黑子和牧草产量资料,研究新疆北部牧区雪灾灾情及成因;周晓莉(2015)利用西藏日积雪深度资料分析了西藏冬季累积积雪深度的基本特征,建立了一套雪灾评估等级标准;刘兴元等(2004)根据草地畜牧业的特点,建立了以草地、家畜、饲料储备和牧区人文经济为主体的四类三级雪灾评价指标体系,确定了指标体系各因素的权重,建立了雪灾对草地畜牧业影响的定量评价和雪灾损失计算模型,提出了以载畜量、受灾面积、积雪与牧草高度之比和气候为变量因子的不同等级雪灾损失指数模型,综合评价了雪灾对草地畜牧业的正面和负面影响;颜亮东等(2013)利用青海省的牧草、降水和相应年份的灾害监测调查资料对比分析了干旱和雪灾灾害对畜牧业造成损失比例,将干旱和雪灾通过经济损失有机地联系起来,直观地表明了在不同等级的灾害情况下,损失造成的大小和比例;李海红等(2006)在中国牧区雪灾等级指标研究中依据积雪掩埋牧草程度、积雪持续日数和积雪面积比等三项指标,考虑气象因子与雪灾的关系来制定中国牧区雪灾发生的等级指标,将灾情等级分四级;周秉荣等(2006)应用灾害学的理论和观点,以青海牧区为研究对象,采用模糊数学方法建立从降水、积雪、成灾、灾情评价的综合判识模型,对已产生灾情的雪灾进行等级划分,建立相对评估指标,提供救灾决策信息;郭晓宁等(2012)利用青海高原雪灾实际灾情历史统计资料,结合雪灾造成的牲畜死亡率,参照标准化降水指数(SPI)方法,确定不同雪灾等级的阈值,制订了青海高原基于实际灾情的雪灾标准;杨征等(2015)通过分析呼伦贝尔地区历史灾情资料,得到了灾情指数,并采用灰色关联分析的方法定量分析了牧区积雪深度、积雪时间、气温3个气象因子与雪灾灾情的相关性。

综上所述,以往的雪灾损失研究大多是通过确定评估指标体系,建立评估模型和方法,进行损失核算,评价雪灾过程对经济社会的影响,对雪灾灾情等级进行简单划分,不是真正意义上的雪灾损失快速评估,基本无法快速而且准确地进行草原雪灾损失评估。

真正意义上的快速评估也是实时损失评估(也可称为潜在损失),根据灾害理论,实时损失决定于致灾因子和承灾体脆弱性,是二者的积(张继权和李宁,2007),致灾因子一般选择一个主要致灾指标,如洪水灾害用水深,雪灾一般用雪深,旱灾用干旱强度,等等表征;脆弱性需要用脆弱性曲线表征,它是致灾因子和损失率的函数,因此如何快速确定致灾因子和承灾体脆弱性就是灾害快速评估的关键。

2. 积雪深度监测国内外研究进展

积雪是地球表层覆盖的重要组成部分,就全球和大陆尺度范畴而言,大范围积雪影响气候变化、地表辐射平衡与能量交换、水资源利用等(胡汝骥,2013);就局域和流域范畴而言,积雪影响天气、工农业和生活用水资源、环境、寒区工程等一系列与人类活动有关的要素(Che et al.,2014)。就草原地区而言,积雪不仅会掩埋牧草,造成畜牧草料供应不足,而且在没有饲草储备或储备不足的牧区,造成大批家畜因冻饿而死亡的情况,从而发生"雪灾"(刘桂香和宋中,2012)。积雪是草原雪灾发生关键的致灾因子。因此,准确监测积雪成为一项重要研究目标,尤其对频繁发生雪灾的草原进行积雪监测深入研究,对草原雪灾损失快速评估具有特别重要的意义。

早期的监测主要是地面常规观测,一般是通过遍布各地的气象台站和水文观测站进行。通过每天对台站周边的雪情进行观测,获取第一手资料,而且能得到较长时间序列的积雪观测资料。但是,由于观测台站大多位于地势平坦的城镇周边以及河谷山谷地区,一些偏远地区以及高寒高海拔地区就无法对积雪进行观测,不能及时、全面、准确地反映积雪分布状况,尤其是大范围乃至全球的积雪覆盖信息。随着空间和信息技术的快速发展,卫星遥感技术逐渐成为一种有效的现代积雪监测手段(孙知文等,2015)。遥感资料在综合观测系统中的作用越来越大,遥感技术以其宏观、快速、周期性、多尺度、多层次、多谱段、多时相等优势,在积雪动态监测中发挥着重要作用(Yang et al.,2014)。

利用可见光卫星传感器进行积雪监测已有40多年的历史。早在1987年,

Stanley 等(1987)在美国圣路易斯地区利用 AVHRR 数据,进行了不同通道在不同土地覆盖上的反照率的研究,发现通道 1 和通道 2 的反照率之差可以用于监测积雪的边界。近年来,众多学者利用时间和空间分辨率较高的 MODIS 影像开展积雪监测的研究(Marchane et al.,2015;Gascoin,2015;Huang et al.,2015)。赵明洋等(2014)通过融合同一天不同时间过境的 MODIS 积雪产品 MOD10A1 和 MYD10A1 为 MOYD,融合 MOYD 和 AMSR-E SWE 积雪当量产品产生 MODAM,提高了积雪监测精度,对祁连山积雪时间分布和不确定进行了分析。于灵雪等(2014)利用 MODIS 双星数据对黑龙江流域 2003~2012 年的积雪覆盖面积进行提取和验证,然后基于合成的数据分析研究区积雪覆盖面积的季节和年际变化。Chen 等(2014)利用不同 MODIS 积雪产品的组合分析了中国东北地区积雪时空变化。但由于光学遥感受天气的影响较大,穿透力较弱且难以提取被云覆盖的区域的积雪信息,所以只能监测积雪覆盖的变化,而对于积雪深度的监测效果并不理想(2016)。

微波遥感凭借其全天候穿越云层提取地表信息的特点,解决了 MODIS 和 AVHRR 等可见光遥感在多云层和夜间无法准确监测积雪的难题,这也使得微波遥感在获取雪深参数上有很大优势(Gu et al.,2016)。目前已有多种积雪的被动微波遥感模型以及反演雪深和雪水当量的算法,其中大多数的雪深研究都是基于 Chang 等(1987)提出的"亮温梯度"半经验算法。

我国积雪微波遥感研究起步稍晚,在 20 世纪 90 年代初期,一些研究人员通过国际合作开展了被动微波积雪研究,并且较系统地比较了我国西部气象台站的雪深资料和 SMMR 反演结果,评价了雪深和雪水当量算法的精度和适应性(曹梅盛和李培基,1994)。近年来,侯小刚等(2015)利用 FY-3B MWRI 反演的雪深数据、美国人机交互式多仪器冰雪制图系统(IMS)积雪面积数据、实测雪深数据建立雪深修正模型,最终得到较准确的雪深数据,并通过编程实现了相应模型的操作平台;蒋玲梅等(2014)选取森林、农田、草地和裸地四种主要地物类型,利用地面雪深和温度资料,以及同期的高级微波扫描辐射计亮温数据,建立了中国区域雪深半经验统计反演算法,且该算法已被作为国家卫星气象中心 FY3B-MWRI 雪深产品的业务化算法;杜一男等(2016)利用野外实测数据与 FY-3B MWRI 亮温数据,对 NASA 系列算法在中国东北地区的精度进行了评价分析,结果表明 NASA96 算法的反演精度更高;萨楚拉等(2015)针对内蒙古牧区建立了基于 FY-3B 亮温数据的雪深反演模型,并使用 2012 年牧区雪深观测值进行检验,结果表明其反演模型能够较好地估算和识别牧区雪深的空间分布特征;于泓峰等(2015)利用 MODIS 数据,以及 AMSR-E、AMSR2 与 MWRI 被动微波遥感数据,建立了新疆地区冬季逐日积雪分布遥感反演模型,得到逐日积雪分布情况;张显峰等(2014)建立了 18.7GHz 与 36.5GHz 通道亮温差和 10.7GHz 与 18.7GHz 通道亮温差相结合的积雪深度分层反演新方法,并利用 GCOM-W1 星上搭载的 AMSR2 传感器数据估算了新疆每日积雪深度,结合同期的气象站点观测数据与野外实测数据对遥感反演结果进行了评价,其模型能够很好地识别新疆地区积雪的空间分布状况。多项研究表明,当雪深超过一定深度时,大尺度区域雪深反演结果存在较大偏差(卢新玉等,2013;Dai et al.,2012;于惠等,2011)。

总体来说,基于星载卫星被动微波亮温值和气象台站雪深数据建立雪深模型是可行的,但目前的雪深模型多为大尺度大区域的研究,在内蒙古锡林郭勒地区的雪深反演结果并不理想。内蒙古锡林郭勒草原是草地畜牧业生产的基础,也是雪灾发生后损失严重的区域。因此,建立一套适用于内蒙古锡林郭勒地区的积雪信息反演模型,反演锡林郭勒地区积雪深度,可为雪灾损失快速评估提供较为准确的积雪信息。

3. 脆弱性曲线国内外研究进展

通常可用致灾(h)与成害(d)之间的关系曲线或方程式表示,即$V=f(h,d)$,又叫脆弱性曲线(Vulnerability Curve)或灾损(率)曲线(函数)(Damage/Loss Curve),用来衡量不同灾种的强度与其相应损失(率)之间的关系,主要以曲线、曲面或表格的形式表现出来(史培军,2010)。

1964年,White首次提出了将脆弱性曲线方法应用于水灾脆弱性评估(Smith,1994)。近年来该方法在水灾、地震、台风、滑坡、泥石流、雪崩和海啸等灾害研究中逐渐被推广应用。Dutta等(2003)则给出了包括建筑物和农作物在内的多种承灾体日本水灾脆弱性曲线;Colombi等(2008)根据意大利地震案例数据分别建立了砖结构和加固结构的建筑脆弱性曲线,并与地震模型建立的脆弱性曲线进行了对比分析;雪崩的脆弱性曲线近年才出现和推广。Wilhelm等(2010)利用瑞士、冰岛、奥地利等地的灾情数据构建了建筑物及人员的雪崩脆弱性曲线;在旱灾脆弱性曲线研究中,也有学者从气象产量的角度入手,研究了不同干旱强度下作物减产的情况(董姝娜等,2014;庞泽源等,2014)。

总体来说,地震和水灾脆弱性曲线研究起步早且发展较为成熟,已有较完善的体系及与政府和商业等相结合的应用成果。滑坡与泥石流、雪崩、冰雹等灾害的脆弱性曲线研究在20世纪90年代左右兴起,相对较为薄弱,主要是因为数据获取难度大、标准不一。此外暴风雪、海啸等灾害也有相关脆弱性曲线的研究。关于草原雪灾的脆弱性曲线研究并不多见,解伟等(2012)和白媛等(2011)在研究雪灾的过程中也只是建立了雪灾牲畜脆弱性曲线,并未构建多种承灾体的脆弱性曲线。

脆弱性曲线的构建有三种方法(表1.3),分别是基于灾情数据的脆弱性曲线构建、基于系统调查的脆弱性曲线构建和基于模型模拟的脆弱性曲线构建,三者各有优缺点(周瑶和王静爱,2012)。

表 1.3　脆弱性曲线构建方法

脆弱性曲线构建方法类型	优点	缺点
灾情数据法	精度高,效果好	需要大量的历史灾情资料与统计数据
系统调查法	内容全面	调查的工作量较大,受人为因素干扰
模型模拟法	较少受到实际灾情数据缺乏的限制	模型运算量较大,技术要求高

1.2.3　灾害链研究进展

近年来,由于全球气候变化导致自然变异的加剧,伴随着人口急剧增长,社会经济不断发展和城市化进程加快,使得全球自然灾害活动强烈、破坏损失特别严重,对人类生命、财产、社会及生态等多个方面造成了巨大的影响。多种灾害的链式发生与相互叠加,使得这种影响尤为明显。2004 年印尼苏门答腊 9 级大地震引发海啸,导致 23.2 万人死亡或失踪,因海啸死亡的人数远远超过因地震死亡人数(Tsuji et al.,2006;Thorne et al.,2005);2005 年美国卡特里娜飓风及其诱发的一系列风暴潮、洪涝灾害造成 1300 多人死亡,经济损失超过 960 亿元(Hallegatte,2008;Burby,2006);2008 年中国南方雨雪冰冻灾害造成损失约 1500 亿元(Chen et al.,2011);2008 年中国汶川发生 8 级地震,由地震引发山体滑坡、泥石流及堰塞湖等多种灾害,造成 6.9 万余人遇难(Ge et al.,2010);2011 年日本 9 级大地震及引发的海啸造成 1.5 万多人死亡,同时地震还引起了核泄漏事故(Krausmann and Cruz,2013;Tanaka et al.,2012)。可见,这些发生在陆地和海洋圈层的灾害过程,给生态环境带来了严重的破坏,对人类构成了巨大的威胁,因此灾害链的研究极为迫切和重要。

以往的灾害研究多侧重于单一灾种的研究,并且认为不同灾种之间是同质的、相互独立的线性关系。但大量的实例表明,任何灾害的发生发展都不是孤立的、静止的,很多重大自然灾害的发生往往会伴随其他灾害的产生,其损失也并不是由某一种灾害造成的,而是由多种灾害的连锁反应及其在时间、空间上复杂的相互作用而产生的。各种灾害之间的相关性已经得到国内外学者的关注,IPCC 也在适应性政策中加入了多种灾害管理战略(IPCC,2012),这也使得灾害链从最基本的理论问题逐渐成为灾害研究领域的热点问题。同时,由于各种灾害之间呈现链式结构不断演化的态势,使得其造成的危害和影响远比单一灾害事件大而深远,也使人们认识到,从灾害链的角度对灾害进行研究,可以更加有效地进行防灾减灾工作,以减少由灾害连锁效应带来的损失。

当前,灾害链的相关研究刚刚兴起,不同学者对灾害链的概念存在多种理解,对灾害链的研究内容与方法也各不相同。为全面了解国内外灾害链的研究进展,本小节通过梳理和分析相关文献,对已取得的研究成果进行归纳和总结,探讨了研究中存在的问题,并对灾害链的研究进行了展望,以期为灾害链研究提供借鉴和参考(哈斯等,2016)。

1. 灾害链的概念

随着研究的深入,尽管对于灾害链的概念研究有了较大的进步与发展,灾害间的相互关系也得到了众多学者的关注,但关于灾害链的定义目前还没有一个明确统一的界定。

在国外,Menoni(2001)最先提出用灾害损失链的概念代替目前使用的简单耦合灾害损失观念。Delmonaco(2010)认为连锁失效是指系统中部分失效引发其他相互关联的部分失效,对于自然灾害的研究,是指特定的灾害引发次生灾害的高可能性。Carpignano等(2009)认为灾害链是灾害事件间的相互作用而形成的多米诺现象。Dombrowsky(1995)认为独立的自然灾害并不存在,它是自然系统内部相互作用并与社会系统相互关联的后果,灾害具有不断演化扩散的特征。Kappe等(2012)认为在复杂的自然灾害系统中多种灾害过程之间是相互关联的,灾害的发生会改变灾害系统的整体状态,从而影响另一灾害的发生。Helbing(2013)在 *Nature* 杂志上发表文章指出"灾害之间通常具有因果关系,这使得灾害系统的复杂性大大加深"。除此之外,很多国外学者还提出了连锁效应、诱发效应、级联效应等名词,描述灾害链的概率,解释一种灾害引发另一种灾害的现象。

在国内,20世纪80年代,灾害链的概念最早作为一个灾害学基本理论问题被提出。郭增建和秦保燕(1987)认为灾害链是一系列灾害相继发生的现象。李永善(1988)认为灾害链就是大系统长周期的放大过程、成灾时的自然放大过程和成灾时的社会放大过程。史培军(1991;1996)认为灾害链是因一种灾害发生而引起的一系列灾害发生的现象,是某一种原发灾害发生后引起一系列次生灾害,进而形成一个复杂的灾情传递与放大过程。马宗晋(1992)认为灾害链是原发灾害派生出的一系列次生灾害,形成的次生灾害链。文传甲(1994)认为灾害链是一种灾害起动另一种灾害的现象,即前种灾害为后种灾害的部分原因,前种灾害为起动灾害链环,后种灾害为被动灾害链环,这一定义强调了在灾种之间的关联性。刘哲民(2003)认为等级高、强度大的灾害发生后,会诱发出一连串的次生灾害接连发生,从而形成灾害链。倪晋仁等(2004)认为灾害链是由两种或多种灾害因因果关系或同源关系而形成接续发生或同步发生的序列。黄崇福(2005;2006)认为灾害链是由一种灾害启动另一种或多种灾害的现象,还提出了多态灾害链的概念及其具体形式化的数学描述关系,即一种灾害在不同条件下可能诱发不同灾害链的现象。刘文方等(2006)认为灾害链是指包括一组灾害元素的一个复合体系,链中各灾害要素之间和各灾害子系统之间存在一系列自行连续发生发应的相互作用,其作用的强度使该组灾害要素具有整体性。门可佩等(2008)认为重大自然灾害一经发生,极易借助自然生态系统之间相互依存、相互制约的关系,产生连锁效应,由一种灾害引发出一系列灾害,从一个地域空间扩散到另一个更广阔的地域空间,这种呈链式有序结构的大灾传承效应称为灾害链。余瀚等认为灾害链可定义为在特定空间尺度与时间范围内,受到孕灾环境约束的致灾因子引发一系列致灾因子链,使得承灾体可能受到多种形式的打击,形成灾情累积放大的灾害串发现象。

随着多学科的交叉融合以及灾害研究的不断深入与完善,不同专业与不同背景的学者从各自研究角度出发,借鉴多学科的理论,对灾害链的概念定义进行了界定。《地球科学大辞典》(2005)将灾害链定义为原生灾害及其引起的一种或多种次生灾害所形成的灾害系列。其中,原生灾害是指由动力活动或环境异常变化直接形成的自然灾害,次生灾害是指由原生灾害引起的"连带性"或"延续性"灾害。肖盛燮(2006)把灾害链概括为"链式效应"或"链式关系",认为灾害链是将宇宙间自然或人为等因素导致的各类灾害,抽象为具有载体共性反映特征,以描绘单一或多灾种的形成、渗透、干涉、转化、分解、合成、耦合等多相关的物化流信息过程,直至灾害发生给人类社会造成损坏和破坏等各种连锁关系的总称,其重点在于灾害链的演化过程。郑大玮(2008)对灾害链的进行了进一步扩展,指出广义灾害链是灾害系统在孕育、形成、发展、扩散和消退的全过程中与其他灾害系统之间,各致灾因子和影响因子相互之间,以及这些因子与承灾体之间各种正反馈与负反馈链式效应的总和。姚清林(2007)从物理学中"场论"的观点出发,认为灾害链是物理、化学场平衡—失衡—平衡的过程产物,链中事件皆是场态的"象",事件间不是简单的因果关系,而是自然变异、演化过程中系统"扰动"效应的渐次影响关系,是场因果关系而非孤立的点因果关系。韩金良等(2007)从灾害链的特征出发,定义地质灾害链是由成因上相似并呈线性分布的一系列地质灾害体组成的灾害链或者是由一系列在时间上有先后,在空间上彼此相依,在成因上相互关联、互为因果,呈连锁反应依次出现的几种地质灾害组成的灾害链。徐道一(2008)从自组织理论出发,把灾害链具有隐性有序性的变量类比拟为协同学的"序参量",从而提出"似序参量",作为表示灾害链演变过程的重要参数。王春振等(2009)认为灾害链是对某种灾害从发生时到该种灾害对人类社会造成损失或破坏后的各种连锁关系的总称。尽管不同学者因专业背景和关注视角的不同,使其对灾害链的理解存在差异,但灾害链对孕灾环境和承载体的破坏损失在时间、空间上起到扩散放大作用等方面的认识是较为一致的。

2. 灾害链的分类

灾害链分类对于深入了解灾害链的形成机制、时空演变规律及其断链减灾对策具有重要意义。由于各自研究角度的不同,各学者对于灾害链的分类方法也有所差异。归纳总结为以下三类。

(1) 基于灾种的灾害链分类

灾害链研究侧重于不同灾种之间的联系,因此,以灾种为分类标准是最直观和最基本的灾害链分类方法,是现有研究中对于灾害链的最常见分类方法之一。

按照圈层、灾害种类等标准进行分类,史培军(2002)提出了4种常见的灾害链,即台风-暴雨灾害链、寒潮灾害链、干旱灾害链和地震灾害链。卢耀如院士(2006)将灾害链分为气候-地质灾害链、地震-地质灾害链、海洋-陆地灾害链、河流上下游间地质灾害链和地质-生物灾害链。Yasuhara等(2011)将灾害链分为与水相关的灾害链和与地质相关的灾害链。Xu等(2014)认为灾害链可分为地质灾害链、气象灾害链和地质-气象灾害链3大类。

也有学者通过列举出区域中所发生的灾害链案例,进行汇总与合并对灾害链进行分类。叶金玉等(2014)讨论福建的台风灾害链的类型主要包括台风-暴雨灾害链、台风-大风灾害链和台风-风暴潮灾害链。居丽丽等(2012)对上海地区台风、大雾和高温灾害特征进行研究,构建了上海台风-暴雨-洪涝、台风-大风(龙卷风)、台风-风暴潮(巨浪)灾害链,以及大雾灾害链和高温灾害链。王萌等(2011)分析了陕西省暴雨灾害链典型案例,提出陕西省2010年主要有暴雨-洪涝、暴雨-崩塌/滑坡-泥石流、暴雨-洪灾-环境污染-疾病灾害链。

(2) 基于时空结构的灾害链分类

灾害链的结构可以从时间与空间上的关系来研究。时间上是指灾害链中各灾害事件发生的先后顺序,而空间上指各灾害链引发的灾害在范围上扩展的方式。

郭增建和秦保燕(1987)从灾害链产生原因上将灾害链分为因果链、同源链、互斥链和偶排链4种。史培军把灾害链划分为并发性灾害链与串发性灾害链。文传甲把灾害链的结构形状分为鞭状、树枝状、环状、多链-灾群。陈兴民(1998)从灾害过程上将灾害链分为灾害蕴生链、灾害发生链、灾害冲击链3种。肖盛燮(2011)根据链的载体反映不同性状的灾害演化过程链式类型特征,把灾害链划分为崩裂滑移链、周期循环链、支干流域链、树枝叶脉链、蔓延侵蚀链、冲淤沉积链、波动袭击链、放射杀伤链8种类型。李智(2010)从灾害链的连接和交错情况进行分析,将灾害链分为直式灾害链、发散式灾害链、集中式灾害链、循环式灾害链、交叉式灾害链5种类型。各位学者的划分差异较大,主要在于不同研究者对灾害链的认识与理解不同,这也反映了灾害链的复杂多样性。

(3) 基于灾害系统要素的灾害链分类

这种分类方法主要依据区域灾害系统论,综合考虑致灾因子、孕灾环境和承灾体,从成灾机制的角度进行分类,对于灾害链评估、区划具有重要的意义。

李景保等(2005)从湖南省四水流域暴雨径流灾害链孕灾环境出发,划分了其致灾因子链的类型。刘爱华(2013)从承灾体的角度入手,将城市灾害链划分为城市地震灾害链、城市洪涝灾害、城市台风灾害链、城市暴雪低温冰冻灾害链4种典型灾害链。李英奎等(2005)在探讨泥沙灾害链的分类分级体系与方法时,在泥沙灾害分级的基础上,从单指标法及系统分类法两个角度提出了泥沙灾害链的分级分类原则与体系,其分级思想具有借鉴作用。钟敦伦等(2013)根据山地灾害链的致灾因素不同,将其划分成地球内营力作用、外营力作用和人为作用致灾的灾害链3种类型。此类灾害链分类方法为灾害链分类研究提供了新的思路与方法,但这类划分方法仅针对特定区域且分类过程较为复杂。

3. 灾害链的主要研究内容

灾害链是一种复杂的灾害系统,当前研究尚处于起步阶段。目前国内外关于灾害链的研究内容主要包括灾害链形成机制、灾害链风险评估、灾害链损失评估以及灾害链孕源断链减灾对策等方面。

(1)灾害链形成机制研究

灾害链形成机制是指灾害链形成时,不同灾害之间的物质和能量相互作用过程,对于这些过程的深入研究可以进一步认识灾害链、揭示灾害链形成的规律与特征。当前,对灾害链形成机制的研究大部分处于定性分析与描述阶段,也有小部分学者通过建立数学、物理模型来研究灾害链形成机制,但只是基本的概念模型(2006;2010)。

杜翠(2015)研究了高寒、强震山区泥石流堵塞大河的沟谷灾害链判断依据,并提出了线路工程减灾对策。朱伟等(2011)分析了城市暴雨灾害链的演化特点,提出交通堵塞是暴雨灾害链的关键结点。吴瑾冰(2002)对华南地区的地震与洪涝、台风、风暴潮所形成的灾害链及其机制进行了讨论。王劲松等(2015)对西南和华南地区的干旱灾害链的形成特征进行了分析。帅嘉冰等(2012)对长三角地区的台风灾害链进行了特征分析。周靖等(2008)分析了受暴雪冰冻灾害链影响的城市生命线系统灾害链的形成机理与致灾原因,并归纳了其灾害链的类型,提出了防灾减灾对策。

(2)灾害链风险评估研究

研究灾害链的目的就是对未来灾害链发生、损失的风险进行评估,进而为断链减灾提供防治和控制对策。灾害链与单灾种及多灾种叠加不同,它具有诱发性、时间延续性及空间扩展性(2009),以灾害链为中心进行区域灾害综合风险评估,能厘清各灾种之间的相互作用关系,并更加真实地刻画出灾害链式演变过程所带来的风险。对此,也有不少学者对不同灾害链进行了风险评估。

刘爱华和吴超(2005)提出了一种基于复杂网络结构的灾害链风险评估模型的建模方法,并以珠海市台风灾害链为例进行了验证,验证结果精度较高。王静爱等(2012;2013)以广东为例,详细分析了台风灾害链的形成过程、损失分布和风险评估,并建立了区域台风灾害链风险防范模式。王翔(2011)通过借鉴供应链和事故链的链式风险评估模式,构建了一个区域灾害链的影响因素指标体系,并提出了区域灾害链风险评估模型,来定量计算灾害链的风险值。张卫星和周洪建(2013)提出了灾害链风险评估的概念模型,并以汶川 8 级大地震灾害链为案例进行了分析。

(3) 灾害链损失评估研究

灾害链损失评估既是理解灾害链演化过程的重要手段,也是开展救灾工作、进行救灾资源调配的重要前提。灾害链损失评估贯穿于整个灾害管理过程中。评估时需要注意灾害链的系统性、层次性及交叉性。其灾情累计放大过程的研究更是需要综合分析灾害链中的各个要素。周洪建等通过对半干旱地区极端强降雨灾害链的研究,结合流域范围、实时降雨、遥感解译与实地调查,构建了极端强降雨灾害链损失快速评估方法,并对甘肃岷县 2012 年 5 月 10 日特大强降雨山洪泥石流灾害链的房屋损失进行快速评估,结果误差小于 0.15。史培军(2009)采用了基于"区域灾害系统"的脆弱性和易损性模型,评估汶川地震灾害链造成的直接经济损失、居民住房和房屋损失。

(4) 灾害链孕源断链减灾研究

孕源断链减灾是指在灾害链形成初期利用工程措施、生物措施等手段阻止灾害发生,从灾害源头削弱、消灭或回避灾变,限制或疏导灾害载体,并保护或转移承灾体,达到切断灾害链的目的(2006)。近年来,国内孕源断链减灾的理论研究日益受到关注,孕源断链减灾在灾害链防范中的实践应用也在不断扩展(蒙吉军和杨倩,2012)。

王志超等(2015)以四川省汉源县 2010 年 7 月 27 日的地质灾害链为例,对地质灾害链防治中采用的断链、削弱、对信息流的重视等策略进行了分析。秦朝亮(2015)提出了采煤沉陷区灾害链的断链减灾模式与采煤沉陷区的综合治理方案。李文鑫等(2014)从能量的角度分析了汶川地震引发的次生山地灾害链切断次生灾害链方法。周科平等(2013)将尾矿库溃坝灾害链演变过程进行了划分,并从各阶段的特征出发,提出了相应断链减灾措施。刘磊等(2013)提出了矿山灾害链"初次断链+预防断链+灾后重建"组合断链减灾模型。马保成等(2011)对公路滑坡灾害用模糊数学的方法进行分析,概括了滑坡演化阶段的特征规律,划分了其链式演变阶段;向灵芝等(2010)在对震后灾害链产生机制及其对城镇重建影响的研究中,提出通过治理震后泥石流、滑坡等重点次生地质灾害,加强震后监测预报等明确的减灾措施。吴立等(2012)在对巢湖流域灾害进行深入研究的基础上,提出从人-地关系地域系统的调控上来制定区域减灾对策,并针对该流域提出了采取生物措施与工程措施相结合、上下协同控制的六条减灾对策措施。刘文方和李红梅(2014)运用熵权理论对斜坡地质灾害链源致灾因素进行探讨,对斜坡稳定性及斜坡地质灾害链进行综合识别和判断,为断链减灾提供依据。

4. 灾害链的主要研究方法

现有的研究方法多数是通过不同角度对于灾害链的形成与演化过程机制、特征的定性分析与描述。主要包括了基于数据的概率分析方法、基于复杂网络的研究方法和基于遥感实测的研究方法等。

(1)基于数据的概率分析方法

灾害链过程涉及多种形式的灾害引发关系,但这种引发关系只是逻辑上的关联,在实际案例中并不表示一种灾害发生后一定能引发次生灾害。利用概率统计方法一般是先构建灾害链事件树来分析灾害发生后可能引发的次生灾害(Khan and Abbasi,2001;Keefer,2002;Perucca and Angillieri,2009),再计算次生灾害发生的条件概率。

贝叶斯网络方法可以利用有限的信息推理得到其网络内其他事件的条件概率,有学者应用贝叶斯网络模型对灾害链中各事件的概率进行推理分析(董磊磊,2009;裘江南等,2012;Wang et al.,2013)。除此之外,神经网络、专家打分系统等方法也可用于确定灾害链中各灾害的条件概率(Badal et al.,2005;Chavoshi et al.,2008)。Wang 等(2010)利用人工神经网络与 GIS 相结合来分析地震引发的多层建筑损毁。李藐等(2010)提出了一种描述事件链式效应的数学模型,并以地震灾害链为例对该方法进行了实例验证。Gitis 等(1994)建立了一个概率模型,来描述灾害链中灾害之间的互相影响,并且分析了危险性与灾害链风险。Heibing 和 Kühnert(2003)应用统计物理学中的主方程,构造灾害链间各事件的影响矩阵来反映灾害之间的关联性,进而推演其随时间变化的特征。当前灾害链研究中,条件概率主要集中在致灾因子之间的相互关系上,对其他要素考虑的还不够充分,并不能精确地描述灾害链中个灾害之间的关系。

(2)基于复杂网络的研究方法

复杂网络是一种拓扑结构特征十分复杂的网络。它存在于数理科学、生命科学、工程科学、信息科学和社会科学等多个领域(2008)。灾害链作为一个灾害复杂网络,其研究本身就是多学科交叉的产物,可以通过复杂网络理论研究灾害链的动力学过程。首先通过案例或逻辑判断构建灾害链复杂网络(王铎,2010;葛月,2012;路光,2013),灾害链中各灾害事件可表示为网络的结点,灾害间的关系可表示为网络中的有向边,灾害损失可用复杂网络结点的状态来表述(Duenas-Osorio and Vemuru,2009),再计算灾害链复杂网络演化过程,确定复杂网络基本动力学演化过程模型的具体形式(Buzna et al.,2006;王建伟和荣莉莉,2008)。

当前,复杂网络在冰雪、暴雨、台风等灾害链中都有应用(陈长坤等,2008;陈长坤和纪道溪,2012)。刘爱华和吴超(2005)应用复杂网络结构对灾害链的演化特征进行了表征,并对灾害链的作用机理进行了数学描述,提出了一种基于复杂网络结构的灾害链风险评估模型。林达龙等(2012)运用复杂网络理论,研究了高校火灾灾害事件演化机理,对高校火灾灾害事件演化网络的结构类型进行分析。陈长坤等(2009)以 2008 年南方冰雪灾害链为例,运用复杂网络的相关理论知识,构建了冰雪灾害事件演化的网络结构,对冰雪灾害危机事件演化构成和衍生链特征进行了分析。朱伟等(2011)利用复杂网络理论构建了北方城市暴雨灾害演化网络模型,将危机事件分为三个等级,并探讨了事件级别和出入度的关系。Li 和 Chen(2014)通过构建因果回路的复杂网络来表示某种灾害引发城市停电灾害链的过程。当前研究集中于灾害链复杂网络结点的演化过程,应用中综合考虑灾害链时空规律的复杂性,将会使模型更加接近实际情况。

(3)基于遥感实测的研究方法

随着空间和信息技术的快速发展,卫星遥感技术逐渐成为一种有效的灾害研究手段。遥感资料在综合观测系统中的作用越来越大,遥感技术以其宏观、快速、周期性、多尺度、多层次、多谱段、多时相等优势,为灾害链的研究提供了强有力的支持。姚清林(2006)在分析印尼苏门答腊巨震和西江大洪水前后数千张卫星遥感图像等其他资料的基础上,提出了灾害链的场效机理与区链观。刘洋(2013)利用多源多期遥感影像提取了泥石流信息,并深入研究典型沟道的特征,最终从遥感角度分析了西藏帕隆藏布流域的泥石流灾害链模式。

此外,随着多源遥感影像的应用以及解译精度的提高,为灾害链次生灾害的判断提供了可靠的依据,特别是汶川地震后,有学者应用遥感数据对地震引发的一系列山地灾害进行了评价与分析。范建容等(2008)利用多源遥感数据获取了汶川地震诱发堰塞湖泊的信息。崔鹏等(2009)利用汶川地震后的航空影像解译数据分析了汶川地震后引发堰塞湖的分布特征。徐梦珍等(2012)利用遥感影像与实地勘测数据,研究了汶川地震引发的地震滑坡-泥石流-剧烈河床演变-生态破坏灾害链。梁京涛等(2012)利用航空影像对青川县红石河区域进行遥感解译,并结合汶川地震前地质灾害调查数据进行对比分析,对研究区地震-地质灾害链的分布特征进行了探讨。遥感技术应用于灾害链的研究是未来的发展趋势,现阶段其主要应用于遥感实测的灾害链,以地质灾害为主,其余灾种较少。

1.2.4 草原旱灾、雪灾应急减灾与应急救助研究进展

目前国内研究灾害的次生影响较少,对社会在灾害中的双重地位、灾害对社会机体的破坏、社会对自然的适应能力及化害为利、工程建设项目开发、交通类公共项目、退耕还林工程、危机事件对社会影响、雪灾过后社会救援及雪灾保险等研究成果颇为丰富,但对灾害社会影响的定量化研究尚属不足。而国外早已有了丰富的著述,对于灾害的社会影响的研究始于欧美地区。对于重大自然灾害损失与社会影响快速评估研究,一些国际组织、国家和地区很早就制定了较为详细的操作手册,指导灾害损失评估工作。例如,联合国拉美和加勒比经济事务委员会(ECLAC)20世纪70年代早期编写了《灾害的社会、经济和环境影响评估手册》,其后经过30多年的不断改进,2003年形成了修订版(Vanclay,2003);澳大利亚应急管理部(EMA)制定了《灾害损失评估手册》(Handmer et al.,2005);亚太经合组织(APEC)也相继发布了《灾后损失评估手册与实践》(Capannelli,2011)。许多国家

和地区的灾害评估都以这些评估手册为基础,结合自身情况,由不同的部门、基于不同的假设条件进行灾害损失评估。发达国家凭借较多的研究积累,评估取得了良好效果,如美国卡特里娜飓风损失评估、日本阪神地震损失评估等;而发展中国家,因数据统计不完备、灾害管理制度不完善等原因,损失评估工作相对滞后,急需加强技术与政策层面研究,推动灾害,尤其是重大自然灾害损失快速评估工作。美国社会学家弗里兹首先明确提出了灾害的社会影响,并认为灾害产生的社会影响是灾害的一部分,包括给社会单位带来了物质损失及对其正常职能的破坏。随着国民经济和社会的快速发展,灾害的社会影响问题日益受到政府、社会和学术界的高度关注。目前,国内外对于草原雪灾社会影响评价研究较少,给草原雪灾社会影响评价带来了很大的难度。

自然灾害应急救助需求与能力评估的研究刚刚起步。从需求与能力评估两个方面来看,能力评估的研究较多,最为薄弱的是需求评估。对于应急能力评估,国内外学者对城市防灾减灾能力进行了大量研究,建立了各种各样评价指标体系与评价模型。国际上,Cutter 等(2003)构建了美国的社会易损性的评价指标体系;Rose 等(2004)分析了灾害影响和政策响应的优缺点,构建了区域灾害经济恢复力定量模型。国内,谢礼立等(2006)以人员伤亡、经济损失、震后恢复时间为评价准则,建立了城市防震减灾能力评估指标体系;樊运晓等(2001)通过对区域承灾体脆弱性评价指标体系和综合评价指标权重的确定的研究,提出了评价区域承灾体脆弱性的理论模型。对于需求评估,国内还不多见,一些国际组织的大型评估系统或模型中涉及救助需求评估,例如,联合国、欧盟和世界银行正在开发一套灾后需求评估软件(PDNAs),重点针对灾后早期灾情评估和救灾需求评估(Eguchi et al., 2010)。总体来说,目前应急工作的需求与能力评估主要处于研究层面,能力评估研究成果相对丰富,需求评估还刚刚起步。

灾害发生时人员的安全疏散影响因素繁杂,如何合理考虑各种影响因素,提出简化的模型,通过计算机来实现受灾人员疏散过程的仿真模拟,成为各国安全减灾专家学者争相研究的热点。目前主流的疏散仿真模型主要包括基于流体方法的模型、基于元胞自动机方法的模型、基于智能主体的模型等3类,注重对人群疏散问题中安全疏散问题、人群疏散策略及模型、人群疏散仿真等问题。还有应用于建筑物的人员疏散模型,主要研究建筑物内人员的徒步疏散;此外,机动车疏散模型也有较多研究。这些模型都是从微观或宏观的层次对疏散过程中人员流动或交通状况进行模拟,可用于预测出疏散时间,评估疏散方案。国内在安全疏散问题方面有一些研究,如对行人和疏散动力学的研究,紧急事态下城市居民疏散集结点设置问题等开展的研究。在人群疏散策略及模型研究方面,提出基于离散时间的最短路疏散思路,以及针对各最短路径的动态疏散方法,通过对各备选路线优化分析,求解最优解,以保证疏散时间最小,实现对最优路径的选取,研究了地铁应急疏散标识系统的优化问题,提出了灾害扩散实时影响下的应急疏散路径选择模型,将通过疏散路径所需的总疏散时间最短作为优化目标。在人群疏散仿真研究方面,研究了面向场景的人群疏散并行化仿真问题,从对疏散仿真的场景组织研究入手,探讨可以为大规模、复杂场景中的人员疏散仿真模拟提供支撑的仿真架构,提出面向场景的人员疏散仿真算法。总体上,国内的学者关注的约束条件与国外的学者有所差别,主要集中在多救出点、路径的选择、交通限制、调运系统的结构和功能等,从而建立相应的优化模型,运用的研究方法主要有多属性决策法、层次分析法、拉格朗日方法、灰色系统理论等。从自然灾害的应对来讲,要更注重灾害风险的情景分析,加入风险这个约束条件进行决策。

对于应急救助物资的研究,主要集中在选址分析、选址建模以及应急物资调配方面。在选址分析方面,有的学者提出电力公司管理应急事件的集成逻辑框架,其中包括3个方面的优化决策;有的学者提出了香港医院的选址及其资源配置模型的框架(谭文安和孙勇,2011)。在选址建模方面,有的学者研制了飓风应急管理的综合决策应急管理系统,该系统最重要的部分是采用了在一个确定的网络中,利用网络优化模型来估计疏散时间和交通流;有学者指出应急管理本质上是一个复杂的多目标优化问题;有学者提出了利用先进的知识模型来支持应急系统——应急管理知识模型,该模型已经成功应用到了西班牙的水灾管理中。对于应急物资的调配问题,国外的学者主要是假设某个或某几个约束条件,如成本最小、有限时间、运输路线、多目标、服务质量等建立相应的优化模型。国内学者也在应急物质保障领域进行了一系列探索。方磊研究了应急系统选址问题在不同条件下的模型和算法,在满足应急系统时间紧迫性的前提下,考虑了应急系统的运行费用,建立了使应急服务设施点到各个应急地点(赋权重)的距离最小的优化模型,还提出了利用层次分析法考虑应急系统选址规划的其他很多因素后建立的目标规划模型。刘春林讨论了应急系统调度问题,给出了一次性消耗系统和连续性消耗系统的确定型优化模型,并将模糊规划理论应用到求解不确定情况下的优化模型(刘春林等,2001)。何建敏等(2005)较为系统地探讨了应急设施选址和调度的有关概念以及设施地址的优化选择模型。有的学者从3个方面考虑建立了应急系统选址的多目标决策模型:一是要求应急救援设施服务需求点的最大距离(或加权距离)为最小,二是要求应急救援设施超额覆盖需求区域的总权重为最大,三是要求应急救援设施服务需求点的总加权距离为最小。总体上,对于选址方法,大多数学者仅仅是从方法论中提出了选址的原则及相关模型,对于商业领域来说,选址的标准已基本形成,学者已经有固有的思路,但是,对于救灾应急储备库选址及应急物资动态调配等方面则很少有明确的思路,还不能满足业务部门需求。针对草原雪灾应急方面的研究较少,尤其是针对草原雪灾应急物资库方面的研究更为少见。现有的应急物资库方面研究主要集中在选址方面,在传统的选址与布局研究中主要有覆盖问题、中心问题和中位问题,覆盖问题又分为集合覆盖问题和最大覆盖问题(Owen and Daskin,1998;刘浪,2010;陈达强和刘南,2010)。国内针对对应急物资库选址的研究主要集中在应急物资库数量确定上,且研究多为广义的研究(陈鹏等,2015;周愉峰等,2015)。国外在此方面研究从不同角度进行了探讨,如 Beraldi 等(2009)研究应急服务设施选址问题。Lin 等(2012)在预期伊斯坦布尔近期将发生地震情况下,构建了一个应急设施选址模型,该模型考虑了服务灾民的平均距离最短和新建设施的数量最少两个目标。Qin 等(2013)考虑失灵风险研究了防御预算约束下有容量限制的两阶段设施防御规划问题,但针对的是既有设施的防御规划,而未在网络设施选址阶段就考虑失灵风险,且没有研究设施的指派问题。综上所述,目前针对草原雪灾应急物资库建设并未形成系统研究,且对于物资库建设选址的适宜区并未做详细研究。

为加强重大自然灾害应急救助管理,世界范围内已经开展了大量的灾害应急救助保障技术集成平台建设研究。美国非常重视灾害应急救助保障技术和信息的共享,提出了建立国家数据基础设施和数字地球等战略计划和设想。最具代表性的为美国联邦紧急事务管理局(FEMA)建立的国家紧急事务管理信息系统,实现了 FEMA 及其合作伙伴全天候地执行紧急事务管理任务,包括州减灾计划的制定、现状评估、灾中救援、指挥和控制、具体应对措施的提出、紧急救援以及减灾业务工作等;欧洲各国也长期致力于在灾害应急救助保障技术领域的协作与共享,如法国、德国、意大利、西班牙以及瑞典五国协作建设了灾害风险防范技术集成平台 RISK-EOS,向欧洲各国提供风险防范与管理方面的遥感观测及相关数据、模拟仿真技术以及风险管理决策技术等服务(Holzhauer and Assmann,2008);日本国立防灾所发起的"改进减灾对策、发展减灾技术国际框架"项目正致力于建立综合减灾实时信息平台,为各国减灾信息交流和共享提供一个支撑平台。此外,澳大利亚、尼泊尔等许多国家也在建立风险管理信息共享平台。

目前,我国在自然灾害应急救助保障技术集成平台领域也进行了大量的相关研究。国家灾害应急管理相关部门和组织已经建立了包括气象、地震、海洋、水文、农业、地质、环境等的单灾种数据库,其中地震、水利、气象、海洋、国土资源、林业、农业七个部门联合建立了综合自然灾害数据库体系;一些部门和机构建设了单风险的门户网站,如中国灾害防御协会建立的中国综合灾害信息网、中国地震局主办的中国地震信息网,为用户提供信息服务和部分数据共享等,但目前基本缺失相关灾害应急救助保障技术内容,尤其尚未形成国家层面上的综合灾害应急救助技术保障集成平台。

1.2.5 国内外相关研究存在的问题

(1)当前草原牧区旱灾、雪灾损失评估较多关注灾后损失评估,且评估结果实时性较差,有关灾前预评估和灾中监测评估的研究较少,使得区域旱灾防灾、救灾政策与措施的制定有一定的滞后性。因此,草原牧区旱灾、雪灾损失快速评估是解决这一问题的有效手段,可及时指导抗旱减灾政策的制定。

(2)当前草原牧区旱灾、雪灾灾害损失评估的研究主要针对特定区域的农业减产、牲畜死亡率等方面,而针对草原牧区旱灾、雪灾灾害损失的研究较少,因此草原干旱灾害的发生很难引起重视。草原地区在我国的畜牧业经济发展中具有重要的经济地位,其生态价值也是举足轻重的。因此,对于草原干旱灾害这样的缓发性灾害,其损失的快速评估研究尤为重要。

(3)目前国内外对于灾害链的研究多集中在于沿海地区的台风灾害链与山区的地震地质灾害链,缺乏其他类型的灾害链研究。

(4)当前灾害链的研究内容主要集中在几种灾害之间的链式关系,通常情况下只对灾害链研究中的最后一种灾害进行计算与评估,而其他的灾害仅仅用来分析其引发过程,忽略了灾害链研究的整体性。

(5)现有的灾害链研究方法基本上是对区域典型灾害链的形成演化过程与灾害间扩散传播机制特征的定性描述。仅有少数研究通过建立数学、物理模型来定量化研究灾害链。

(6)现阶段针对某种灾害发生后防止次生灾害的发生进行了大量研究,但灾害链断链减灾研究中缺乏减灾技术之间的有机结合,未能体现多部门、多层次上减灾措施的相互协调。

(7)自然灾害应急救助需求与能力评估的研究刚刚起步。从需求与能力评估两个方面来看,能力评估的研究较多,最为薄弱的是需求评估。主要处于研究层面,能力评估研究成果相对丰富,需求评估还刚刚起步。

(8)对于选址方法,大多数学者仅仅是从方法论中提出了选址的原则及相关模型,对于商业领域来说,选址的标准已基本形成,学者已经有固有的思路,但是,对于救灾应急储备库选址及应急物资动态调配等方面则很少有明确的思路,还不能满足业务部门需求。

1.2.6 国内外相关研究展望

(1)随着遥感技术的发展,各类草地 NPP 估算的模型逐渐增多,各模型的开发均有其自身的优势与劣势,难以确定最优的估算模型。CASA 模型是当前我国植被 NPP 估算研究中使用较为广泛的模型之一,但该模型所需数据及参数的输入受主观因素影响较大。因此,在以后研究中首先要注意该模型各个参数的优化。

(2)未来随着可持续发展与防灾减灾的迫切需求,灾害链研究的基础理论和技术方法、草原旱灾、雪灾风险评估技术、草原旱灾、雪灾快速损失评估技术、灾害链断链减灾对策研究等将会得到加强,草原旱灾、雪灾的研究思路将由静态分阶段向实时动态的方向发展,研究目标将由定性向定量发展,研究方法将由传统的统计分析向数值模拟可视化的方向发展。

（3）未来随着空间和信息技术的快速发展，逐渐完善的水文、气象、卫星遥感等监测系统将提供覆盖面更广、时效性更强、精度更高的监测数据和信息，"3S"技术的应用将显著提高灾害链评估的精细化程度。

（4）未来随着灾害系统基础理论和技术方法的发展与深化，其相关的理论与技术方法将不断被引入草原旱灾、雪灾灾害链、快速损失评估和应急求助研究中；多学科、多领域的交叉融合将使草原旱灾、雪灾的研究内容得到丰富和拓展，灾害链的断链减灾结构更为清晰、内容更为全面，为草原旱灾、雪灾的防范提供更为高效的决策规划与实施方案。

1.3 研究目标与研究内容

1.3.1 研究目标

本书研究内容是围绕"十二五"国家期间对重大自然灾害风险防范与综合减灾领域进行的总体部署，以国家科技支撑计划项目——"重大自然灾害综合风险评估与减灾关键技术及应用示范"第二课题"重大自然灾害应急救助关键技术研究与示范"作为总体目标，具体研究目标为：以满足当前我国北方牧区草原干旱-雪灾应急救助需求为出发点，围绕我国北方牧区草原干旱-雪灾应急救助快速评估关键技术、应急救助保障决策关键技术和应急救助保障集成平台建设与示范等内容，重点解决北方牧区草原干旱-雪灾灾害(链)损失快速评估、社会影响快速评估、应急救助需求与能力评估技术、人员转移安置技术、区域内(间)避难场所优化选址技术和应急救助物资保障等关键技术，初步形成北方牧区草原干旱-雪灾灾害(链)应急救助的关键技术创新与集成平台，并重点选取北方牧区(内蒙古)不同承灾体类型的 10~15 个县(市、区、旗)，开展北方牧区草原干旱-雪灾应急救助技术的应用示范，对于建立的快速评估模型和应急救助相关模型进行验证与修订。

1.3.2 研究内容

（1）利用"3S"技术、信息技术、野外观测与模拟试验、实验室测试分析和典型路线考察等数据获取方法，收集、整理和规范牧区旱灾、雪灾等主要自然灾害事件以及所诱发的次生灾害案例资料，筛选牧区灾害案例，建立典型牧区灾害案例库；利用多源遥感信息、野外定点观测与调查、室内模拟与试验获取草原旱灾、雪灾监测数据、环境背景数据、历史损失数据和实时数据，在此基础上建立基于 GIS 的草原旱灾、雪灾灾害数据库(主要包括草原旱灾、雪灾历史数据库、背景数据库和评估数据库等)。以此为信息平台开展相关研究。

(2) 研究草原干旱-雪灾(链)形成发展机制,综合运用数值仿真、情景分析等方法,结合历史灾害损失数据和实地调查,基于实时气象观测、历史气象资料,牧区草原植被准实时遥感监测、雪深准实时遥感监测等多源信息数据,采用数理推算、GIS 空间分析、多元加权综合分析等多元方法,以北方草原牧区为例,模拟草原干旱-雪灾灾害链综合致灾强度与空间格局及其动态变化。

(3) 基于典型草原牧区干旱、雪灾与干旱-雪灾典型历史灾害案例,通过模拟相应灾害的综合致灾强度与空间格局,采用多元线性或者非线性的方法,拟合人口、农作物、牲畜等不同承灾体的脆弱性特征;并根据历史数据的完备程度,构建主要承灾体类型的脆弱性曲线(定量)、脆弱性矩阵(半定量)和基本参数或阈值(定型)。

(4) 基于北方牧区草原干旱-雪灾(链)综合致灾强度模拟方法、典型灾害(链)类型下承灾体脆弱性特征,结合北方牧区草原干旱-雪灾的综合强度实时数据,综合考虑遥感监测、地面调查、地方统计上报、历史数据推算等多种方法的评估结果,采用基于历史灾情离差概率的方法和基于贝叶斯更新的方法构建北方牧区草原干旱-雪灾损失快速评估结果修正与核定方法。

(5) 在上述灾害损失快速评估基础上,根据示范区减灾策略、灾民安置和救助、区域社会功能恢复和重建特性,从社会学、灾害经济学和防灾工程学等多个角度,基于草原旱灾、雪灾所具备的致灾强度大、灾区范围广、灾害损失重、救助难度大等特点,区分旱雪灾的直接损失与间接损失,在深入分析灾害损失程度与灾后响应程度的基础上,建立草原旱灾、雪灾社会影响快速评估的内容体系;基于对草原旱灾、雪灾社会影响快速评估内容体系的界定,结合多灾种与灾害链历史案例库,分析灾害对社会经济影响的过程,梳理重要影响,特别是应急期需要政府采取必要措施进行应对的方面,建立评估指标体系;在草原旱灾、雪灾社会影响过程概念模型、内容与指标体系等的基础上,采用遥感监测数据、实地定点连续观测数据、地方统计上报数据等多源信息,针对部分社会影响,探索建立基于层次分析法和经验法为主的定性和半定量评价的技术思路与方法框架。

(6) 针对应急救助工作进行全面、系统的现状分析,提出应急救助工作评估的需求,建立区域自然灾害应急救助需求与能力的综合评估技术方法体系。结合历史草原旱灾、雪灾应急救助案例,突出城乡不同承灾体灾害应急救助需求评估的差异,形成针对不同灾害类型、不同区域发展水平条件下灾害应急救助需求评估体系,包括救助需求评估的内容、指标、标准与技术方法框架;结合历史草原旱灾、雪灾应急救助案例,总结历次救助实践中的经验与不足,分析影响救助能力的主要因素;结合草原旱灾、雪灾损失快速评估结果,对比分析灾前、灾后影响救助能力的主要因素的变化特征,构建救助能力评估的内容、指标、标准与技术方法,形成针对不同灾害类型、不同区域发展水平条件下灾害应急救助能力评估框架。

1.4 研究方法与研究技术路线

1. 数据库的构建

整理北方草原地区研究相关数据收集并继续开展相关野外观测调查,此外,重点开展了松嫩草地和内蒙古锡林郭勒盟草原相关数据的收集整理和野外观测调查工作。进一步完善了草原干旱灾害-雪灾数据库,并将数据以统计资料、分析报告和图件资料的形式存储于数据库中进行管理(图1.2)。数据主要包括如下。

图1.2 数据库的构建

属性数据:包括气象数据(温度、降雨量、连续无降水日数、水分供求差、相对蒸散量、干旱指数等,风速、积雪深度、积雪持续日数)、水文数据(地表水、地下水,如径流、降水和水库蓄水等)、基础地理数据(海拔、坡度、地形)、生态环境特征数据

(水土流失率、草原受旱率、草地覆盖率等)、草场特征数据(草场类型、草种、产草量、草群高度、草地需水量、单位草地载畜量等)、水利工程与灌溉设施数据(工程类型、供水情况等)、社会经济数据(总人口、人口密度、牧业人口、地区生产总值、牧业生产总值、人均产值、牧民人均收入、草地面积、草地产量、牲畜数量、棚舍数量等)、灾害管理(抗灾管理水平的政策、法令的完善程度和执行能力、抗旱剂、除雪剂、农牧业生产结构、抗旱水资源工程投资、机动除雪设备、机动运水车辆、水库蓄水率、应急物资保障库等资源准备等)、灾情数据(灾害发生频率、草原干旱面积、草原雪灾面积、受灾人口数量、受灾牲畜数量、棚舍损失数量、直接经济损失等);其中气象数据等收集到自建站起的整个研究区各站点的具体数据。

空间数据:遥感数据、地形图(DEM)、草场区划图、土地利用图等。

2. 野外实验

(1)实验目的

实验基于"气象-植被-土壤-水分"的草原干旱灾害成灾机理,对所选样地内土壤水分条件进行人工控制,从而获得牧草在不同生育阶段发生不同等级干旱胁迫后,对其草地产量的影响。最后,绘制出基于野外实验的牧草干旱灾害损失率曲线,为草原旱灾损失快速评估提供基础准确的数据。

(2)实验准备

野外牧草干旱胁迫实验于2015~2016年在吉林省松原市长岭县东北师范大学松嫩草地生态研究站(123°44′~123°47′E,44°40′~44°44′N)进行(图1.3)。选择每年4~9月牧草生长季作为实验控制阶段,其中按照4~5月、6月、7月、8月和9月共分为5个生育阶段,由于草地返青期大约为4月下旬~5月中旬,因此将4~5月统一为一个生育期。

图1.3 松嫩草地生态研究站

(3)实验内容

选取区域优势草种羊草(*Leymus chinensis*)、碱蒿(*Artemisia anethifolia*)和全叶

马兰(*Kalimeris integrifolia*)作为优势草种,通过设定不同土壤湿度进行不同程度的草原干旱胁迫,测定其受旱后各草种的生理生态指标,主要包括株高、叶长、光合作用、叶绿素等,还包括测定牧草受旱后 NDVI、LAI 等。最后,于每年 9 月末对不同干旱程度胁迫后的样地进行收割,烘干后称重。

(4)仪器设备

仪器和用具主要有 HOBO 自动气象站、多参数土壤水分温度测试仪、叶绿素测定仪、植物光合作用仪、植物冠层仪、烘干箱、集思宝手持 GPS、照相机、铁架、大棚塑料布、样方框、剪刀、钢卷尺、密封袋等。

(5)不同干旱胁迫历时设定

依据祝延成等草原植被生长阶段划分将草原植被整个生长阶段分为五个阶段(图 1.4 所示),在各生育期内分别对各样地进行干旱胁迫。在具体实验开展之前,为将各样地(除大田对照组外)的土壤水分含量进行统一,测定各样地土壤水分含量,人为灌水将各样地土壤相对湿度控制在无旱等级(土壤相对湿度>58%)三天,再按照实验方案具体开展实验。

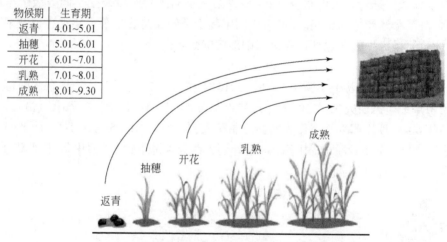

图 1.4　草原植被生长阶段划分

经前处理后,具体干旱胁迫历时的方式如下:

在牧草生育期第一期(S1),按照对其划分的样地,在其样地内部按照图 S1 标注的各样地小区内的干旱等级进行相应的干旱胁迫。

在牧草生育期第二期(S2),其水分处理方式同上;在此期间,生育期第一、三、四和五期进行无旱处理。

在牧草生育期第三期(S3),水分处理方式亦同上;在此期间,生育第一、二、四和五期进行无旱处理。

在牧草生育期第四期(S4),水分处理方式亦同上;在此期间,生育第一、二、三和五期进行无旱处理。

在牧草生育期第五期(S5),水分处理方式亦同上;在此期间,生育第一、二、三和四期进行无旱处理。

其中,除水分控制与各实验样地不同外,其余田间管理情况均统一,全生育期干旱胁迫实验组,意为在整个草原植被生育期均对样地进行相应干旱级别的干旱胁迫,无旱组为在整个牧草生育期,对其进行无旱处理,始终对其进行灌水,将其处于无旱状态,大田对照组采用的为自然降水信息。

(6)实验过程

实验产地布置及实施过程见图1.5~图1.7。具体过程如下。

①野外实验过程

实验场地布置见图1.5,针对每一类所选草种,均有和图1.5相同的场地布置。实验场地外围布置有长3.5m、宽2.5m、高2m且四面通风的铁架,上面覆有透光率85%~90%的透明塑料薄膜,以防止自然降水对干旱胁迫实验的影响;同时,实验场地外围以及各样地内部之间埋置有铁片,约埋入20~30cm深,地表裸露10~20cm,以防止各样地之间土壤水分相互交换,同时可避免部分边际效应对实验整体的影响。针对每一所选草种,均设有8组实验样地,除了对照组和全生育期均无旱组外,其余6组实验样地内部均为50cm×50cm的4个实验小区,并于实验开始时设置标签,便于进行不同干旱强度的胁迫。

实验开始后,利用实验仪器,测定受旱后各样地内草种的生理生态指标变化及其NDVI和LAI等变化,并记录整理;最后于9月末,对每一生育期每个样方内部的牧草进行收割(留茬5~10cm),以进行室内分析。

野外实验过程中保证了以下几个方面:a. 每一生育期均只在本生育期发生期间对各实验小区进行干旱胁迫处理,须确保其他生育期各实验小区内土壤水分条件充足;b. 全生育期均发生干旱实验组,针对各实验小区所代表的干旱胁迫等级,在整个生长季内,均进行该等级干旱胁迫处理;c. 全生育均不发生干旱实验组,在整个生长季内,须确保各样地水分充足;d. 对照组为各样地均接受自然降雨,而无需进行水分胁迫或水分补充;e. 为方便在不同样地间行走,在各样地之间设有过道,约为15~20cm。

②室内实验过程

通过对野外各样地内部牧草的收割,在室内以75℃恒温烘至恒重,测其干重,进而评估不同干旱程度胁迫下对牧草产量的影响。

基于此,草地干旱损失率计算方法如下,参照下式:

$$\mathrm{LYD}_j = \frac{\sum_{i=1}^{n}(\mathrm{LYN}_{ij} - \mathrm{LYD}_{ij})}{\sum_{i=1}^{n}\mathrm{LYN}_{ij}} \times 100\% \qquad (1.3)$$

式中,LYD表示牧草在某一干旱程度胁迫下的最终产量;LYN表示牧草在无干旱胁迫时的正常产量；i 表示牧草类型；j 表示生育期。此外，实验过程中也对牧草全生育期旱灾影响均存在的情况开展了一组实验。

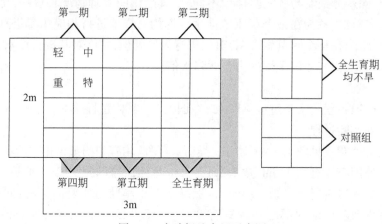

图 1.5 实验场地布置示意图

图 1.6 实验场地搭建过程

图 1.7　牧草干旱胁迫实验过程

此外,本研究干旱胁迫主要对各个实验小区内部土壤水分进行处理,各干旱等级对应的土壤湿度参照国家《北方牧区草原干旱等级(GB/T 29366—2012)》标准中对温性草甸草原的描述,见表 1.4。

表 1.4　基于土壤相对湿度指标的干旱等级划分

干旱等级	春季	夏季	秋季
无旱	>58	>65	>58
轻旱	48~58	55~65	48~58
中旱	38~47	45~54	38~47
重旱	33~37	35~44	33~37
特旱	≤32	≤34	≤32

注:1. 本研究中春季胁迫 4~5 月;夏季胁迫 5~8 月;秋季胁迫 8~9 月;
　　2. 土壤相对湿度监测使用的仪器为多参数土壤水分温度测试仪(浙江托普仪器有限公司)。

3. 草原雪灾野外调研

课题组于在 2013~2016 年冬季对内蒙古自治区锡林郭勒草原进行了野外实

验研究。野外实测样点与路线见图1.8。

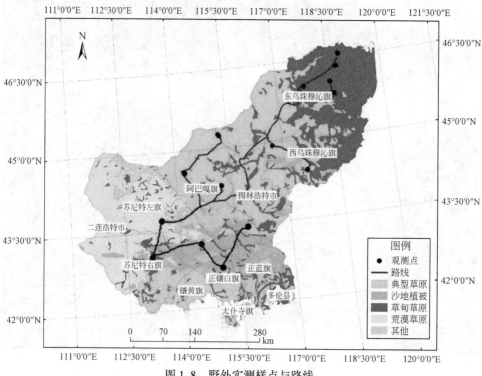

图1.8　野外实测样点与路线

野外实验和观测实验内容:在草原积雪覆盖地区,在积雪覆盖均匀地区选点,用GPS记录样地经纬度坐标,同时记录好采样时间,采样时用事先做好的1m×1m、5m×5m以及10m×10m的铁框选好样地,测量内部5个点的积雪深度,作为其平均积雪深度;积雪覆盖下有枯草存留的,测量枯草的草高等特征。

同时,深入牧户,调查牧区历年雪灾损失程度、牲畜死亡情况、棚舍损毁情况、生活受影响情况、雪灾造成直接经济损失等情况(图1.9)。

图 1.9 草原雪灾雪深与受灾情况野外调查图

在研究方法与技术路线上以实证方法为主,注重理论与实际相结合,野外定点观测和室内模拟分析结合,定性与定量相结合,宏观与微观相结合,国内与国外先进成果相结合,历史统计推断、现状关系分析与未来预测相结合。采用遥感技术、GIS 和数理统计方法,并结合野外实验和室内实验,综合运用实验数据、统计数据、气象数据、遥感数据与土地利用数据,构建了草原干旱灾害、雪灾损失评估快速评估及草原旱灾、雪灾社会影响评价基础数据库。在此基础上,利用 CASA 模型,结合室内外实验数据,完成了不同情景下松嫩草原干旱灾害损失的快速评估;以锡林郭勒地区为研究区,基于区域灾害系统理论,利用微波遥感反演方法,GIS 空间分析方法,脆弱性曲线方法,对草原雪灾损失进行了快速评估;根据旱灾与雪灾社会影响的形成机制与概念框架,以草原旱灾和雪灾为例分别建立草原旱灾和草原雪灾社会影响评价的指标体系,并对其进行筛选和解释,探讨提出草原旱灾与草原雪灾社会影响评价的方法,分别建立了评价模型并进行评价;结合灾害应急救助工作实际需求,基于数学建模、GIS 技术和情景分析技术等,分析研究区域内灾害风险、经济社会发展水平和交通运输等因素,开展多灾害多目标的应急救灾储备站点的空间布局优化技术研究。具体研究路线如图 1.10~图 1.17 所示。

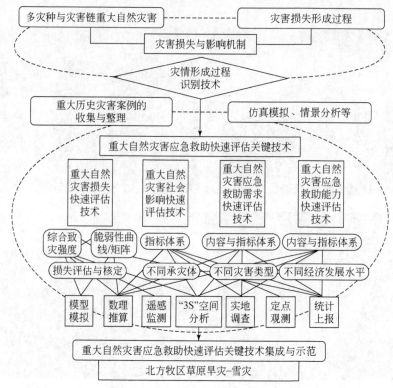

图 1.10　北方牧区草原旱灾-雪灾应急救助快速评估研究总体框架

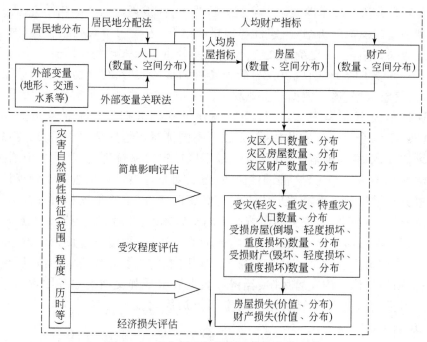

图 1.11　灾害影响与损失评估的基本思路

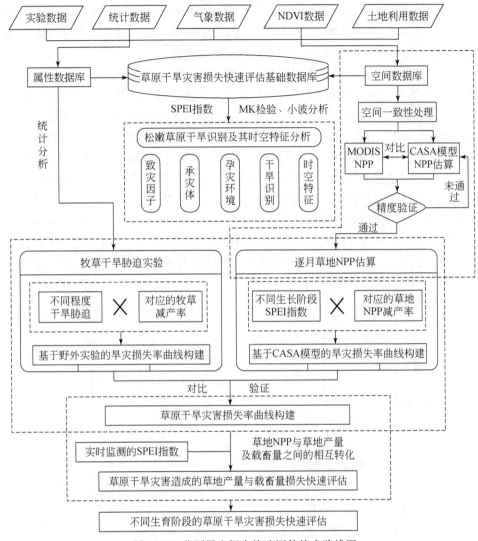

图 1.12　草原旱灾损失快速评估技术路线图

以松嫩草原为研究区,基于区域灾害系统理论,选取草地为主要承灾体,通过分析草原干旱灾害程度与草地 NPP 波动的关系,进而快速评估出草原干旱灾害对草地产量及草地载畜量造成的影响。具体研究内容为从致灾因子、孕灾环境和承灾体三个方面深入分析了松嫩草原干旱灾害背景;利用 SPEI 指数表征干旱强度,分析了松嫩草原区域干旱时空演变特征;以 MODIS NDVI 影像为主要数据源,结合相应时段的地面气象数据,通过 CASA 模型估算了松嫩草原 2005~2014 年间逐月植被 NPP,并分析了草地生长季植被 NPP 时空演变特征;利用脆弱性曲线构建的方法,结合野外实验和室内实验分析,分别构建出逐生育阶段的基于 CASA 模型和基于野外实验的干旱损失率曲线,二者相互补充,野外实验的干旱损失率曲线也是前者的合理化验证;

最后，选取典型案例年，对案例年草地不同生长季的 SPEI 指数进行计算，结合构建的干旱损失率曲线，利用草地植被 NPP 与草地产量的相互转化，实现了草原干旱灾害对草地减产和载畜量损失的快速评估，并对其损失进行了经济价值估值。

从多学科的理论和方法等科学观点出发，利用微波遥感反演方法，GIS 空间分析方法、脆弱性曲线方法，对草原雪灾损失快速评估进行自然地理学、灾害科学、遥感科学、草地科学、社会经济学相融合的综合研究。本研究选取内蒙古锡林郭勒地区作为研究区域，根据自然灾害系统理论与区域灾害系统理论，分析锡林郭勒地区草原雪灾灾害系统；利用国产卫星风云三号微波辐射计的微波亮温数据，结合地面气象台站观测数据与野外现场实测雪深数据，构建更为精确的积雪深度微波辐射经验模型，实现雪深快速反演；基于历史灾情数据计算草原雪灾各承灾体的损失率，通过脆弱性曲线方法，构建区域雪深–承灾体损失率曲线；通过 FY-3B 快速反演雪深与承灾体损失率曲线相耦合，结合承灾体空间数据库、易损性数据库以及其他辅助信息，对草原雪灾损失人口数量、牲畜数量、棚舍数量、草场面积和直接经济损失进行快速实时地评估。

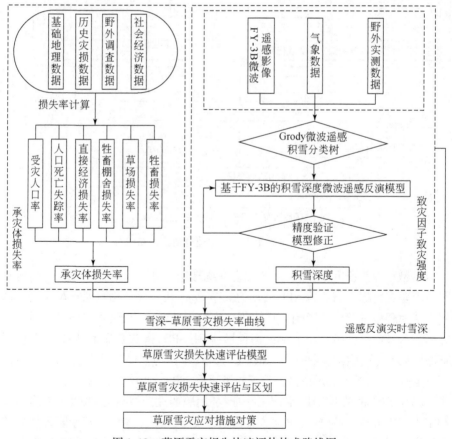

图 1.13　草原雪灾损失快速评估技术路线图

第1章 绪　论

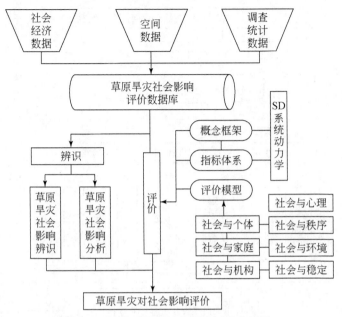

图1.14　草原旱灾社会影响评价流程图

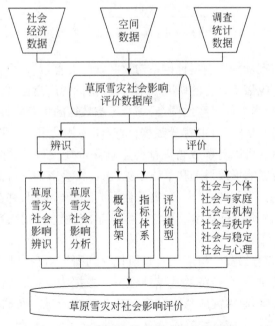

图1.15　草原雪灾社会影响评价流程图

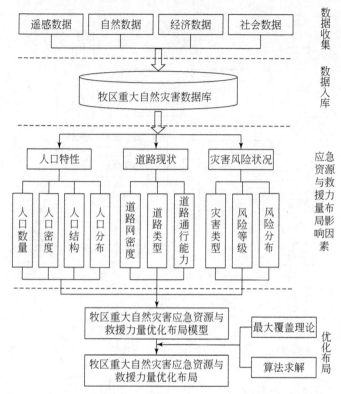

图 1.16 牧区草原雪灾应急物资库与应急避难所优化布局技术路线

草原旱灾、雪灾社会影响指标体系构建必须与灾害学、社会科学和气象学三大自然科学相结合,应借鉴已有的研究成果,遵循指标的广泛性、针对性、关联性和系统层次性的原则。本书基于实地调查,综合考虑数据的可获取性,结合内蒙古锡林郭勒盟 12 个旗县的旱灾、雪灾背景数据,构建了适用范围广、可操作性强的旱灾、雪灾影响评价体系,可以对草原雪灾社会影响评价提供科学的参考依据。基于草原旱灾、雪灾社会影响形成机理和草原旱灾、雪灾社会影响评价流程,从草原旱灾、雪灾发生学角度制定了草原旱灾、雪灾社会影响的概念框架,并在此基础上构建草原雪灾社会影响评价指标体系,最终对草原旱灾、雪灾的社会影响进行了评价研究。

以草原雪灾应急物资库与应急避难所优化为研究对象,以草原雪灾为研究对象,利用研究区气候、社会经济及基础地理信息数据为基础,结合 GIS 技术与集合覆盖理论综合构建草原雪灾应急物资库与应急避难所优化布局模型,有针对性地提出了研究区草原雪灾应急物资库与应急避难所建设数量、服务范围与服务对象。

采用灾害系统和应急管理的理论和方法,利用地基、空基、天基综合观测站网数据,借助卫星通信、卫星遥感和北斗导航技术手段、物联网技术、多源数据挖掘与

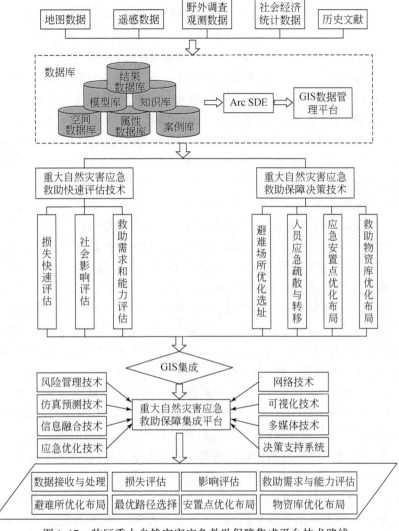

图 1.17 牧区重大自然灾害应急救助保障集成平台技术路线

融合技术、灾害模拟评估技术、预警预报技术以及数值天气预报、区域气象和气候模式等"数值-动力"模式技术,从历史资料统计规律的经典统计学分析和非传统预测技术分析来预测、分析和评价具有不确定性的草原旱灾、雪灾重点脆弱区域生态和经济社会系统可能造成的损失,通过与牧区旱灾、雪灾损失指标体系的分析,实现精细化干旱、雪灾动态监测,进而达到对旱灾、雪灾损失快速评估的目的。建立集实时损失评-应急救助于一体的多灾种、多尺度、多属性的应急管理技术体系和综合信息管理平台。开发了北方草原旱灾、雪灾识别与损失评估软件平台。

1.5 研究创新点

（1）本研究基于区域灾害系统理论，选择松嫩草原和锡林郭勒盟为研究区，分析草原旱灾和草原雪灾的形成机制及其时空分布规律，从综合气象与气候学、自然地理学、灾害科学、草地科学和管理科学等多学科的理论和观点出发，利用 GIS 技术手段，通过耦合气象数据、遥感数据、基础地理数据等多源数据，构建出草原旱灾承灾体损失率曲线和草原雪灾承灾体损失率曲线，基于此，建立草原旱灾和雪灾损失快速评估模型，总结出草原旱灾和雪灾损失快速评估关键技术；另一方面，本研究以锡林郭勒盟旗 12 个旗县为研究区单元，利用系统动力学、数理统计方法和 GIS 空间分析部分，对草原旱灾及雪灾的社会影响进行评价，综合分析了析草原旱灾和雪灾社会影响的各方面，构建了灾害社会影响评价指标和模型，建立了灾害社会影响评价的基本程式，对开展草原灾害社会影响方面的研究提供了理论依据。

（2）本研究解决了草原旱灾和草原雪灾损失快速评估及社会影响评估的模式和方法问题，可为该项技术的标准化提供科学参考，为我国草原旱灾和雪灾损失赔偿、草原自然灾害保险提供客观依据，为政府制定草原自然灾害管理对策、减灾规划，部署防灾、抗灾、救灾工作和草原发展规划提供理论依据，使我国草原灾害治理和减灾对策的发展迈上一个新的台阶。该研究成果可为编制草原旱灾、雪灾快速评估技术行业标准草案提供理论依据和技术支撑。

（3）本研究以草原雪灾为例，针对牧区雪灾灾害应急救助评估提出了概念框架与技术流程，并构建了牧区雪灾应急评估指标体系与评价模型。选取了锡林郭勒盟苏尼特右旗为研究区，弥补行政区尺度的自然灾害应急救援能力评价精度不足问题，实现了基于网格尺度的牧区雪灾应急救助能力评价，构建了基于 GIS 网格技术的牧区雪灾应急救助能力评价指标体系与评价模型，并对应急救助能力评价结果进行了分析，从总体评价结果来看，研究区中心区域的应急救援能力相对较好，原因在于区域的各项资源相对较多，在发生灾害时能够及时、快速地调运应急资源。而在研究区周边区域相对应急资源分布较少，因此救援能力也相对较弱。以网格尺度进行应急救援能力评价，可更为详细地了解应急救援能力分布情况，为实际自然灾害应急救援救助提供可参考依据。

（4）本研究为定量研究草原雪灾应急救助各资源需求量及其变化规律，建立了草原雪灾应急救助需求系统动力学模型，对应急救助需求物资量、应急救助人员数量、应急救助医疗人员数量、应急资金需求量及应急医疗药品需求量进行了分析与仿真模拟，并利用研究区实际案例与模拟结果进行验证。结果表明：通过系统动力学仿真模拟可以准确预测应急救助过程中所需资源量及其变化规律，并得出在雪灾发生第 10 天对应急救助资源需求量发生明显变化。本研究成果可为救援部门对草原雪灾应急救助需求资源量准确掌握起到关键作用，为我国制订牧区雪灾

(5)本研究选取草原雪灾为研究对象,围绕草原雪灾应急避难场所优化布局、牧区雪灾物资库所优化布局及草原雪灾人员转移安置技术为主要内容开展。弥补了我国草原雪灾应急管理研究基础的不足,解决了草原雪灾应急管理的关键性问题。研究成果正在13个示范区推广应用,提高了示范区草原雪灾应急响应、应急调度与救援方案制定的科学化和标准化水平,示范区在草原雪灾日常管理的对策、应急预案体系和减灾规划及防火救助等方面迈上了新台阶。

(6)本研究提出了三项技术,利用GIS技术、决策技术与集合覆盖理论,即草原雪灾应急避难场所优化布局、牧区雪灾物资库所优化布局及草原雪灾人员转移安置技术。在此基础上,对原有救援物资库进行服务区分配,有针对性地提出了草原雪灾救援物资库的最佳数量和优化路径;根据草原雪灾救援物资库优化布局图,建立了草原火灾应急救援方案优化技术,实现了救援物资与救援力量的优化调度;根据应急避难场所和物资库布局情况,提出了草原雪灾人员转移安置技术,研究成果大大提高草原雪灾应急救助的能力,做到快速、有效,实现最大程度减少草原雪灾对牧区造成的损失,对保障草原牧区畜牧业经济的稳步发展,增加牧民收入、提高牧民生活水平、维护牧区社会稳定都起到了积极作用。

(7)本研究利用RS、GIS技术,借助计算机技术、数据库技术,基于利用研究内容提出的各项技术,构建了草原雪灾应急避难所优化布局系统、雪灾应急物资库优化布局系统、北方草原干旱识别与损失快速评估可视化系统等4个系统,并分别在示范区进行推广应用。本软件系统的开发是针对城北方草原旱灾与雪灾损失快速评估与应急救助的关键问题进行的,主要功能包括灾害数据管理、数据统计与分析、损失快速评估、GIS常用功能、损失的可视化、空间位置查询与管理、物资库供求分析、人员转移安置需求分析等。

(8)研究成果可为高层管理决策提供先进的、科学的、有效的技术支持,也为草原管理部门提供业务化、实用化、可视化管理平台,实现了草原旱灾、雪灾损失快速评估、应急救助与管理对策等信息共享和应用服务,向决策部门和救助部门提供及时、准确、权威、生动直观、信息丰富的信息服务和辅助决策支持;弥补了草原旱灾、雪灾与应急管理研究基础的不足,解决了草原旱灾与雪灾应急管理的关键性问题。可以为制定草原火灾日常管理的对策、应急预案体系和减灾规划及防灾救助等提供科学依据和技术支撑。

参 考 文 献

《地球科学大辞典》编辑委员会.2005.地球科学大辞典——应用学科卷.北京:地质出版社.
白媛,张兴明,徐品泓.2011.青海省畜牧业雪灾风险评价研究.青海师范大学学报(自科版),27(1):71~77.

曹梅盛,李培基.1994.中国西部积雪微波遥感监测.山地研究,12(4):230~234.
陈斌,王绍强,刘荣高,等.2007.中国陆地生态系统NPP模拟及空间格局分析.资源科学,29(06):45~53.
陈斌,张学霞,华开,等.2013.温度植被干旱指数(TVDI)在草原干旱监测中的应用研究.干旱区地理,36(05):930~937.
陈达强,刘南.2010.带时变供应约束的多出救点选择多目标决策模型.自然灾害学报,19(3):94~99.
陈关荣.2008.复杂网络及其新近研究进展简介.力学进展,38(6):653~662.
陈敏建,周飞,马静,等.2015.水害损失函数与洪涝损失评估.水利学报,46(08):883~891.
陈鹏,张继权,孙滢悦,等.2015.城市火灾应急物资库优化布局.消防科学与技术,34(1):110~113.
陈前,彭元琪.2014.冰雪灾害间接经济损失评价研究.重庆科技学院学报(社会科学版),(6):61~63.
陈素华,闫伟兄,乌兰巴特尔.2009.干旱对内蒙古草原牧草生物量损失的评估方法研究.草业科学,26(05):32~37.
陈兴民.1998.自然灾害链式特征探论.西南师范大学学报:人文社会科学版,(2):122~125.
陈长坤,纪道溪.2012.基于复杂网络的台风灾害演化系统风险分析与控制研究.灾害学,27(1):1~4.
陈长坤,李智,孙云凤.2008.基于复杂网络的灾害信息传播特征研究.灾害学,23(4):126~129.
陈长坤,孙云凤,李智.2009.冰雪灾害危机事件演化及衍生链特征分析.灾害学,24(1):18~21.
崔鹏,韩用顺,陈晓清.2009.汶川地震堰塞湖分布规律与风险评估.四川大学学报:工程科学版,41(3):35~42.
戴策乐木格.2014.草原牧区干旱灾害风险区划与分析.呼和浩特:内蒙古师范大学.
董磊磊.2009.基于贝叶斯网络的突发事件链建模研究.大连:大连理工大学.
董姝娜,庞泽源,张继权,等.2014.基于CERES-Maize模型的吉林西部玉米干旱脆弱性曲线研究.灾害学,29(3):115~119.
杜翠.2015.高寒、强震山区沟谷灾害链判据与线路工程减灾对策.成都:西南交通大学.
杜华明,延军平,杨蓉,等.2015.川西高原雪灾时空分布特征及风险评价.水土保持通报,35(3):261~266.
杜一男,李晓峰,赵凯,等.2016.NASA系列雪参数反演算法在单像元内的时间序列验证与分析.遥感技术与应用,31(2):332~341.
樊运晓,罗云,陈庆寿.2001.区域承灾体脆弱性综合评价指标权重的确定.灾害学,16(1):85~87.
范海军,肖盛燮,郝艳广,等.2006.自然灾害链式效应结构关系及其复杂性规律研究.岩石力学与工程学报,25(S1):2603~2611.
范建容,田兵伟,程根伟,等.2008.基于多源遥感数据的"5·12"汶川地震诱发堰塞体信息提取.山地学报,26(3):257~262.
方建,徐伟,史培军.2011.台风灾害快速评估信息系统设计与开发.北京师范大学学报(自然科学版),47(05):517~521.

方磊,何建敏.(2003).综合 AHP 和目标规划方法的应急系统选址规划模型.系统工程理论与实践,23(12):116~120.

付秀琴.2014.川西高原牧区雪灾成灾特点与防灾救灾对策.草业与畜牧,(1):54~56.

葛月.2012.突发公共事件台风的衍生网络模型研究.大连:大连理工大学.

郭灵辉,郝成元,吴绍洪,等.2016.21 世纪上半叶内蒙古草地植被净初级生产力变化趋势.应用生态学报,27(03):803~814.

郭晓宁,李林,王军,等.2012.基于实际灾情的青海高原雪灾等级(评估)指标研究.气象科技,40(4):676~679.

郭增建,秦保燕.1987.灾害物理学简论.灾害学,(2):25~33.

哈斯,张继权,佟斯琴,等.2016.灾害链研究进展与展望.灾害学,31(02):131~138.

韩金良,吴树仁,汪华斌.2007.地质灾害链.地学前缘,14(06):11~23.

何建敏,刘春林,曹杰,方磊.2005.应急管理与应急系统:选址、高度与算法.北京:科学出版社.

侯小刚,张璞,郑照军,等.2015.基于多源数据的阿勒泰地区雪深反演研究.遥感技术与应用,30(1):178~185.

胡汝骥.2013.中国积雪与雪灾防治.北京:中国环境出版社.

黄崇福.2005.自然灾害风险评价:理论与实践.北京:科学出版社.

黄崇福.2006.综合风险管理的地位、框架设计和多态灾害链风险分析研究.应用基础与工程科学学报,14(Supp.1):29~37.

贾艾晨,王营,杨茜.2011.农田洪灾淹没损失评估模型研究.水利与建筑工程学报,9(06):15~18.

蒋玲梅,王培,张立新,等.2014.FY3B~MWRI 中国区域雪深反演算法改进.中国科学:地球科学,44(3):531~547.

解伟,李宁,张鹏,等.2012.内蒙古雪灾保险费率的厘定——基于自然灾害系统理论的研究.自然灾害学报,21(1):163~169.

居丽丽,穆海振.2012.上海台风、大雾和高温灾害链的建立和分析//第十四届中国科协年会第14 分会场——极端天气事件与公共气象服务发展论坛.

李传华,赵军.2013.2000~2010 年石羊河流域 NPP 时空变化及驱动因子.生态学杂志,32(03):712~718.

李凡,侯光良,鄂崇毅,等.2014.基于乡镇单元的青海高原果洛地区雪灾致灾风险评估.自然灾害学报,23(6):141~148.

李海红,李锡福,张海珍,等.2006.中国牧区雪灾等级指标研究.青海气象,1:24~27.

李红梅,李林,高歌,等.2013.青海高原雪灾风险区划及对策建议.冰川冻土,35(3):656~661.

李洪泉,李华德,孙启忠,等.2014.川西北易灾牧区红原县雪灾发生规律及防控对策探讨.草业与畜牧,(6):55~59.

李景保,肖洪,王克林,等.2005.基于流域系统的暴雨径流型灾害链——以湖南省为例.自然灾害学报,14(04):30~38.

李藐,陈建国,陈涛,等.2010.突发事件的事件链概率模型.清华大学学报:自然科学版,50(8):1173~1177.

李文鑫,王兆印,王旭昭,等.2014.汶川地震引发的次生山地灾害链及人工断链效果——以小岗剑泥石流沟为例. 山地学报,32(3): 336~344.
李兴华,陈素华. 2012. 内蒙古草地干旱损失评估方法研究. 草业科学,29(07):1033~1038.
李兴华,朝鲁门,刘秀荣,等. 2014. 内蒙古牧区雪灾的预警. 草业科学,31(6):1195~1200.
李英奎,倪晋仁,李秀霞,等. 2005. 泥沙灾害与泥沙灾害链的分类分级. 自然灾害学报,14(1): 15~24.
李永善. 1988. 灾害的放大过程. 灾害学,(2):18~24.
李智. 2010. 基于复杂网络的灾害事件演化与控制模型研究. 长沙:中南大学.
梁凤娟,孟雪峰,王永清,等. 2014. 基于GIS的雪灾风险区划. 气象科技,42(2):336~340.
梁京涛,唐川,王军. 2012. 青川县重点区域地震诱发地质灾害遥感调查与分析. 成都理工大学学报:自然科学版,39(5): 530~534.
林达龙,明亮,何胜方,等. 2012. 基于复杂网络的高校火灾衍生灾害群特征. 消防科学与技术, 31(2): 205~206.
林慧龙,常生华,李飞. 2007. 草地净初级生产力模型研究进展. 草业科学,24(12):26~29.
刘爱华. 2013. 城市灾害链动力学演变模型与灾害链风险评估方法的研究. 长沙:中南大学.
刘爱华,吴超. 2005. 基于复杂网络的灾害链风险评估方法的研究. 系统工程理论与实践, 35(2): 466~472.
刘春林,施建军,何建敏. 2001. 一类应急物资调度的优化模型研究. 中国管理科学,9(3): 29~36.
刘桂香,宋中山. 2012. 中国北方草原雪灾监测预警及灾情评估研究 北京:中国农业出版社.
刘欢,刘荣高,刘世阳. 2012. 干旱遥感监测方法及其应用发展. 地球信息科学学报,14(02): 232~239.
刘浪. 2010. 基于集合覆盖理论的航空应急物资储备点选址方法. 南昌航空大学学报,12(2): 19~26.
刘磊,施龙青,孙红华,等. 2013. 矿山灾害链及其断链减灾模式分析. 煤田地质与勘探,41(5): 40~44.
刘栎杉,延军平. 2013. 阿勒泰地区冬季降水变化特征及雪灾趋势判断. 干旱区资源与环境, 27(9):72~78.
刘双庆,邱虎,王晓青. 2010. 一种基于宏观经济指标的地震灾害快速评估方法及实现. 灾害学, 25(03):16~19.
刘文方,李红梅. 2014. 基于熵权理论的斜坡地质灾害链综合评判. 灾害学,29(1): 8~11.
刘文方,肖盛燮,隋严春,等. 2006. 自然灾害链及其断链减灾模式分析. 岩石力学与工程学报, 25(Supp. 1):2675~2681.
刘兴元,梁天刚,郭正刚. 2004. 雪灾对草地畜牧业影响的评价模型及方法研究——以新疆阿勒泰地区为例. 西北植物学报,24(1):94~99.
刘洋. 2013. 基于RS的西藏帕隆藏布流域典型泥石流灾害链分析,成都:成都理工大学.
刘哲民. 2003. 灾害演化探析. 水土保持研究,10(2):64~66.
卢新玉,王秀琴,崔彩霞,等. 2013. 基于AMSR-E的北疆地区积雪深度反演. 冰川冻土,35(1): 40~47.
卢耀如. 2006. 地质灾害防治与城市安全. 解放日报,2006~06~29(8).
路光. 2013. 基于分层认知模型的突发事件衍生网络研究. 大连:大连理工大学.

吕娟,苏志诚. 2008. 区域洪灾直接经济损失快速评估方法在太湖流域的应用研究. 中国水利,(17):9~12.

马保成,王亮,牟顺. 2011. 公路滑坡灾害链式反应阶段性识别方法研究. 灾害学,26(2):54~58.

马宗晋. 1992. 中国减灾重大问题研究. 北京:地震出版社.

门可佩,高建国. 2008. 重大灾害链及其防御. 地球物理学进展,23(1):270~275.

蒙吉军,杨倩. 2012. 灾害链孕源断链减灾国内研究进展. 安全与环境学报,12(6):246~251.

倪晋仁,李秀霞,薛安,等. 2004. 泥沙灾害链及其在灾害过程规律研究中的应用. 自然灾害学报,13(5):1~9.

庞泽源,董姝娜,张继权,等. 2014. 基于 CERES-Maize 模型的吉林西部玉米干旱脆弱性评价与区划. 中国生态农业学报,22(6):705~712.

秦朝亮. 2015. 采煤沉陷区灾害链断链减灾模式研究及应用. 太原:太原理工大学.

裘江南,刘丽丽,董磊磊. 2012. 基于贝叶斯网络的突发事件链建模方法与应用. 系统工程学报,27(6):739~750.

冉慧. 2010. 基于 CASA 模型的吉林省区域 NPP 遥感研究. 长春:吉林大学.

萨楚拉,刘桂香,包玉龙,等. 2015. 基于风云 3B 微波亮温数据的内蒙古草原牧区雪深反演研究. 中国草地学报,37(3):60~66.

商彦蕊. 2004. 农业旱灾研究进展. 地理与地理信息科学,20(04):101~105.

沈农保. 2014. 铜山快速查勘理赔雪灾损失. 农家致富,(9):51.

沈彦军,李红军,雷玉平. 2013. 干旱指数应用研究综述. 南水北调与水利科技,11(4):128~133.

沈永平,苏宏超,王国亚,等. 2013. 新疆冰川、积雪对气候变化的响应(Ⅱ):灾害效应. 冰川冻土,35(6):1355~1370.

史培军. 1991. 灾害研究的理论与实践. 南京大学学报,(11):37~42.

史培军. 1996. 再论灾害研究的理论与实践. 自然灾害学报,5(4):8~19.

史培军. 2002. 三论灾害研究的理论与实践. 自然灾害学报,11(3):1~9.

史培军. 2009. 五论灾害系统研究的理论与实践. 自然灾害学报,18(5):1~9.

史培军. 2010. 中国自然灾害风险地图集. 北京:科学出版社.

帅嘉冰,徐伟,史培军. 2012. 长三角地区台风灾害链特征分析. 自然灾害学报,21(3):36~42.

孙成明,刘涛,田婷,等. 2013. 基于 MODIS 的南方草地 NPP 遥感估算与应用. 草业学报,22(5):11~17.

孙成明,孙政国,刘涛,等. 2015. 基于 MODIS 的中国草地 NPP 综合估算模型. 生态学报,35(04):1079~1085.

孙灏,陈云浩,孙洪泉. 2012. 典型农业干旱遥感监测指数的比较及分类体系. 农业工程学报,28(14):147~154.

孙知文,于鹏珊,夏浪,等. 2015. 被动微波遥感积雪参数反演方法进展. 国土资源遥感,27(1):9~15.

谭文安,孙勇. 2011. 基于多目标物资调配优化模型的复杂应急系统并行计算方法. Journal of Systems Science and Information,31(2):181~185.

王春振,陈国阶,谭荣志,等. 2009. "5·12"汶川地震次生山地灾害链(网)的初步研究. 四川大学学报:工程科学版,41(Supp.1):84~88.
王铎.2010.基于关联度的突发事件网络模型研究.大连:大连理工大学.
王建伟,荣莉莉.2008.突发事件的连锁反应网络模型研究.计算机应用研究,25(11):3288~3291.
王劲松,张强,王素萍,等.2015.西南和华南干旱灾害链特征分析.干旱气象,33(2):187~194.
王静爱.2013.区域灾害系统与台风灾害链风险防范模式.北京:中国环境科学出版社.
王静爱,雷永登,周洪建,等.2012.中国东南沿海台风灾害链区域规律与适应对策研究.北京师范大学学报:社会科学版,1(2):130~138.
王萌,田伟平,崔英强.2011.陕西省暴雨灾害链实例分析及综合减灾对策.交通企业管理,26(7):69~71.
王世金,魏彦强,方苗.2014.青海省三江源牧区雪灾综合风险评估.草业学报,23(2):108~116.
王玮.2014.基于遥感和GIS的青藏高原牧区积雪动态监测与雪灾预警研究.兰州:兰州大学.
王翔.2011.区域灾害链风险评估研究.大连:大连理工大学.
王新闯,王世东,张合兵.2013.基于MOD17A3的河南省NPP时空格局.生态学杂志,32(10):2797~2805.
王兆礼,李军,黄泽勤,等.2016.基于改进帕默尔干旱指数的中国气象干旱时空演变分析.农业工程学报,32(02):161~168.
王志超,马金根,纪海锋.2015.灾害链理论在地质灾害防治中的应用.四川地质学报,35(2):232~235,239.
文传甲.1994.论大气灾害链.灾害学,9(3):1~6.
吴瑾冰.2002.滇、桂、粤、闽、台灾害链讨论.灾害学,17(2):82~87.
吴立,王传辉,王心源,等.2012.巢湖流域灾害链成因机制与减灾对策.灾害学,27(4):85~91.
吴玮,秦其明,范一大,等.2013.中国雪灾评估研究综述.灾害学,28(4):152~158.
吴小辉,侯光良,王记明,等.2015.1950~2000年青海省雪灾灾情的时空分析.青海环境,25(2):59~64.
袭祝香,刘实,赵泽会.2012.吉林省干旱损失评估方法研究.吉林气象,(04):2~4.
夏兴生,朱秀芳,潘耀忠,等.2015.基于历史相似案例的农业旱灾灾情快速评估方法研究.北京师范大学学报(自然科学版),51(z1):77~81.
向灵芝,崔鹏,方华.2010.震后灾害链生机制及其对汶川地震城镇重建的影响.灾害学,25(Supp.1):278~281.
肖盛燮.2006.灾变链式理论及应用.北京:科学出版社.
肖盛燮.2011.灾变链式演化跟踪技术.北京:科学出版社.
肖盛燮,冯玉涛,王肇慧,等.2006.灾变链式阶段的演化形态特征.岩石力学与工程学报,25(Supp.1):2629~2633.
谢礼立.2006.城市防震减灾能力的定义及评估方法.地震工程与工程振动,26(3):1~10.
徐道一.2008.灾害链演变过程的似序参量//2008中国可持续发展论坛论文集(2).杭州:中国可持续发展研究会.

徐梦珍,王兆印,漆力健. 2012. 汶川地震引发的次生灾害链. 山地学报,30(4): 502~512.
徐梦珍,王兆印,施文婧,等. 2010. 汶川地震引发的次生山地灾害链——以火石沟为例. 清华大学学报:自然科学版,50(9): 1338~1341.
许剑辉,舒红,刘艳. 2014. 2000~2010年新疆雪灾时空自相关分析. 灾害学,29(1):221~227.
闫淑君,洪伟,吴承祯,等. 2001. 福建近41年气候变化对自然植被净第一性生产力的影响. 山地学报,19(06):522~526.
颜峻,左哲. 2014. 建筑物地震次生火灾的贝叶斯网络推理模型研究. 自然灾害学报,23(3): 205~212.
颜亮东,李林,刘义花. 2013. 青海牧区干旱、雪灾灾害损失综合评估技术研究. 冰川冻土, 35(03):662~680.
杨恒喜,史正涛,谷晓梅. 2010. "3S"技术支持下的云南旱灾损失实时评价研究. 环境研究与监测,(02):9~14.
杨建明. 2014. 肃北牧区雪灾成因及防御对策. 现代农业科技,(18):238~239.
杨丽萍,韩德彪,姜宝法. 2013. 干旱对人类健康影响的研究进展. 环境与健康杂志,30(05): 453~455.
杨帅,苏筠. 2014. 县域暴雨洪涝灾害损失快速评估方法探讨——以湖南省为例. 自然灾害学报,23(05):156~163.
杨征,胡卓玮,王志恒. 2015. 基于灰色关联度的气象因子与雪灾灾情相关性分析. 安徽农业科学,(7):99~103.
姚清林. 2007. 自然灾害链的场效机理与区链观. 气象与减灾研究,30(3):31~36.
姚清林,强祖基. 2006. 地震灾害链的机理过程与震—洪现象分析//中国首届灾害链学术研讨会.
叶金玉,林广发,张明锋. 2014. 福建省台风灾害链空间特征分析. 福建师范大学学报:自然科学版,30(2):99~106.
尹锴,田亦陈,袁超,等. 2015. 基于CASA模型的北京植被NPP时空格局及其因子解释. 国土资源遥感,27(01):133~139.
于泓峰,张显峰. 2015. 光学与微波遥感的新疆积雪覆盖变化分析. 地球信息科学学报,17(2): 244~252.
于惠,张学通,王玮,等. 2011. 基于AMSR~E数据的青海省雪深遥感监测模型及其精度评价. 干旱区研究,28(2):255~261.
于灵雪,张树文,贯丛,等. 2014. 黑龙江流域积雪覆盖时空变化遥感监测. 应用生态学报, 25(9):2521~2528.
余瀚,王静爱,柴玫,等. 2014. 灾害链灾情累积放大研究方法进展. 地理科学进展,33(11): 1498~1511.
余世舟,张令心,赵振东,等. 2010. 地震灾害链概率分析及断链减灾方法. 土木工程学报, 43(Supp.1):479~483.
云文丽,侯琼. 2013. 干旱指标在典型草原的适用性分析. 干旱区资源与环境,(08):52~58.
张方敏,居为民,陈镜明,等. 2012. 基于遥感和过程模型的亚洲东部陆地生态系统初级生产力分布特征. 应用生态学报,23(02):307~318.
张峰. 2013. 川渝地区农业气象干旱风险区划与损失评估研究. 杭州:浙江大学.

张继权,李宁.2007.主要气象灾害风险评价与管理的数量化方法及其应用.北京:北京师范大学出版社.

张美玲,蒋文兰,陈全功,等.2011.草地净第一性生产力估算模型研究进展.草地学报,19(02):356~366.

张涛涛,延军平,廖光明,等.2014.近51a青藏高原雪灾时空分布特征.水土保持通报,34(1):242~245.

张卫星,周洪建.2013.灾害链风险评估的概念模型——以汶川"5·12"特大地震为例.地理科学进展,32(1):130~138.

张显峰,包慧漪,刘羽,等.2014.基于微波遥感数据的雪情参数反演方法.山地学报,32(3):307~313.

赵明洋,别强,何磊,等.2014.基于去云处理的祁连山积雪覆盖遥感监测研究.干旱区地理(汉文版),37(2):325~332.

郑大玮.2008.灾害链概念的扩展及其在农业减灾中的应用//2008中国可持续发展论坛论文集(2).杭州:中国可持续发展研究会.

钟敦伦,谢洪,韦方强,等.2013.论山地灾害链.山地学报,31(3):314~326.

周秉荣,申双和,李凤霞.2006.青海高原牧区雪灾逐级判识模型.中国农业气象,27(3):210~214.

周洪建,王曦,袁艺,等.2014.半干旱区极端强降雨灾害链损失快速评估方法——以甘肃岷县"5·10"特大山洪泥石流灾害为例.干旱区研究,31(3):440~445.

周靖,马石城,赵卫锋.2008.城市生命线系统暴雪冰冻灾害链分析.灾害学,23(4):39~44.

周科平,刘福萍,胡建华,等.2013.尾矿库溃坝灾害链及断链减灾控制技术研究.灾害学,28(3):24~29.

周晓莉,假拉,肖天贵.2015.西藏地区积雪分布特征及雪灾等级评估研究.中国气象学会年会,天津.

周扬,李宁,吴吉东.2013.内蒙古地区近30年干旱特征及其成灾原因.灾害学,28(04):67~73.

周瑶,王静爱.2012.自然灾害脆弱性曲线研究进展.地球科学进展,27(4):435~442.

周愉峰,马祖军,王恪铭.2015.应急物资储备库的可靠性P-中位选址模型.物流与供应链管理,27(5):198~208.

朱伟,陈长坤,纪道溪,等.2011.我国北方城市暴雨灾害演化过程及风险分析.灾害学,26(3):88~91.

朱文泉.2005.中国陆地生态系统植被净初级生产力遥感估算及其与气候变化关系的研究.北京师范大学.

庄晓翠,周鸿奎,王磊,等.2015.新疆北部牧区雪灾评估指标及其成因分析.干旱区研究,32(5):1000~1006.

American Meteorological Society. 1997. Meteorological drought- policy statement. Bulletin of the American Meteorological Society,78(2):847~849.

Badal J, Vázquez- Prada M, González Á. 2005. Preliminary quantitative assessment of earthquake casualties and damages. Natural Hazards,34(3):353~374.

Beraldi P,Bruni M. 2009. A probabilistic model applied to emergency service vehicle location. European

Journal of Operational Research,196(1):323~331.

Bocchiola D, Medagliani M, Rosso R. 2006. Regional snow depth frequency curves for avalanche hazard mapping in central Italian Alps. Cold Regions Science & Technology,46(3):204~221.

Burby R J. 2006. Hurricane Katrina and the paradoxes of government disaster policy: bringing about wise governmental decisions for hazardous areas. The Annals of the American Academy of Political and Social Science,604(1): 171~191.

Buzna L, Peters K, Helbing D. 2006. Modelling the dynamics of disaster spreading in networks. Physica A: Statistical Mechanics and its Applications,363(1): 132~140.

Capannelli G. 2011. Institutions for economic and financial integration in Asia: Trends and prospects.

Carpignano A, Golia E, Di Mauro C, et al. 2009. A methodological approach for the definition of multi-risk maps at regional level: first application. Journal of Risk Research,12(3): 513~534.

Chandrasekar K, Sesha Sai M V R. 2015. Monitoring of late-season agricultural drought in cotton-growing districts of Andhra Pradesh state, India, using vegetation, water and soil moisture indices. Natural Hazards,75(2):1023~1046.

Chang A, Foster J, Hall D. 1987. Nimbus-7 SMMR derived global snow cover parameters. Annals of Glaciology,9:39~44.

Chavoshi S H, Delavar M R, Soleimani M, et al. 2008. Toward developing an expert GIS for damage evaluation after an earthquake (case study: Tehran)//Proceedings of the 5th international ISCRAM conference, Washington, DC, USA.

Che T, Dai L, Zheng X, et al. 2016. Estimation of snow depth from passive microwave brightness temperature data in forest regions of northeast China. Remote Sensing of Environment, 183: 334~349.

Che T, Li X, Jin R, et al. 2014. Assimilating passive microwave remote sensing data into a land surface model to improve the estimation of snow depth. Remote Sensing of Environment,143(6):54~63.

Chen G, Tian H, Zhang C, et al. 2012. Drought in the Southern United States over the 20th century: variability and its impacts on terrestrial ecosystem productivity and carbon storage. Climatic Change, 114(2):379~397.

Chen Q L, Li Z, Fan G Z, et al. 2011. Indications of stratospheric anomalies in the freezing rain and snow disaster in South China,2008. Science China Earth Sciences,54(8): 1248~1256.

Chen, Yang Q, Xie H, et al. 2014. Spatio-temporal variations of snow cover in Northeast China based on flexible multiday combinations of MODIS snow cover products. Journal of Applied Remote Sensing, 8(1):5230~5237.

Colombi M, Borzi B, Crowley H, et al. 2008. Deriving vulnerability curves using Italian earthquake damage data. Bulletin of Earthquake Engineering,6(3): 485~504.

Cutter S L, Boruff B J, Shirley W L. 2003. Social vulnerability to environmental hazards. Social Science Quarterly,84(2):242~261.

Dai L, Che T, Wang J, et al. 2012. Snow depth and snow water equivalent estimation from AMSR-E data based on a priori snow characteristics in Xinjiang, China. Remote Sensing of Environment,127(12): 14~29.

Delmonaco G, Margottini C, Spizzichino D. ARMONIA methodology for multi-risk assessment and the harmonization of different natural risk maps [DB/OL]. (2010~07~19) [2015~08~05]. http://forum. eionet. europa. eu/eionetairclimate/library/public/2010 _ citiesproject/interchange/armonia _ project/armonia_project_5/download/1/ARMO NIA_PROJECT_Deliverable%203. 1. 1. pdf.

Ding Y, Hayes M J, Widhalm M. 2011. Measuring economic impacts of drought: a review and discussion. Disaster Prevention and Management: An International Journal, 20(4): 434~446.

Dombrowsky W R. 1995. Again and again: is a disaster what we call a 'disaster'. International Journal of Mass Emergencies and Disasters, 13(3): 241~254.

Duenas-Osorio L, Vemuru S M. 2009. Cascading failures in complex infrastructure systems. Structural Safety, 31(2): 157~167.

Dutta D, Herath S, Musiake K. 2003. A mathematical model for flood loss estimation. Journal of Hydrology, 277(1-2): 24~49.

Eguchi R T, Gill S P, Ghosh S. Eguchi Ronald T, et al. 2010. The January 12, 2010 Haiti earthquake: A comprehensive damage assessment using very high resolution areal imagery. In 8th International Workshop on Remote Sensing for Disaster Management.

Feng X M, Zhao Y S. 2011. Grazing intensity monitoring in Northern China steppe: Integrating CENTURY model and MODIS data. Ecological Indicators, 11(1): 175~182.

Gang C, Wang Z, Zhou W, et al. 2015. Projecting the dynamics of terrestrial net primary productivity in response to future climate change under the RCP2. 6 scenario. Environmental Earth Sciences, 74(7): 5949~5959.

Gao Q, Zhu W, Schwartz M W, et al. 2016. Climatic change controls productivity variation in global grasslands. Scientific Reports, 6: 26958.

Gascoin S. 2015. A snow cover climatology for the Pyrenees from MODIS snow products. Hydrology & Earth System Sciences, 19(5): 2337~2351.

Ge Y, Gu Y, Deng W. 2010. Evaluating china's national post-disaster plans: The 2008 Wenchuan Earthquake's recovery and reconstruction planning. International Journal of Disaster Risk Science, 1(2): 17~27.

Gholkar M D, Goroshi S, Singh R P, et al. 2014. Influence of Agricultural Developments on Net Primary Productivity (NPP) in the Semi-arid Region of India: A Study using GloPEM Model. ISPRS-International Archives of the Photogrammetry, Remote Sensing and Spatial Information Sciences, XL-8 (1): 725~732.

Gitis V G, Petrova E N, Pirogov S A. 1994. Catastrophe chains: Hazard assessment. Natural Hazards, 10(1/2): 117~121.

Gu L, Ren R, Li X. 2016. Snow depth retrieval based on a multifrequency dual-polarized passive microwave unmixing method from mixed forest observations. IEEE Transactions on Geoscience & Remote Sensing, 54(99): 1~13.

Hallegatte St'ephane. 2008. An adaptive regional input-output model and its application to the assessment of the economic cost of Katrina. Risk Analysis, 28(3): 779~799.

Handmer, J, Abrahams, J, Betts, R, and Dawson, M. 2005. Towards a consistent approach to disaster loss assessment across Australia. Australian Journal of Emergency Management: 20(1), 10~18.

He B, Liao Z, Quan X, et al. 2015. A global Grassland Drought Index (GDI) product: algorithm and validation. Remote Sensing,7(10):12704~12736.

Heim R R. 2002. A review of twentieth-century drought indices used in the United States. Bulletin of the American Meteorological Society,83(8):1149.

Helbing D, Kühnert C. 2003. Assessing interaction networks with applications to catastrophe dynamics and disaster management. Physica A Statistical Mechanics & Its Applications,328(3):584~606.

Helbing D. 2013. Globally networked risks and how to respond. Nature,497(7447): 51~59.

Holzhauer M M. Assmann A. 2008. Risk-EOS flood risk analysis services for Europe. Flood Risk Management: Research and Practice: Extended,46.

Huang C, Wang H, Hou J. 2015. Estimating spatial distribution of daily snow depth with kriging methods: combination of MODIS snow cover area data and ground-based observations. Cryosphere Discussions,9(5):4997~5020.

Huang J, Xue Y, Sun S, et al. 2015. Spatial and temporal variability of drought during 1960-2012 in Inner Mongolia, north China. Quaternary International,355: 134~144.

Huang L, Xiao T, Zhao Z, et al. 2013. Effects of grassland restoration programs on ecosystems in arid and semiarid China. Journal of Environmental Management,117:268~275.

IPCC. 2012. A special report of working groups I and II of the intergovernmental panel on climate change. Cambridge, UK: Cambridge University Press. 1~19.

Kappes M S, Keiler M, Elverfeldt K V, et al. 2012. Challenges of analyzing multi-hazard risk: a review. Natural Hazards,64(2):1925~1958.

Keefer D K. 2002. Investigating landslides caused by earthquakes—a historical review. Surveys in Geophysics,23(6): 473~510.

Khan F I, Abbasi S A. 2001. An assessment of the likelihood of occurrence, and the damage potential of domino effect (chain of accidents) in a typical cluster of industries. Journal of Loss Prevention in the Process Industries,14(4): 283~306.

Kluver D, Leathers D. 2015. Regionalization of snowfall frequency and trends over the contiguous United States. International Journal of Climatology,35 (14):4348~4358.

Krausmann E, Cruz A M. 2013. Impact of the 11 March 2011, Great East Japan earthquake and tsunami on the chemical industry. Natural Hazards,67(2): 811~828.

Lei T, Wu J, Li X, et al. 2015. A new framework for evaluating the impacts of drought on net primary productivity of grassland. Science of The Total Environment,536:161~172.

Li J, Chen C S. 2014. Modeling the dynamics of disaster evolution along causality networks with cycle chains. Physica A Statistical Mechanics & Its Applications,401(5):251~264.

Li R, Tsunekawa A, Tsubo M. 2014. Index-based assessment of agricultural drought in a semi-arid region of Inner Mongolia, China. Journal of Arid Land,6(1):3~15.

Lin Y H, Batta R, Rogerson P, et al. 2012. Location of temporary depots to facilitate relief operations after an earthquake. Socio-Economic Planning Sciences,46(2):112~123.

Liu C, Dong X, Liu Y. 2015. Changes of NPP and their relationship to climate factors based on the transformation of different scales in Gansu, China. CATENA,125:190~199.

Liu S, Kang W, Wang T. 2016. Drought variability in Inner Mongolia of northern China during 1960－2013 based on standardized precipitation evapotranspiration index. Environmental Earth Sciences,

75(2):145.

Malik S M, Awan H, Khan N. 2012. Mapping vulnerability to climate change and its repercussions on human health in Pakistan. Globalization and Health,8(1):1~10.

Marchane A, Jarlan L, Hanich L, et al. 2015. Assessment of daily MODIS snow cover products to monitor snow cover dynamics over the Moroccan Atlas mountain range. Remote Sensing of Environment, 160(21):72~86.

Menoni S. 2001. Chains of damages and failures in a metropolitan environment: some observations on the Kobe earthquake in 1995. Journal of Hazardous Materials,86(1): 101~119.

Mishra A K, Singh V P. 2010. A review of drought concepts. Journal of Hydrology, 391 (1~2): 202~216.

Mottaleb K A, Gumma M K, Mishra A K, et al. 2015. Quantifying production losses due to drought and submergence of rainfed rice at the household level using remotely sensed MODIS data. Agricultural Systems,137:227~235.

Nakai S, Sato T, Sato A, et al. 2012. A Snow Disaster Forecasting System (SDFS) constructed from field observations and laboratory experiments. Cold Regions Science and Technology,70: 53~61.

Owen S H, Daskin M S. 1998. Strategic facility location: A review. European Journal of Operational Research,35(6):645~674.

Pan Y, Yu C, Zhang X, et al. 2016. A modified framework for the regional assessment of climate and human impacts on net primary productivity. Ecological Indicators,60(60):184~191.

Perucca L P, Angillieri M Y E. 2009. Evolution of a debris-rock slide causing a natural dam: the flash flood of Río Santa Cruz, Province of San Juan—November 12, 2005. Natural Hazards, 50 (2): 305~320.

Pozdnoukhov A, Matasci G, Kanevski M, et al. 2011. Spatio-temporal avalanche forecasting with support vector machines. Natural Hazards & Earth System Sciences,11(2):367~382.

Qin X, Liu X, Tang L. 2013. A two-stage stochastic mixed-integer program for the capacitated logistics fortification planning un- der accidental disruptions. Computers & Industrial Engineering, 65 (4): 614~623.

Rose A. 2004. Defining and measuring economic resilience to disasters. Disaster Prevention and Management: An International Journal,13(4):307~314.

Smith D I. 1994. Flood damage estimation- a review of urban stage- damage curves and loss functions. Water S A,20 (3):231~238.

Smith L T, Aragao L E, Sabel C E, et al. 2014. Drought impacts on children's respiratory health in the Brazilian Amazon. Sci Rep,4:3726.

Sorensen P, Church R. 2012. Integrating expected covering tour approach to the location of satellite distribution centers to supply humanitarian aid. European Journal of Operational Research, 222 (3): 596~605.

Stanley Q Kidder, Huey-Tzu Wu. 1987. A multispectral study of the St. Louis area under snow-covered conditions using NOAA-AVHRR data. Remote Sensing of Environment,22(2):159~172.

Tachiiri K, Shinoda M, Klinkenberg B, et al. 2008. Assessing Mongolian snow disaster risk using livestock and satellite data. Journal of Arid Environments,72(12):2251~2263.

Tanaka H, Tinh N X, Umeda M, et al. 2012. Coastal and estuarine morphology changes induced by the 2011 Great East Japan Earthquake Tsunami. Coastal Engineering Journal, 54(01): 547~562.

Thavorntam W, Tantemsapya N, Armstrong L. 2015. A combination of meteorological and satellite-based drought indices in a better drought assessment and forecasting in Northeast Thailand. Natural Hazards, 77(3): 1453~1474.

Thorne L, Hiroo K, Ammon C J, et al. 2005. The great Sumatra-Andaman earthquake of 26 December 2004. Science, 308(5725): 1127~1133.

Tominaga Y, Mochida A, Okaze T, et al. 2011. Development of a system for predicting snow distribution in built-up environments: combining a mesoscale meteorological model and a CFD model. Journal of Wind Engineering and Industrial Aerodynamics, 99 (4): 460~468.

Tong S, Zhang J, Si H, et al. 2016. Dynamics of fractional vegetation coverage and its relationship with climate and human activities in inner Mongolia, China. Remote Sensing, 8(9): 776.

Tsuji Y, Tanioka Y, Matsutomi H, et al. 2006. Damage and height distribution of Sumatra earthquake-tsunami of December 26, 2004. Banda Aceh city and its environs, Journal of Disaster Research, 1(1): 103~115.

Vanclay F. 2003. International principles for social impact assessment. Impact assessment and project appraisal, 21(1): 5~12.

Wang J, Gao H, Xin J. 2010. Application of artificial neural network and GIS in urban earthquake disaster mitigation//International Conference on Intelligent Computation Technology and Automation (ICICTA). Changsha, Hunan, China, 1: 726~729.

Wang J, Gu X, Huang T. 2013. Using Bayesian networks in analyzing powerful earthquake disaster chains. Natural Hazards, 68(2): 509~527.

Wang P, Xie D, Zhou Y, et al. 2014. Estimation of net primary productivity using a process-based model in GansuProvince, Northwest China. Environmental Earth Sciences, 71(2): 647~658.

Wang Y, Zhang J, Guo E, et al. 2016. Estimation of variability characteristics of regional drought during 1964-2013 in Horqin Sandy Land, China. Water, 8(11): 543.

Wilhelm C. 2010. Quantitative risk analysis for evaluation of avalanche protection projects. Hestness Eed. Proceedlings of 25 Years of Snow Avalanche Research.

Xu L, Meng X, Xu X. 2014. Natural hazard chain research in China: A review. Natural Hazards, 70(2): 1631~1659.

Xu M, Wang Z, Qi L, et al. 2012. Disaster chains initiated by the Wenchuan earthquake. Environmental Earth Sciences, 65(4): 975~985.

Yan H, Zhan J, Jiang Q O, et al. 2015. Multilevel modeling of NPP change and impacts of water resources in the Lower Heihe River Basin. Physics and Chemistry of the Earth, Parts A/B/C, 79~82: 29~39.

Yang J, Jiang L, Shi J, et al. 2014. Monitoring snow cover using Chinese meteorological satellite data over China. Remote Sensing of Environment, 143(6): 192~203.

Yasuhara K, Komine H, Murakami S, et al. 2011. Effects of climate change on geo-disasters in coastal zones and their adaptation. Geotextiles & Geomembranes, 30(4): 24~34.

Zhang M, Lal R, Zhao Y, et al. 2016. Estimating net primary production of natural grassland and its spatio-temporal distribution in China. Science of The Total Environment,553:184~195.

Zhang Q,Gu X,Singh V P,et al. 2015. Spatiotemporal behavior of floods and droughts and their impacts on agriculture in China. Global and Planetary Change,131:63~72.

Zhang Y,Qi W,Zhou C,et al. 2014. Spatial and temporal variability in the net primary production of alpine grassland on the Tibetan Plateau since 1982. Journal of Geographical Sciences, 24 (2): 269~287.

Zhu L,Liu J,Zhang Y. 2010. Application of FY-3A/MERSI satellite data to drought monitoring in north China. Journal of Remote Sensing,14(5):1004~1016.

第 2 章　草原旱灾损失快速评估研究

在全球气候变暖的背景下,我国气象灾害趋多趋强,给人民生命财产和社会经济造成极大的负面影响。干旱灾害作为主要气象灾害之一,对我国粮食安全造成巨大的威胁,已成为制约我国农牧业经济可持续发展的主要因素之一。国内外关于干旱灾害的研究,主要针对传统农业领域,较集中在干旱灾害风险评估研究,而在草原干旱灾害对牧业造成的影响方面关注较少。我国是草原大国,草场面积居世界第二位,草原生态系统具有十分重要的生态意义与经济价值。但随着近年来人类活动与气候变化的影响,草原自然灾害频发,尤其是草原干旱灾害,造成损失尤为严重。基于此,本章提出草原干旱灾害损失快速评估研究,旨在为草原牧区制定及时有效的防灾减灾方案、减少旱灾可能带来的损失提供重要的科学依据。

以松嫩草原为研究区,基于区域灾害系统理论,选取草地为主要承灾体,通过分析草原干旱灾害程度与草地 NPP 波动的关系,进而快速评估出草原干旱灾害对草地产量及草地载畜量造成的影响。具体研究内容为从致灾因子、孕灾环境和承灾体三个方面深入分析了松嫩草原干旱灾害背景;利用 SPEI 指数表征干旱强度,分析了松嫩草原区域干旱时空演变特征;以 MODIS NDVI 影像为主要数据源,结合相应时段的地面气象数据,通过 CASA 模型估算了松嫩草原 2005~2014 年间逐月植被 NPP,并分析了草地生长季植被 NPP 时空演变特征;利用脆弱性曲线构建的方法,结合野外实验和室内实验分析,分别构建出逐生育阶段的基于 CASA 模型和基于野外实验的干旱损失率曲线,二者相互补充,野外实验的干旱损失率曲线也是前者的合理化验证;最后,选取典型案例年,对案例年草地不同生长季的 SPEI 指数进行计算,结合构建的干旱损失率曲线,利用草地植被 NPP 与草地产量的相互转化,实现了草原干旱灾害对草地减产和载畜量损失的快速评估,并对其损失进行了经济价值估值。

2.1　研究区域与数据来源

2.1.1　研究区域

以松嫩草原为研究区,松嫩草原地处 43°30′~48°05′N、122°12′~126°20′E,是我国三大平原之一东北平原的主要组成部分(图 2.1),位于我国北方农牧交错带的东缘。地形为三面环山,西部分布有大兴安岭,北部分布有伊勒呼里山和小兴安岭,东部则是长白山系的张广才岭,南面分布着的低丘为松辽分水岭,海拔多在

150~250 m。研究区天气变化比较频繁,其气候特点是春季十年九旱,干燥多风;夏季潮湿温热多雨;秋季降雨适量、阳光充足、气候温和;冬季漫长寒冷少雪,亦干燥多风。最暖月(7月)平均气温为22~25℃,最冷月(1月)平均气温为-16~-22℃,无霜期120~150d。春季在日平均温度达5℃时,多年生牧草开始返青。年降水量为350~500 mm,干燥度1.1~1.5,为草甸草原带。降水量自东向西递减,年蒸发量大于降水量的2~3倍以上。区域生态环境具有典型的过渡性,同时对气候变化具有较高的敏感性(Ma et al.,2016)。

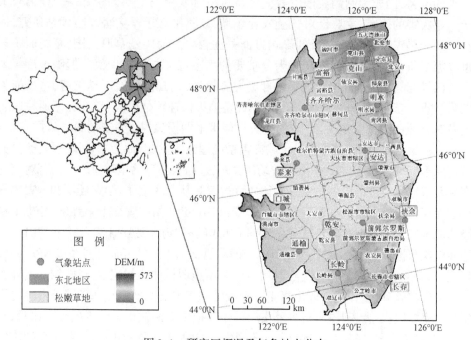

图2.1 研究区概况及气象站点分布

2.1.2 数据来源

(1)气象数据

来源于中国气象科学数据共享服务网(http://cdc.nmic.cn/home.do),依据各站点气象资料的连续性及最长时段性等标准,选取松嫩草原内部13个气象站点自1960~2014年的逐日气象数据,包括逐日降水、温度、日照时数、平均风速、平均湿度等日值数据。所选各站点气象数据均经过了严格的质量控制处理,包括极值检验与时间一致性检验,对个别站点缺失数据采用临近站点插值的方法进行插补。

①MODIS NDVI数据。MODIS NDVI产品数据拥有较高的时间分辨率和适中的空间分辨率,被广泛应用于全球尺度与区域尺度的植被动态变化监测等研究。

本研究中使用的 MODIS NDVI 数据,来源于美国国家航空航天局 NASA/EOS LPDAAC(The Land Process Distributed Active Archive Center)数据分发中心,根据松嫩草原所在地理位置及 MOD13A3 产品轨道号,选择的影像景号为 h26v04 和 h27v04。时间序列为 2005~2015 年逐月的 MODIS 产品 MOD13A3 数据集(https://lpdaac.usgs.gov/get_data/data_pool),时间分辨率为月数据,空间分辨率为 1km×1km。利用专业处理 MODIS 数据的软件 MRT 对下载的原始影像进行投影转换、镶嵌、重采样等处理。同时基于 ArcGIS10.2 软件平台批量裁剪出松嫩草原 2005~2014 年逐月 NDVI 数据。

②MODIS NPP 数据。本研究的 MODIS NPP 数据来源于美国 NASA/EOS LPDAAC 提供的 MOD17A3 数据(https://lpdaac.usgs.gov/get_data/data_pool),时间分辨率为年数据,空间分辨率为 1km×1km。MOD17A3 数据集利用 MODIS/TERRA 卫星遥感参数,基于 BIOME-BGC 计算出全球陆地植被净初级生产力年合成数据。该数据已在全球和区域尺度 NPP 估算及碳循环研究中广泛使用(Wang et al.,2016;Zhang et al.,2014)。选择的 MOD17A3 数据集的时间序列同样为 2005~2014 年,其处理方法同 MOD13A3。

(2)实验数据

本研究所需实验数据,均来自于 2015~2016 年在松嫩草原东北师范大学松嫩草地生态研究站搜集及野外实验所获得。第 1 章中研究方法部分有对于野外实验的介绍。

(3)其他数据

①土地覆被数据。来源于对研究区 2014 年 Landsat7 ETM$^+$ 遥感影像的处理,影像选取月份为 9 月下旬云量极少的数据。利用 ENVI 4.8 软件,对原始影像进行了投影转换、辐射定标、大气校正、几何校正、波段融合及格式转换等处理,使其空间分辨率达到 15m。然后基于 ArcGIS 10.2 软件对处理后的遥感影像建立解译标志,进行目视解译,并对最终解译成果进行了实地的调查与验证。土地覆被类型借鉴 FAO LCCS(Land Cover Classification System)和 IPCC 土地覆被类型,最终将区域土地覆被划分为耕地、林地、草地、水域、人工表面、裸露地等 6 个类型。

②统计数据。本研究中所用到的部分旱灾灾情统计数据来源于《中国气象灾害大典(黑龙江卷)》(孙永罡,2008)和《中国气象灾害大典(吉林卷)》(秦元明等,2008)的描述。

2.2 理论依据与研究方法

2.2.1 理论依据

本研究主要理论依据为区域灾害系统理论。该理论的提出来源于对"灾害"

这一概念内涵的解读,根据研究目的,本研究中所指灾害事件均为自然灾害(黄崇福,2009)。自然灾害是指自然事件或力量为主因,给人类和社会经济造成损失的事件。史培军(1991)于 1991 年提出区域灾害系统理论,该理论认为区域灾害系统是由孕灾环境(E)、致灾因子(H)和承灾体(S)复组成的地球表层系统结构体系(D_S),即 $D_S = E \cap H \cap S$[图 2.2(a)],该理论强调区域灾害系统结构体系中的各要素同等重要。在此基础上,又提出了区域灾害系统的功能体系(D_f),该体系由孕灾环境稳定性(S)、致灾环境危险性(R)和承灾体脆弱性(V)构成,而灾情则是三者相互作用的产物[图 2.2(b)]。三者之中,孕灾环境稳定性是灾害发生的背景条件,致灾因子危险性是灾害发生的前提条件,同等致灾因子危险性条件下,承灾体的脆弱性是影响最终灾情程度的条件。

根据区域自然灾害系统理论,自然灾害灾情是由致灾因子、承灾体、孕灾环境综合作用的产物。基于此,本研究认为区域草原干旱灾害系统由草原干旱灾害的孕灾环境、致灾因子与承灾体组成,这三个因素相互作用,从而形成草原干旱灾害损失。研究从区域草原干旱灾害孕灾环境的敏感性、致灾因子的危险性和承灾体的脆弱性等三个方面对区域草原干旱灾害系统进行分析。

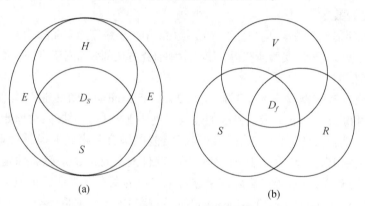

图 2.2　区域灾害系统的结构和功能体系
(a)结构体系;(b)功能体系

2.2.2　研究方法

1. 标准化降水蒸散发(SPEI)指数

本研究采用 Vicente-Serrano 等(2010)在 2010 年提出 SPEI(Standardized Precipitation Evapotranspiration index)指数作为草原干旱识别指数,从而对草原干旱危险性进行表征。该指数基于标准化降水指数(SPI)所构建,综合考虑了降水量和蒸散对干旱形成的影响;SPEI 指数既保留了 SPI 指数的优点,又具有帕尔默干旱指数(PDSI)对温度的敏感性。目前,SPEI 指数在国内外干旱监测与气候变化研究中逐渐被广泛使用。

SPEI 指数具体计算主要有如下几个步骤:

(1)计算潜在蒸散发(PET),用 Thornthwaite 方法计算求得(Tong et al.,2017)。

(2)计算水分盈亏量,即逐月降水量与潜在蒸散量的差值:

$$D_i = P_i - \text{PET}_i \tag{2.1}$$

式中,D_i 为逐月水分盈亏量;P_i 为月降水量;PET_i 为月潜在蒸散发量,单位均为 mm。

(3)构建不同时间尺度的水分盈亏累积序列:

$$D_n^k = \sum_{i=0}^{k-1}(P_{n-1} - \text{PET}_{n-i}), n \geq k \tag{2.2}$$

式中,k 为时间尺度(月);n 为计算次数。

(4)基于3个参数的 log-logistic 概率密度函数拟合(2.2)中所建的水分盈亏累积序列:

$$f(x) = \frac{\beta}{\alpha}\left(\frac{x-\gamma}{\alpha}\right)^{\beta-1}\left[1+\left(\frac{x-\gamma}{\alpha}\right)\right]^{-2} \tag{2.3}$$

式中,$f(x)$ 为概率密度函数,α、β 和 γ 分别为尺度参数、形状参数和 origin 参数。累积概率分布函数为:

$$F(x) = \left[1+\left(\frac{x-\gamma}{\alpha}\right)^{\beta}\right]^{-1} \tag{2.4}$$

(5)对序列进行标准化正态分布转换,得到相应 SPEI 值:

$$\text{SPEI} = W - \frac{C_0 + C_1 W + C_2 W^2}{1 + d_1 W + d_2 W^2 + d_3 W^3} \tag{2.5}$$

式中,$W = \sqrt{-2\ln(P)}$;当 $P \leq 0.5$ 时,$P = 1 - F(x)$;当 $P > 0.5$ 时,$P = 1 - P$,SPEI 变换符号。其中常数 $C_0 = 2.515517$,$C_1 = 0.802853$,$C_2 = 0.010328$,$d_1 = 1.432788$,$d_2 = 0.189269$,$d_3 = 0.001308$。

本研究中参照国家气象干旱等级标准(GB/T 20481—2006),并与《中国气象灾害大典(黑龙江卷)》和《中国气象灾害大典(吉林卷)》中所描述的研究区历年干旱情况进行对比验证,最后确定出适应本研究区的 SPEI 干旱等级划分标准(表 2.1)。

表 2.1 基于 SPEI 的干旱等级划分

干旱等级	无旱	轻旱	中旱	重旱	特旱
SPEI	$[0,+\infty)$	$[-1,0)$	$[-1.5,-1)$	$[-2,-1.5)$	$[-\infty,-2)$

2. Mann-Kendall 检验

本研究采用 Mann-Kendall(M-K)趋势检验法,对区域 SPEI 序列进行趋势分析及突变检验。M-K 趋势检验法是一种非参数统计检验,其优点是不需要样本遵从一定的数学分布,也不受样本异常值的干扰,计算较为方便。目前已被 WMO 推荐使用此方法来进行长期气象趋势分析及突变分析(Liu et al.,2013;马齐云等, 2016)。

(1) M-K 秩次相关检验

设一平稳独立时间序列 $x_1, x_2, \cdots, x_n$,样本容量为 n,原假设 H_0 为序列未发生趋势变化。构造 M-K 趋势分析的样本统计量为:

$$S = \sum_{i=1}^{N-1} \sum_{j=i+1}^{N} \text{sgn}(x_j - x_i) \tag{2.6}$$

其中,

$$\text{sgn}(x_j - x_i) = \begin{cases} +1, & x_j > x_i \\ 0, & x_j = x_i \\ -1, & x_j < x_i \end{cases} \tag{2.7}$$

当 $n \geq 10$ 时,构造统计量 S 近似于服从正态分布;其均值 $E(S) = 0$,方差 $\text{var}(S) = N(N-1)(2N+5)/18$。其标准化检验统计量 Z 值可用下式计算:

$$Z = \begin{cases} (S-1)/\sqrt{\text{var}(S)}, & S > 0 \\ 0, & S = 0 \\ (S+1)/\sqrt{\text{var}(S)}, & S > 0 \end{cases} \tag{2.8}$$

采用双侧检验,在某一特定置信区间内,如果 $|Z| > Z_{(1-\alpha/2)}$,则拒绝无趋势的原假设,原始序列存在上升或者下降的趋势。

(2) M-K 突变趋势检验

时间序列 x 具有 n 个样本容量,构造秩序列 S_k:

$$S_k = \sum_{i=1}^{k} r_i \quad (k = 1, 2, \cdots, n) \tag{2.9}$$

其中,

$$r_i = \begin{cases} 1, & \text{当 } x_i > x_j \\ 0, & \text{当 } x_i < x_j \end{cases} \quad j = 1, 2, \cdots, i; i = 1, 2, \cdots, n \tag{2.10}$$

式中,$x_i > x_j$ 时的样本累积数为秩序列 S_k 的值。假定时间序列 x 随机且独立,S_k 的均值与方差计算方法如下:

$$E_{S_k} = k(k-1)/4, k = 1, 2, \cdots, n \tag{2.11}$$

$$\text{var}(S_k) = k(k-1)(2k+5)/72, 2 \leq k \leq n \tag{2.12}$$

则定义统计量为

$$UF_k = \frac{S_k - E_{S_k}}{\sqrt{\operatorname{var}(S_k)}} \quad (2.13)$$

式中，UF_k 为标准正态分布。给定显著性水平 α，查标准正态分布表，若 $|UF_k| > UF_{\alpha/2}$，表明该时间序列存在显著的上升或下降趋势。

按时间序列逆序排列，重复上述过程，同时使 $UB_k = -UF'_k$（$k' = n+1-k$；$UB_1 = 0$）。分析绘制 UF'_k 曲线和 UB_k 曲线，当 UF'_k 曲线超过某一置信区间的临界线时，表明时间序列存在显著的变化趋势；当两条曲线出现交点且位于临界线之间，则交点对应时刻即为突变开始时间。

3. 小波分析

本研究应用小波分析方法，对区域 SPEI 指数的周期变化进行识别。小波分析法可以同时从时域和频域揭示某一时间序列的局部特性（桑燕芳等，2013），现已成为解释气候变化的多时间尺度构型和周期分析的有效分析手段。Morlet 小波变换是常用小波函数之一，可判定某一时间序列中多时间尺度的周期性，同时判定出该时间序列变化的振幅与位相信息（张彦龙等，2015）。

Morlet 小波变化系数计算公式为：

$$\omega_f(a,b) = |a|^{-\frac{1}{2}} \int_{-\infty}^{\infty} f(t) \varphi\left(\frac{t-b}{a}\right) dt = [f(t), \varphi_{a,b}(t)] \quad (2.14)$$

式中，$\omega_f(a,b)$ 为小波变换系数；a 为尺度伸缩因子，表征小波周期长度；b 为时间平移因子，表征时间平移；$\varphi_{a,b}(t)$ 是由 $\varphi(t)$ 伸缩和平移而构成的函数，称为连续小波，即

$$\varphi_{a,b} = |a|^{-\frac{1}{2}} \varphi\left(\frac{t-b}{a}\right) \quad a,b \in R; a>0 \quad (2.15)$$

小波方差被用来确定时间序列中各尺度扰动的相对强度，进而判定各时间序列的主要周期。小波方差计算公式如下：

$$\operatorname{var}(a) = \int_{-\infty}^{\infty} |\omega_f(a,b)|^2 db \quad (2.16)$$

4. CASA 模型

本研究主要依据朱文泉（2005）改进的 CASA 模型进行 NPP 估算，对模型输入数据进行相应处理，逐月逐像元地估算出区域 NPP 值，模型总体框架参见图 2.3。

CASA 模型是一种光能利用率模型，由遥感、气象、土壤类型和地表覆被数据所驱动（朱文泉，2005）。模型中 NPP 的估算由植被吸收的光合有效辐射（APAR）和光能利用率（ε）两个因子所确定，估算公式如下：

$$\mathrm{NPP}(x,t) = \mathrm{APAR}(x,t) \times \varepsilon(x,t) \quad (2.17)$$

式中，$\mathrm{NPP}(x,t)$ 像元 x 在 t 月内的净初级生产力，单位为 gC/（m²·月）；$\mathrm{APAR}(x,t)$

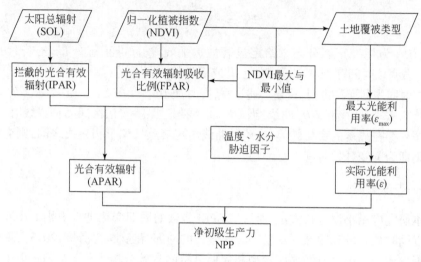

图 2.3 CASA 模型 NPP 估算总体框架图

表示像元 x 在 t 月内吸收的光合有效辐射,单位为 $MJ/(m^2 \cdot 月)$;$\varepsilon(x,t)$ 表示表示像元 x 在 t 月内的实际光能利用率,单位为 gC/MJ。

植被吸收的光合有效辐射由植被接收的太阳总辐射总量和植被本身的生理特征所决定,可表示为:

$$APAR(x,t) = SOL(x,t) \times FPAR(x,t) \times 0.5 \quad (2.18)$$

式中,$SOL(x,t)$ 表示像元 x 在 t 月内的太阳总辐射量,单位为 $MJ/(m^2 \cdot 月)$;$FPAR(x,t)$ 表示像元 x 所处植被类型在 t 月内对入射光合有效辐射的吸收比例;常数 0.5 表示可被植被利用的太阳有效辐射(波长为 0.4~0.7 μm)占太阳总辐射的比例。

其中,本研究太阳总辐射量的计算,参照国家太阳能资源评估方法(QX/T 89-2008)中推荐的气候学方法,计算公式如下:

$$SOL(x,t) = Q_0 [a+bS] \quad (2.19)$$

$$Q_0 = \frac{TI_0}{\pi \rho^2} (\omega_0 \sin\varphi \sin\delta + \cos\varphi \cos\delta \sin\omega_0) \quad (2.20)$$

式中,$SOL(x,t)$ 表示像元 x 在 t 月内接受到的太阳总辐射量,单位为 $MJ/(m^2 \cdot 月)$;Q_0 为月天文太阳总辐射量,单位为 $MJ/(m^2 \cdot 月)$;a、b 为经验系数,无量纲,参照相关研究成果(贺琳,2013),本研究分别取值为 0.25 和 0.5;S 为月日照百分率,无量纲;T 为时间周期,表示 $24 \times 60 min/d$;I_0 为太阳常数 0.082,单位为 $MJ/(m^2 \cdot min)$;ρ 为日地距离系数,无量纲;φ 为地理纬度,单位为弧度 rad;δ 为太阳赤纬,单位为 rad;ω_0 为日出、日落时角,单位为 rad。$FPAR(x,t)$ 的计算如下:

$$FPAR(x,t) = \alpha FPAR_{NDVI} \times (1-\alpha) FPAR_{SR} \quad (2.21)$$

式中,$FPAR_{NDVI}$ 为基于 NDVI 估算的 FPAR;$FPAR_{SR}$ 为由比值植被指数(SR)估算的

FPAR;α 表示两种方法间的调整系数。

植被光能利用率在理想条件下会达到最大值,即对光能充分利用;而在现实条件下,光能利用率的值会受气温和水分的综合影响而产生变化。因此,植被光能利用率 $\varepsilon(x,t)$ 估算公式可表示如下:

$$\varepsilon(x,t) = \varepsilon_{\max} \times T_{\varepsilon 1}(x,t) \times T_{\varepsilon 2}(x,t) \times W_{\varepsilon}(x,t) \quad (2.22)$$

式中,$\varepsilon_{\max}$ 是理想条件下某一植被类型的最大光能利用率;$T_{\varepsilon 1}(x,t)$ 和 $T_{\varepsilon 2}(x,t)$ 分别表示低温和高温条件对植被光能利用率的胁迫影响,而 $W_{\varepsilon}(x,t)$ 则表示水分胁迫影响系数,三者均为无量纲。

5. 脆弱性曲线构建

本研究基于脆弱性曲线构建的方法,构建出干旱灾害损失率曲线。自然灾害风险是灾害损失的可能性,是一种期望损失,主要由致灾因子危险性、承灾体脆弱性与暴露性、防灾减灾能力所决定(张继权和李宁,2007)。但是,在区域暴露性水平与防灾减灾水平能力一定的前提下,灾情就决定于致灾因子危险性和承灾体脆弱性。灾情是各种致灾因子作用在各类承灾体上所造成的直接经济损失与间接经济损失;脆弱性是衡量承灾体遭受损害的程度,在灾损估算和风险评估中扮演重要的角色,也是致灾因子与灾情联系的桥梁。承灾体脆弱性分析是灾损评估研究中的重要环节,通常可用致灾强度(h)与损失率(d)之间的关系曲线或方程式表示,即 $V=f(h,d)$,又称为脆弱性曲线或灾损(率)曲线(函数)。该曲线可用来衡量不同灾种强度与其相应损失(率)之间的关系,通过承灾体的脆弱性反映区域总体脆弱性特征,曲线多以灾害发生频率或灾害强度为横坐标轴,以损失率为纵坐标轴,运用数理统计分析的方法构建(周瑶和王静爱,2012)。近年来,该方法在水灾、地质、台风和雪崩等灾害损失评估研究中逐渐被推广应用。

2.3 草原干旱灾害系统分析

2.3.1 孕灾环境

松嫩草原干旱灾害发生的孕灾环境是指草原干旱灾害危险性因子、承灾体所处的外部环境,本研究从区域气候因素和人类活动等方面对其进行分析。

从气候因素来看,松嫩草原处于西风带内,天气变化比较频繁,属温带半湿润-半干旱过渡地区,其气候特点是春季十年九旱,干燥多风;夏季潮湿温热多雨;秋季降雨适量、阳光充足、气候温和;冬季漫长寒冷少雪,亦干燥多风。区域降水多集中于夏季,冬春季节降水偏少,年降水量为 350~500 mm,干燥度 1.1~1.5,且年蒸发量大于降水量的 2~3 倍以上,干旱灾害的风险程度较高。同时,近年来受全球气候变暖的影响,区域温度进一步升高,更加不利于土壤墒情。

从人类活动的影响来看,随着社会经济发展,受区域内部地理特征和气候差异的影响,松嫩草原东部形成典型的农业区,中西部则形成典型农牧交错区,农业和牧业为松嫩草原社会经济可持续发展的两大支柱性产业。但农牧业经济的快速发展,一方面伴随着土地利用结构的改变(杜国明等,2016),从而改变了区域地表水热分配格局,给区域经济发展和生态环境带来了新的挑战;另一方面,农牧业用水的需求强度也大幅度提高,水资源利用开发力度加大,也将提高干旱灾害发生概率与强度,影响区域农牧业经济的可持续发展。

2.3.2 致灾因子

致灾因子是孕灾环境的主要部分,是指孕灾环境中的异变因子。本研究主要从气温因素、降水因素及蒸发因素等方面对松嫩草原干旱灾害致灾因子进行分析。

对于温度和降水因素,本研究选取 WMO 与气候变化监测、监测和指标专家组(ETCCDMI)确定的"气候变化监测和指标"中可反映温度和降水变化的指标进行分析。选取夏日日数(SU25,日最高气温>25℃的日数)和暖持续指数(WSDI,连续 6 日最高气温>90% 分位值日数)来表征区域温度的变化情况;选取年湿期降水总量(PRCPTOT,一年中日降水量≥1mm 的降水量总和)和持续干燥指数(CDD,日降水量<1mm 的最长连续日数)来表征区域降水变化情况。对于蒸散因素,本研究采用 FAO 推荐使用的 Penman-Monteith 模型(Zheng et al.,2015;Shan et al.,2015),计算区域参考作物腾发量(ET_0),用以表征区域蒸散强度的变化。其中极端气候指数的计算采用基于 R 编辑器开发的 RClimDex 1.0 软件,ET_0 的计算采用 FAO 推荐使用的 ET_0 计算软件。

1. 气温因素

参见图 2.4 可知,1960~2014 年,区域 SU25 和 WSDI 指数均呈显著增加的趋势($P<0.05$)。表征高温的 SU25 指数,近 55 年来,增加的速率为 2.52 d/10a;间断分析表明,自 1980 年以来,SU25 上升速率进一步加快,平均上升速率为 6.12 d/10a。表征暖持续指数的 WSDI 也呈现出同样的特征,自 1980 年以来,上升速率为 1.30 d/10a。以上表明松嫩草原气候变暖显著,对全球气候变暖产生了积极响应。气温升高,容易造成蒸发速率加快,导致土壤墒情不足,加大了干旱灾害风险。

2. 降水因素

参见图 2.5 可知,PRCPTOT 总体变化趋势不明显,呈微弱的增加趋势,而 CDD

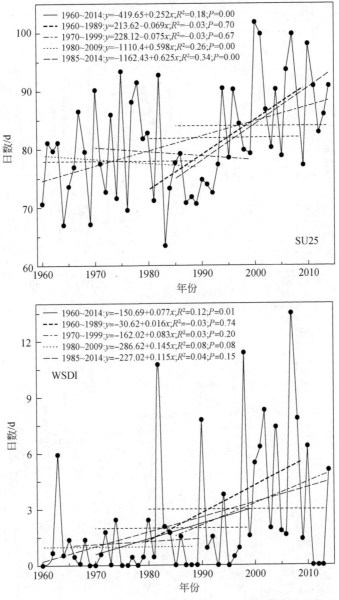

图 2.4 1960~2014 年松嫩草原 SU25 与 WSDI 指数变化趋势

指数呈显著减少趋势($P<0.05$)。间断分析表明 PRCPTOT 较为明显变化的两个气候期为 1970~1999 年和 1980~2009 年,前者以 19.34 mm/10a 的速率增加,后者以 26.11 mm/10a 的速率减少。CDD 在近 55 年间均呈下降趋势,平均下降速率为 3.57 d/10a。以上分析表明区域持续气候干燥情况虽有所缓解,但降水总量变化却不明显;随着温度的显著升高,降水对土壤墒情的补给作用会有所不足,松嫩草原干旱灾害风险依然较大。

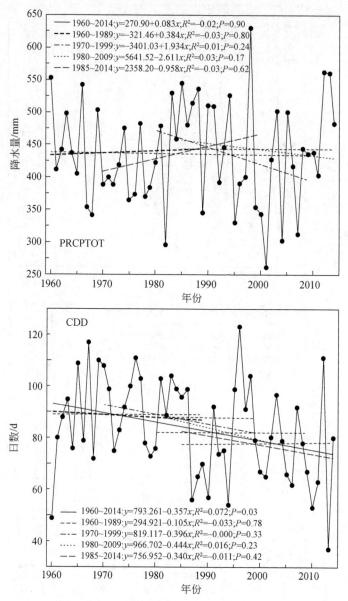

图 2.5　1960~2014 年松嫩草原 PRCPTOT 与 CDD 指数变化趋势

3. 蒸散因素

参见图 2.6 可知,1960~2014 年,年 ET_0 总量呈极显著的减少趋势($P<0.01$),减少速率为 11.97 mm/10a;从 ET_0 与降水(P)的关系来看,松嫩草原年蒸散总量在各站点均大于年降水总量,尤其是西南部地区,二者差值达到 600~800 mm。以上结果表明,近 55 年来,区域蒸散总量显著减低,可对区域干旱情况有所缓解,但空

间整体上蒸散总量仍远大于降水总量,尤其区域西南部和中部地区,依旧面临较大的干旱灾害风险。

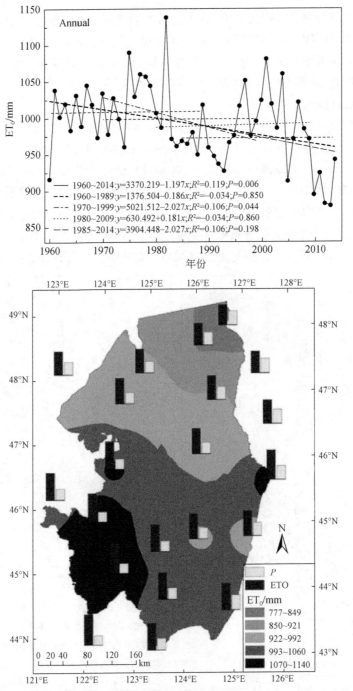

图 2.6　1960~2014 年松嫩草原 ET_0 变化趋势及年均 ET_0 与 P 的空间分布

2.3.3 承灾体

承灾体即为灾害作用的对象,具体包括可能受到灾害威胁的人类自身和人类活动的财富集聚体。松嫩草原干旱灾害承灾体包括草原地区人口、牲畜及草地等,其中对干旱响应最为明显、受干旱灾害影响最为严重的就是草地,其直接表现为草地产量的降低,进而影响区域畜牧业经济的良性发展。因此,本研究主要分析草原干旱灾害对草地的影响。

松嫩草原土壤类型变化较大,植被类型也多样,是欧亚草原带植被类型最丰富的地带。主要优势草种有大针茅(*Stipa grandis*)、线叶菊(*Fillifolium sibiricum*)、羊草(*Leymus chinensis*)、碱蒿(*Artemisia anethifolia*)、全叶马兰(*Kalimeris integrifolia*)等群落,其植被类型分布参见图2.7。此外,草地也松嫩草原第二大土地覆被类型,草地总面积约为25684 km²,约占区域土地总面积的20%,是区域畜牧业经济的载体,图2.7中右侧部分为草地区域分布图。但随着几年来,草原干旱灾害的频繁发生,导致区域产草量下降,草畜矛盾加大,成为区域畜牧业经济良性发展的限制因素。

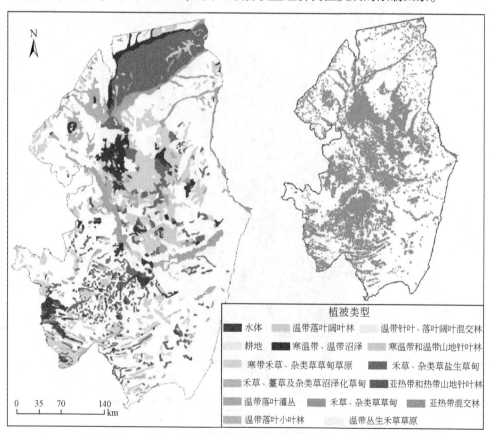

图2.7 区域植被类型及草地分布图

2.4 草原干旱时空分布格局分析

2.4.1 松嫩草原干旱识别

SPEI 指数可以表征不同时间尺度的旱涝交替变化。短时间尺度 SPEI 指数对短期降水与蒸散变化较为敏感,数值变化波动频率较大;而时间尺度越大则表示旱涝交替越为平缓,可对区域径流量及下层土壤水分有较好的反映。本研究基于 SPEI 指数对松嫩草原干旱发生进行识别,因此选取 SPEI~1、SPEI~3 和 SPEI~6 分别表示 1、3、6 个月尺度的干旱发生情况,松嫩草原 1960~2014 年不同时间尺度的干旱变化情况参见图 2.8。如图 2.8 所示,SPEI~1 和 SPEI~3 变化幅度较为激烈,尤其是自 2000 年以来,干旱发生频率及强度有明显的增加,与各省市灾害大典中对于干旱灾害发生年份的描述基本一致。SPEI~6 也可验证这一点,自 2000 年以来干旱持续时间变长、旱涝交替有所放缓,区域气候呈现以干旱为主要特征的变化,仅 2013~2014 年稍有缓解。

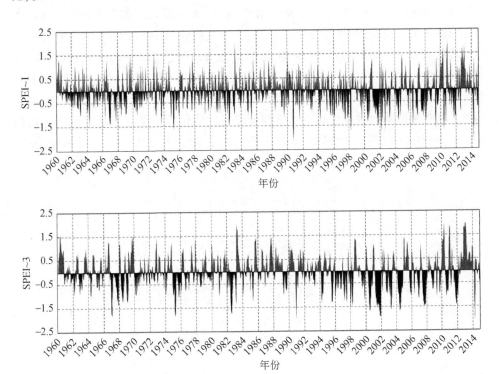

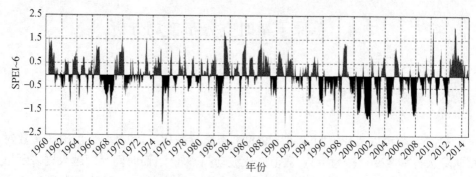

图 2.8 松嫩草原 1960~2014 年不同时间尺度 SPEI 波动图

2.4.2 松嫩草原干旱时空分布规律

1. 松嫩草原牧草生长季干旱时间变化特征

本研究主要研究干旱事件对于草地的影响,因此选取牧草生长季(一般为4~9月)的干旱情况进行分析。由于9月份的 SPEI~6 的值描述的是4月到9月共六个月的整体干旱情况,覆盖了整个生长季,因而选取9月份 SPEI~6 的值来进行分析。参见图2.9可知,1960~2014年,松嫩草原牧草生长季 SPEI~6 的指数呈不显著下降趋势,下降速率为 0.12/10a。在四个气候期内,仅 1970~1999 年间呈十分微弱的增加,其余气候期均呈降低趋势,且 1980~2009 年以 0.38/10a 的速率显著下降。表明松嫩草原牧草生长季内气候变化呈较明显的干旱化趋势。突变分析结果显示,SPEI~6 指数在 1993 年有明显突变点,自此以后,SPEI~6 呈明显下降趋

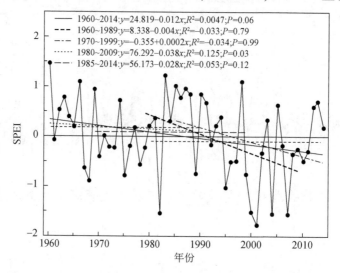

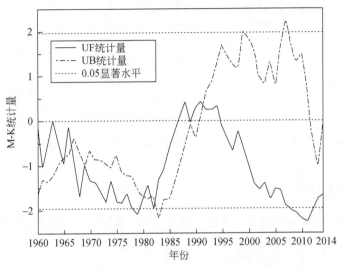

图 2.9 松嫩草原 1960~2014 年生长季 SPEI 变化趋势及突变分析

势,在 2008~2012 年下降趋势达到显著水平($\alpha=0.05$);1993 年之前,较为明显的突变产生于 1980~1983 年,SPEI~6 呈不显著的上升趋势,直至 1993 年。此外,牧草生长的不同阶段对干旱的敏感程度并不相同,往往短时间尺度的干旱也会对牧草的生物量形成造成较大的影响。因此,本研究在研究干旱灾害损失快速评估之时,选取 SPEI~1 来对牧草生长各阶段干旱事件进行识别,并评估其对牧草生物量的影响。

利用 Morlet 小波变换对 1960~2014 年松嫩草原牧草生长季 SPEI~6 变化的多时间尺度结构进行识别。利用 MATLAB 2014a 小波工具箱进行分析,选择 Morlet 小波,尺度设置选择二次幂模式,结果参见图 2.10。通过对小波系数线的分析,可知区域 SPEI~6 存在 10~11 年的周期。

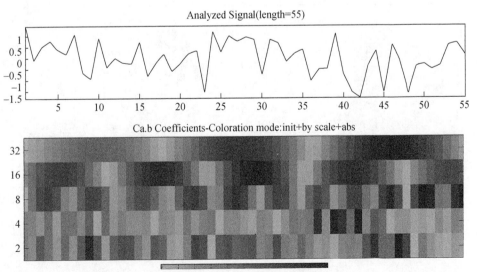

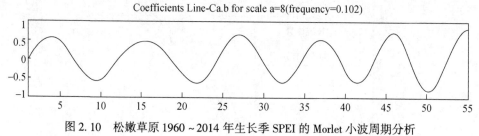

图 2.10　松嫩草原 1960～2014 年生长季 SPEI 的 Morlet 小波周期分析

2. 松嫩草原牧草生长季干旱空间变化格局

牧草生长季干旱空间变化分布参见图 2.11，趋势检验方法为 M-K 趋势检验；

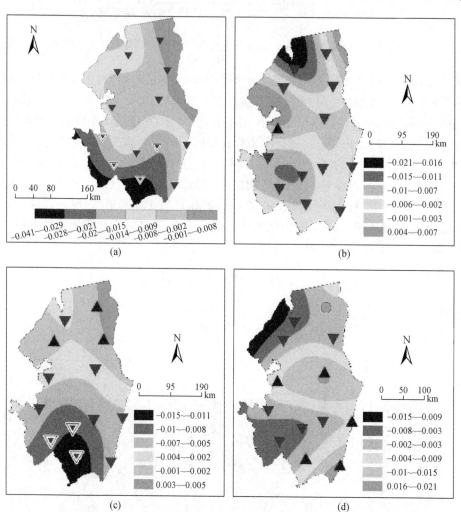

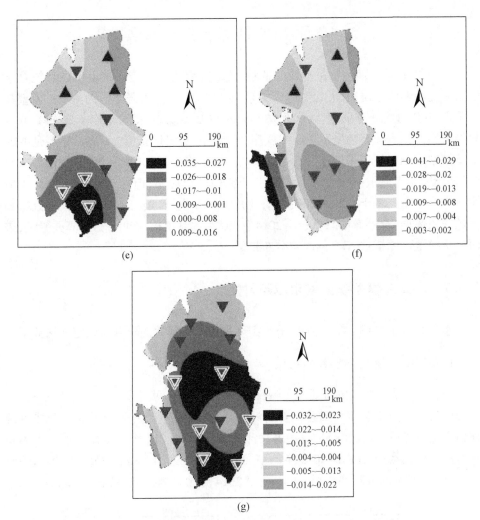

图 2.11 松嫩草原 1960~2014 年生长季 SPEI 变化空间格局
(a)生长季;(b)四月;(c)五月;(d)六月;(e)七月;(f)八月;(g)九月
▲上升趋势;▼下降趋势;▽显著下降趋势;●无显著变化

基于 Sen 斜率估计的变化趋势,对各站点干旱变化情况进行空间插值,方法为样条插值法。如图 2.11(a)所示,整体上看区域南部地区 SPEI 指数下降速率较快,基本在 0.15~0.41/10a 之间。逐月分析来看,SPEI 指数变化呈现南部北部干旱较为严重,而中部情况稍好的特征;其中 5 月[图 2.11(b)]和 9 月[图 2.11(g)]干旱情况较为严重,区域整体气候以干旱化为主要特征;6~8 月份[图 2.11(d)~(f)]随着降水的增多,干旱情况稍有缓解,但其主要分布在北部和中部地区,南部、西部和西北部地区仍较为干旱。

2.5 草原 NPP 估算及其时空格局

草地 NPP 是草地生物量形成的基础,其动态变化可直接反映出生态系统对于气候变化的响应(Lei et al.,2015;朱文泉,2005)。因此,本研究借助 CASA 模型实现草地 NPP 的估算,揭示区域草地 NPP 的时空变化规律,将干旱期草地 NPP 的变化损失率作为表征草地受草原干旱灾害影响后的脆弱性指标。CASA 模型是 NPP 估算模型中光能利用率模型的典型代表,该模型基于植被光能利用原理,依靠遥感数据驱动,在当前植被 NPP 估算及相关研究中广泛应用,但在草地 NPP 估算中应用较少。本研究基于 GIS 和 RS 技术,应用 CASA 模型,集合 MODIS NDVI 数据和区域气象数据,对松嫩草原 2005～2014 年 10 年逐月植被 NPP 进行估算并验证,进而分析松嫩草原植被 NPP 的时空分布格局。

2.5.1 CASA 模型参数的求取与确定

本研究基于 CASA 模型估算 NPP 实现过程所需参数的求取与确定方法如下。

1. APAR 子模型中参数的确定

APAR 子模型中主要包括 $SOL(x,t)$ 和 $FPAR(x,t)$ 两部分。对于 $SOL(x,t)$,由于我国气象站点中监测太阳总辐射的站点较少,因此本研究采用国家太阳能资源评估方法(QX/T 89-2008)推荐的方法计算了松嫩草原 13 个气象站点逐月太阳总辐射量;然后,利用 ArcGIS 10.2 中的空间插值工具,选用 Kriging 插值法,插值得到 $SOL(x,t)$,其空间分辨率为 1km×1km;以 2014 年 8 月为例,结果参见图 2.12。对

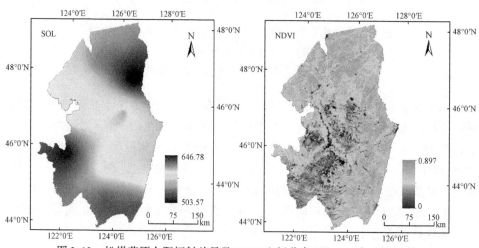

图 2.12 松嫩草原太阳辐射总量及 NDVI 空间分布(以 2014 年 8 月为例)

于 FPAR(x,t),本研究利用处理后的 MODIS NDVI 数据及参照朱文泉等(朱文泉,2005;2007)根据植被类型确定的 NDVI 及 SR 来确定,结合土地覆被类型分类数据,对各植被类型的参数稍做调整,最终确定的取值参见表 2.2。

表 2.2 植被类型及其对应的 NDVI 与 SR 参数取值

代码	植被类型	$NDVI_{max}$	$NDVI_{min}$	SR_{max}	SR_{min}
1	耕地	0.604	0.023	4.0505	1.05
2	林地	0.6695	0.023	5.1034	1.05
3	草地	0.634	0.023	4.0505	1.05
4	水域	0.604	0.023	4.0505	1.05
5	人工表面	0.604	0.023	4.0505	1.05
6	未利用土地	0.604	0.023	4.0505	1.05

2. 实际光能利用率 ε 子模型中参数确定

植被光能利用率是植被本身的生理属性,其取值大小因植被类型而异。植被光能利用率在理想条件下会达到最大值,而在现实条件下会受气温和水分的综合影响而变化。对于温度与水分胁迫因子的计算方法,可参见文章(朱文泉,2005)中的详细介绍;模型运行时,输入逐月降水总量及平均温度的栅格数据,数据来源于对从嫩草原 13 个气象站点月总降水量及月平均温度的空间插值,方法为 kriging 插值,空间分辨率同样为 1km×1km;以 2014 年 8 月为例,结果参见图 2.13。对于月植被最大光能利用率,参照朱文泉(2005)对中国典型植被所模拟的结果,对松嫩草原各植被月最大光能利用率 ε_{max} 进行赋值,参见表 2.3。

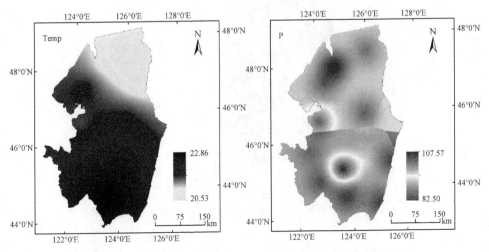

图 2.13 松嫩草原温度与降水空间分布(以 2014 年 8 月为例)

表 2.3　植被类型及其对应的 ε_{max} 参数取值

代码	植被类型	ε_{max}
1	耕地	0.542
2	林地	0.561
3	草地	0.542
4	水域	0.542
5	人工表面	0.542
6	未利用土地	0.542

2.5.2　松嫩草原 NPP 估算实现及精度验证

1. 松嫩草原 NPP 估算实现

根据上述 CASA 模型运算的全部流程及相应的数据处理办法，实现对松嫩草原 2005~2014 年共 10 年的逐月 NPP 估算。值得注意的是，本研究不考虑水体、人工表面及未利用三种地类的 NPP 变化情况，在下面分析中会对这三种地类产生的 NPP 值进行剔除，并将其赋值为 0。最后，以 2014 年 8 月 NPP 的计算为例，将 2014 年 8 月的 MODIS NDVI、温度、降水、太阳总辐射及光能利用率等基础信息集成，最后驱动 CASA 模型的运行，得到 2014 年 8 月松嫩草原陆地植被 NPP 的值（图 2.14），单位为 gC/(m²·月)。

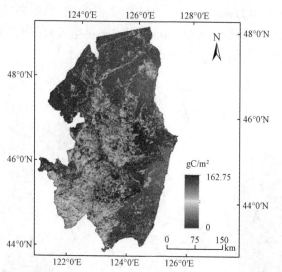

图 2.14　松嫩草原地表植被 NPP 空间分布（以 2014 年 8 月为例）

2. CASA 模型估算 NPP 的精度讨论

为验证 CASA 模型模拟 NPP 结果的可靠性,本研究将 CASA 模型模拟的年 NPP 总量(aNPP)与 MODIS 17A3 提供的 aNPP 进行对比分析。虽然 MODIS NPP 数据基于植被生理生态模型 BIOME-BGG 对 NPP 进行估算,但两个模型之间数值相关性仍可互相印证模型的有效性及可靠性(包刚,2009)。采用逐像元的相关性分析法,对 2005~2014 年 10 年间两种模型模拟的 aNPP 相关性进行分析。2005~2014 年 CASA 模型与 MODIS 17A3 数据对于年 NPP 总量的相关性情况参见图 2.15。其中,显著正相关占总面积的 75.02%($P \leq 0.05$),不显著正相关占 11.88%,显著负相关占 7.3%($P \leq 0.05$),不显著负相关占 5.8%。正相关区域占比 85% 以上,且松嫩草原草地主要分布于正相关区域,因此 CASA 模型模拟结果较为可靠。与 MODIS 模拟结果相比,负相关区域主要分布于区域北部和东北部地区,主要为林地与耕地分布其中,导致模型模拟负相关的原因可能为模型本身的误差。此外,有关林地与耕地的光能利用率等参数的取值影也会影响模型模拟的精度。

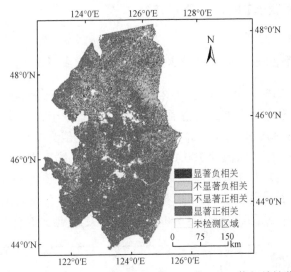

图 2.15 2005~2014 年 CASA 和 MODIS 的 aNPP 值相关性分析

为进一步分析 CASA 模型对于 NPP 估算的精度,本研究对两种模型年均 NPP 值的相关性及其均方根误差(RMSE)和平均绝对误差(MAE)进行分析,结果参见图 2.16。图中两种模型估算的年均 NPP 值 Pearson 相关系数为 0.749,且通过了 95% 置信区间的显著性检验,二者的 RMSE 和 MAE 分别为 37.67 与 28.9gC/($m^2 \cdot a$),值均较小。综上,松嫩草原基于 CASA 模型的 NPP 估算结果较为可靠,模拟结果可用于松嫩草原 NPP 的相关研究。

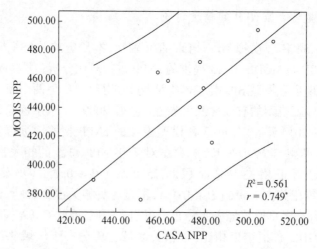

图 2.16 2005~2014 年 CASA 和 MODIS 年均 NPP 值相关性分析
（弧线表示置信区间为95%水平；*表示在95%置信水平上显著）

2.5.3 松嫩草原 NPP 时空分布特征

1. 松嫩草原 2005~2014 年生长季 NPP 空间分布

牧草生长季 NPP 空间分布参见图 2.17。如图 2.17 所示，牧草生长季 NPP 值总体呈由西南向东北逐渐增加的特征，且 NPP 主要集中于 6~7 月。7 月 NPP 值最高，平均值为 128.801 gC/($m^2 \cdot a$)；其次为 6 月，平均值为 115.005 gC/($m^2 \cdot a$)；8 月 NPP 值位于其后，平均值为 100.025 gC/($m^2 \cdot a$)；然后依次为 5 月，平均值为 68.037 gC/($m^2 \cdot a$)；9 月 25.21 gC/($m^2 \cdot a$)；4 月份最低，平均值为 16.581 gC/($m^2 \cdot a$)。从松嫩草原土地覆被类型和 DEM 来看，北部和西部地区分布有山区，其 NPP 平均值远大于西南部平原区，这与山区分布有林地有关，林地光合作用强烈且植覆盖

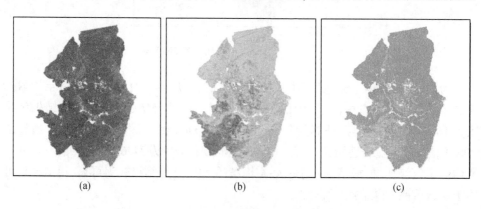

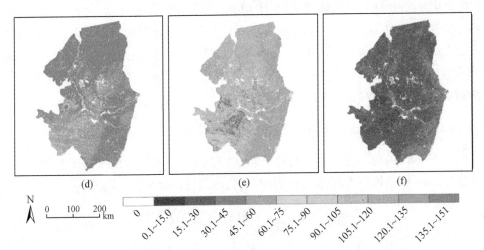

图 2.17 松嫩草原 1960~2014 年生长季 NPP 空间分布格局
(a)四月;(b)五月;(c)六月;(d)七月;(e)八月;(f)九月

度较高,因此 NPP 值也较高;而西南部及中部地区,植被覆盖主要为耕地与草地,耕地植被 NPP 高于草地的值,二者植被覆盖程度不高。此外,南部地区蒸散量较大,降水量少于北方,因此 NPP 值较低。

2. 松嫩草原 2005~2014 年生长季 NPP 的年际变化

松嫩草原 2005~2014 年生长季各月 NPP 均值时间变化趋势参见图 2.18。5 月、

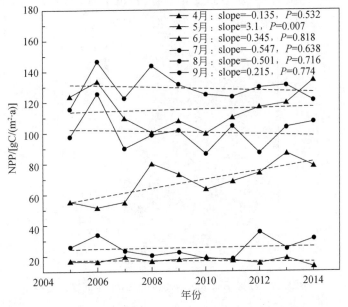

图 2.18 松嫩草原 2005~2014 年生长季 NPP 变化特征

6月和9月NPP呈上升趋势,其中5月NPP上升趋势呈极显著水平($P \leq 0.01$),线性上升速率为31 gC/($m^2 \cdot 10a$);6月和9月上升速率分别为3.45 gC/($m^2 \cdot 10a$)和2.15 gC/($m^2 \cdot 10a$);而4月、7月和8月呈微弱的下降趋势,7月和8月下降速率基本相同,分别为5.47 gC/($m^2 \cdot 10a$)和5.01 gC/($m^2 \cdot 10a$),4月下降速率最为微弱,为1.35 gC/($m^2 \cdot 10a$)。

3. 松嫩草原2005~2014年aNPP的空间变化

基于ENVI IDL工具,应用趋势分析法(Liu et al.,2015;Tong et al.,2016)对2005~2014年松嫩草原逐像元aNPP的变化趋势进行分析,公式如下:

$$\theta_{slope} = \frac{n \times \sum_{i=1}^{n} i \times NPP_i - \sum_{i=1}^{n} i \sum_{i=1}^{n} NPP_i}{n \times \sum_{i=1}^{n} i^2 - (\sum_{i=1}^{n} i)^2} \quad (2.23)$$

式中,θ_{slope}为研究区aNPP回归趋势斜率;n为研究时间长度,本研究为10;i为年变量,$i=1,2,\cdots,10$;NPP_i为第i年的aNPP值。若$\theta_{slope}>0$,表明aNPP在研究期间内呈增加趋势;反之,若$\theta_{slope}<0$,表明aNPP在研究期间呈减少趋势。为了检查回归模型的有效性,对检测出来的回归趋势进行显著性检验。根据t检验结果,本研究基于ENVI中决策树分类工具,对研究区aNPP变化趋势分成4类:显著上升($\theta_{slope}>0$,$P<0.05$),不显著上升($\theta_{slope}>0$,$P>0.05$);显著下降($\theta_{slope}<0$,$P<0.05$);不显著下降($\theta_{slope}<0$,$P>0.05$)。

检验结果参见图2.19,从空间变化来看,松嫩草原aNPP整体呈上升趋势,上

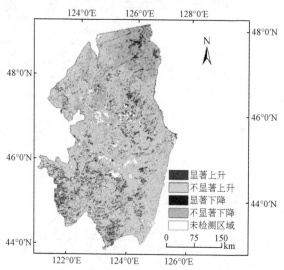

图2.19 松嫩草原2005~2014年aNPP空间变化趋势

升趋势较为明显的区域主要分布于区域南部和西部平原区。呈下降趋势的区域,主要分布于区域东北部山区,在中部和东部也有零星的分布。从显著性检验结果来看,区域 aNPP 的整体变化趋势呈不显著增加的趋势,其中显著增加区域占研究区的 10.30%,不显著增加区域占 68.04%,显著下降区域占 1.68%,不显著下降区域占 19.98%。

2.6　干旱灾害损失率曲线构建

建立简便普适的灾害损失评估方法,准确快速地评估灾害损失,对于防灾减灾及灾害管理十分必要。灾害损失通常可借助脆弱性曲线来表达,也称之为脆弱性函数或损失函数(陈敏建,2015),是表示不同强度灾害与灾害损失之间关系的曲线,也是灾害损失计算和风险评估的关键。脆弱性曲线在洪灾研究中较为多见,常见的有水深-损失率曲线、流速-损失率曲线和淹没历时-损失率曲线等。对于干旱灾害来说,基于脆弱性曲线的干旱灾害损失评价,其实质是对承灾体的易损性进行评价,基本思路为通过对某一致灾因子强度下的干旱灾害损失率乘以其暴露其影响范围内的承灾体的数量。本研究主要针对的旱灾承灾体为草地,前人研究表明,NPP 在表征区域草地干旱灾害影响的优越性和敏感性上都表现较好(Lei et al.,2015)。基于此,首先基于 CASA 模型模拟的草地 NPP 结合表征干旱程度的 SPEI 指数构建出干旱损失率曲线;然后基于野外牧草干旱胁迫实验构建出的基于野外实验的干旱损失率曲线作为验证,进而对不同情景下干旱损失进行评估。

2.6.1　基于 CASA 模型的干旱损失率曲线构建

本研究基于 CASA 模型构建的干旱损失率曲线的基本思路如下:

首先,利用 CASA 模型模拟区域逐月 NPP 值,并从中选择出区域草地生长季 4~9 月的栅格图;

其次,基于选择的干旱识别指数——SPEI 指数,对区域各站点逐月干旱发生及其程度进行识别,并利用 GIS 空间插值技术,得到区域 SPEI 指数栅格图,空间分辨率与区域栅格 NPP 图一致,均为 1km×1km;

再次,根据本研究目的,基于区域土地利用类型图,利用格网 GIS 技术,提取区域草地空间分布情况(图 2.20),网格大小也为 1km×1km;同时结合 GIS 空间分析方法,将草地生长季逐月 NPP 与逐月 SPEI 值提取至草地所在像元;

然后,计算旱灾损失率,即因干旱发生导致的草地 NPP 损失率。利用区域草地生长季逐月 SPEI 指数判别区域 4~9 月干旱程度,选择各站点均为无旱(SPEI≥0)或不多于 3 个站点的 SPEI 值为不大于轻旱(-1≤SPEI<0)的月份为无旱月份。本研究期间为 2005~2014 年共 10 年,对其草地生长季各月份干旱识别情况参见

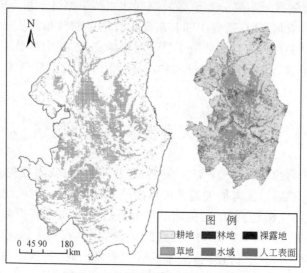

图 2.20　松嫩草原草地空间分布图

表 2.4；相应地，对应正常月份的草地 NPP 值视为正常值，将对所有正常年份的草地 NPP 取平均值，作为无旱条件下该月份草地 NPP 的正常值。因此，利用 GIS 技术，可计算出逐像元的旱灾损失率，计算公式为：

$$NPP_{LDR} = \frac{NPP_{NO} - NPP_{DR}}{NPP_{NO}} \times 100\% \qquad (2.24)$$

式中，NPP_{LDR} 代表因旱灾草地 NPP 损失率；NPP_{NO} 代表正常月份的草地 NPP；NPP_{DR} 代表干旱发生的月份的草地 NPP 值。

表 2.4　2005~2014 年松嫩草原草地生长季逐月干旱情况

月份	正常年份	干旱年份
4	2006、2007、2013	2005、2008、2009、2010、2011、2012、2014
5	2008、2010、2011、2014	2005、2006、2007、2009、2012、2013
6	2005、2006、2009、2012	2007、2008、2010、2011、2013、2014
7	2005、2012、2013	2006、2007、2008、2009、2010、2011、2014
8	2013、2014	2005、2006、2007、2008、2009、2010、2011、2012
9	2012、2014	2005、2006、2007、2008、2009、2010、2011、2013

最后，基于 GIS 空间分析技术，提取 SPEI 指数对应栅格的 NPP 损失率；以 SPEI 指数为横轴，NPP 因旱损失率为纵轴，利用 1stOpt 软件，使用麦夸特法和通用全局优化法实现二者的最优拟合，设定拟合方程数为 3000 次，最终构建出草地旱灾损失率曲线。需要强调的是，本研究剔除了 SPEI 指数为正值的像元，仅考虑 SPEI 指数表征干旱时，草地 NPP 的损失情况；然后，将逐像元 SPEI 值序列从小到

大进行排列,对于同等大小的 SPEI 值对应的栅格 NPP 损失率取其平均值,作为该干旱程度下草地 NPP 损失率值,进而将不同干旱程度导致的 NPP 损失率进行拟合,得到区域草地生长季逐月干旱损失率曲线(图 2.21)。van Minnen(2002)等研究指出,生态系统的 NPP 损失率在 10% ~ 20% 之间是可以被生态系统所接受的。基于此,本研究将草地 NPP 损失率为 20% 界定为旱灾致损的阈值,当草地 NPP 损

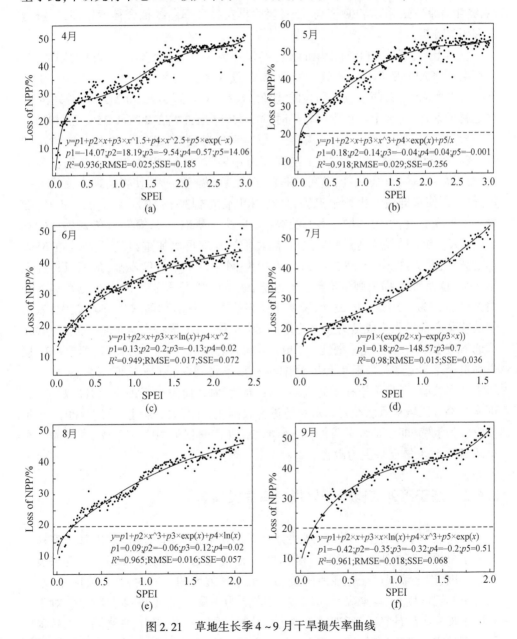

图 2.21 草地生长季 4~9 月干旱损失率曲线

失率超过20%时,旱灾致损开始发生,图2.21中虚线即为旱灾致损的阈值线。对草地生长季不同生育期(本研究取每个月份为草地的一个生育期)旱灾损失率曲线的拟合,均通过了 $\alpha=0.01$ 的显著性检验,各生育期的R^2值分别为0.936、0.918、0.949、0.980、0.965和0.961,表明模型拟合精度较好。此外采用误差平方和(SSE)和均方根误差(RMSE)来对模型拟合效果进行评价,计算结果如图2.21所示,各生育期SSE和RMSE值均较小,表明旱灾损失率曲线拟合精度较高,可进行旱灾损失分析。

整体上看,草地NPP对干旱的发生与发展较为敏感,随着干旱程度的增加,各生育期草地NPP的损失率也逐渐波动增加,损失率波动区间为20%~60%。4月干旱损失率曲线,有两个较为明显的波峰出现在SPEI为0.25和2.25左右处;4月草地属于返青期,当干旱程度为轻旱时,草地NPP损失率在20%~35%之间波动,波动较为平缓;当干旱程度从轻旱经中旱向重旱过渡时,草地NPP损失率增速较快,波动在35%~45%之间;当干旱程度为特旱时,草地NPP损失率变化较为缓慢,稳定在45%~50%之间;这可能是由于积雪消融等原因,使得前期土壤具有一定湿度,而使得即使发生特旱灾害,草地NPP仍可保持在50%/km²。5~8月,随着干旱程度加重,损失率均呈上升趋势;其中,5月草地NPP损失率在20%~60%之间波动,当干旱程度达到特旱之后,随着干旱程度再次加重,其损失稳定在55%左右波动;而7月,由于2005~2014年10年间7月干旱程度不高,最高只达到重旱水平,草地NPP损失则呈指数上升趋势,但是尽管干旱程度不高,但是草地NPP损失仍在20%~50%之间波动,说明干旱发生在7月对草地NPP影响较大,该月份是牧草产量累积形成最为关键的月份;6~8月,当干旱程度达到重旱及特旱时,草地NPP损失率上升速率缓慢,在40%~50%之间波动;对9月而言,草地NPP损失率也呈上升趋势,当干旱程度达中旱和重旱之间时,草地NPP损失在40%~50%之间波动;但是干旱程度为重旱之后,草地NPP损失率有加速上升的趋势,这可能与部分区域9月已经开始对草地进行收割、贮存有关。综上,草地NPP对干旱反应较为敏感,即使是轻旱条件,也会导致草地NPP损失10%~20%,尤其是7月草地NPP对干旱反映更为敏感。

2.6.2 基于野外实验的干旱损失率曲线构建

利用牧草干旱胁迫实验,分别从分生育期和全生育期角度构建出基于野外实验的干旱损失率曲线。对于干旱程度的表征,实验通过控制土壤相对湿度来表征干旱程度,因土壤湿度变化在所限定的表征干旱程度的区间内,为方便起见,本研究将干旱程度用1~4来表示,即1为轻旱;2为中旱;3为重旱;4为特旱。对于牧草因旱损失率的计算,对所选的3种优势草种在同一生育期内、遭受同一干旱程度胁迫下的产量进行加和,用以表示牧草在该生育期内受某种干旱程度胁迫下的最终产量。这里需要说明的是,本研究所选取的羊草、碱蒿和全叶马兰均为松嫩草原优势草种,将3种优势草种最终产量加和的主要目的是混合它们在同等干旱胁迫下的产量,用以作为干旱灾害影响区域草地某一单位面积下的牧草最终产量,这大大方便了对区域草地干旱灾害损失的评估。但仍需注意的是,以单位面积优势草种产量替代其余草种的产量,必然会增大或减少现实条件下草地干旱灾害损失评估的结果,造成一定的误差。尽管如此,通过选取区域优势草种评估区域干旱灾害对于草地造成的损失,仍是当前草原干旱灾害损失快速评估的主要途径。

基于此,草地干旱损失率计算方法如下,参照式:

$$\mathrm{LYD}_j = \frac{\sum_{i=1}^{n}(\mathrm{LYN}_{ij} - \mathrm{LYD}_{ij})}{\sum_{i=1}^{n}\mathrm{LYN}_{ij}} \times 100\% \qquad (2.25)$$

式中,LYD表示牧草在某一干旱程度胁迫下的最终产量;LYN表示牧草在无干旱胁迫时的正常产量;i表示牧草类型;j表示生育期。此外,也对牧草全生育期旱灾影响均存在的情况开展了一组实验。

然后以干旱程度为横坐标轴,以草地产量损失率为纵坐标轴,构建出松嫩草原基于野外实验的各生育期及全生育期松嫩草原草地干旱灾害损失率曲线(图2.22)。

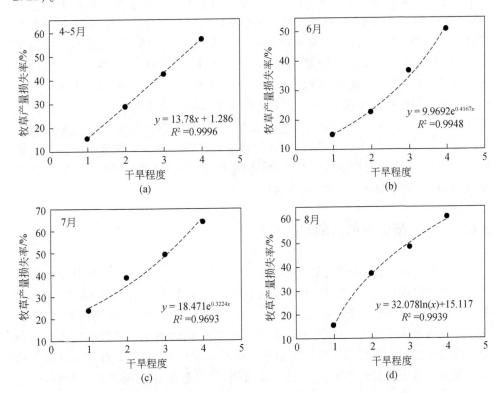

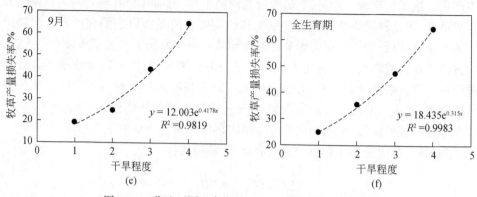

图 2.22 草地不同生育期及全生育期干旱损失率曲线

如图 2.22 所示,不同草地生育期及全生育期干旱损失率曲线拟合程度均良好,且均通过了显著性检验($\alpha = 0.05$),R^2 分别为 0.9996、0.948、0.9693、0.9939、0.9819 和 0.9983。整体上看,随着干旱程度的加深,牧草产量损失率也显著的增加趋势,损失率在 14% ~ 65% 之间波动。4 ~ 5 月,随着干旱胁迫程度增加,牧草最终产量损失率呈显著的线性上升趋势,干旱程度每升高一个等级,其对应草地产量损失率较轻旱而言几乎增加一倍,如轻旱时,草地产量损失率为 15.33%,而特旱时草地产量损失率达 56.72%,表明 4 ~ 5 月草地对干旱灾害的发生发展较的响应较为明显。6 ~ 9 月中,除 8 月草地产量损失率呈自然对数上升趋势外,其余月份均呈指数上升趋势;对比而言,6 月草地产量损失率较低,当特旱胁迫时,草地产量损失率为 51.07%,8 月次之,当特旱胁迫时,牧草损失率为 61.16%,而 7 月和 9 月的损失率较大,特旱胁迫发生后,草地产量损失率均为 64% 左右;此外,7 月对干旱灾害的发生及发展敏感性较强,而 9 月则对轻旱和中旱反映敏感性较弱,二者损失率差值仅为 5.5%。对于全生育期均发生干旱胁迫组,其干旱损失率无线也呈指数上升趋势;与此同时,从不同干旱程度角度,对全生育期和各生育期牧草产量损失率的对比来看,全生育期均发生干旱胁迫的牧草产量损失率均较为领先,从轻旱至特旱,损失率分别为 24.88%、35.43%、47.37% 和 64.54%。

2.6.3 两种损失率曲线的对比分析

将两种方法构建的干旱损失率曲线进行对比分析,因为草地 NPP 是草地产量构成的主要组成部分,因此以野外实验对牧草的干旱胁迫实验结果为基准,进而对基于 CASA 模型构建的干旱损失率曲线进行验证。由于野外实验数据不多,且不同干旱等级对应的损失率数据较少,本研究在草地 NPP 损失率数据中随机选取相应干旱程度的损失率数据与野外实验数据进行相关分析,其中 4 月和 5 月的草地 NPP 损失率数据取其均值与野外实验数据相对应,各生育期的相关系数分别是:

4~5月相关系数为0.999($P=0.001<0.01$),6月份相关系数为0.977($P=0.023<0.05$),7月份相关系数为0.999($P=0.031<0.05$),8月份相关系数为0.982($P=0.018<0.05$),9月份相关系数为0.877($P=0.123<0.05$)。从相关性检验结果来看,各生育期草地NPP干旱损失率与草地产量因旱损失率相关性良好,除9月,均通过了显著性检验,且相关系数均在0.9左右,表明基于CASA模型构建的草地干旱灾害损失率曲线可适用于松嫩草原草地干旱灾害的损失评估中。另一方面,对比两种曲线,当轻旱或中旱发生时,干旱损失率基本均在40%以内波动,且在7月对干旱的敏感度较高,当发生干旱程度较为严重时,损失率可达60%以上,两种曲线特征较为一致,这也从另一方面证明了基于CASA模型构建的干旱损失率曲线是合理的。

因此,本研究构建的松嫩草原草地干旱灾害损失率曲线表示式如下:

$$\begin{cases} y_1 = -14.07+18.19x-9.54x^{1.5}+0.57x^{2.5}+14.06\exp(-x) \\ y_2 = 0.18+0.14x-0.04x^3+0.04\exp(x)-0.001/x \\ y_3 = 0.13+0.2x-0.13x\ln(x)+0.02x^2 \\ y_4 = -0.18[\text{Exp}(-148.57x)-\text{Exp}(0.7x)] \\ y_5 = 0.09-0.06x^3+0.12\exp(x)+0.02\ln(x) \\ y_6 = -0.42-0.35x-0.32x\ln(x)-0.2x^3+0.51\exp(x) \end{cases} \quad (2.26)$$

式中,x为干旱指数SPEI值,当SPEI<0时,取$x=|\text{SPEI}|$,当SPEI$\geqslant$0时,区域没有干旱灾害发生,不计算损失率;$y_1 \sim y_6$分别为松嫩草原4~9月草地NPP因旱损失率。

2.7　干旱灾害损失快速评估研究

草原干旱灾害造成的损失有直接经济损失和间接经济损失。本研究选取草原干旱灾害直接的承灾体——草地进行研究,通过牧草生长季实时逐月的降水观测数据,实现草地干旱灾害损失的快速评估,即主要针对草原干旱灾害造成的直接经济损失进行评估。如前文所述,根据灾害风险理论,在区域暴露性水平与防灾减灾水平能力一定的前提下,灾害实时损失决定于致灾因子危险性和承灾体脆弱性。松嫩草原干旱灾害草地NPP损失率曲线的构建,不仅耦合了区域干旱灾害致灾因子的危险性和承灾体的脆弱性,也为区域草原干旱灾害损失快速评估提供了科学的理论与方法的支持。基于此,本研究对松嫩草原干旱灾害引起的草地产量损失及载畜量的损失进行快速评估,不仅将干旱损失快速评估的时间尺度表征在草地生长季的各月份,也将其快速评估结果的空间尺度表征在1km×1km的像元尺度上。

2.7.1 松嫩草原干旱灾害对草地产量影响的损失快速评估

草地 NPP 是牧草产量的主要参数,根据 2.6 节构建的草地 NPP 损失曲线可知,当干旱强度上升时,牧草受干旱胁迫增强,引起牧草产量下降。本研究对草地 NPP 值与草地产量进行转换,从而对松嫩草原干旱灾害引起草地产量的损失进行快速评估。根据前人研究(徐敏云,2014),草地 NPP 与牧草产量转换公式如下:

$$GY = \sum A_i \times NPP \times Y_i \times R_S / 0.45 \quad (2.27)$$

式中,GY 为区域牧草总产量;A_i 为第 i 种草地类型可利用草地面积;NPP 为草地净初级生产力;Y_i 为第 i 种草地类型的草地地上生物量占总生物量的比例系数;R_S 为牧草利用率;0.45 为植被 NPP 以碳形式转换为植被生物量的转换系数。利用转换公式 2.27,本研究提出草原干旱灾害对草地减产造成直接经济损失的快速评估模型如下:

$$\begin{cases} GYL_j = A \times \alpha \times \Delta NPP \times Y \times R_S / 0.45 \\ MGYL_j = GYL_j \times k_g \end{cases} \quad (2.28)$$

式中,GYL_j 为草地在第 j 个生育阶段因旱造成牧草减产量;A 为区域草地面积;α 表示可利用草地面积比例,取 $\alpha = 0.8$(沈海花,2016;皇甫江云,2012);ΔNPP 为 NPP 的损失量,表达为 NPP 与其损失率的乘积,NPP 损失率可由 2.6 节构建的草地 NPP 干旱损失率曲线计算得到;Y 为草地地上生物量占总生物量的比例系数,取 0.16;R_S 为牧草利用率,温带草甸草原为 50%～55%,取其中间值 52.5%;$MGYL_j$ 为草地在第 j 个生育阶段因旱减产造成的直接经济损失价值;k_g 为每千克鲜草平均销售价格,本研究以 2015 年底锡林郭勒盟羊草价格为 1.0～1.6 元/kg 计算,此处取其平均价格为 1.3 元/kg。

根据表 2.4 以 2014 年 4 月、2006 年 5 月、2010 年 6 月、2009 年 7 月、2007 年 8 月和 2011 年 9 月为例,所选取的各月份内均有 90% 以上的站点遭受了不同程度的干旱灾害。然后,应用本研究提出的草原干旱灾害对草地减产影响快速评估模型进行损失评估,结果参见图 2.23。2014 年 4 月,松嫩草原草地整体干旱程度较高,干旱程度均处于重旱及特旱状态,造成损失严重,根据本研究提出的草地损失快速评估模型计算得出 4 月草地受严重干旱影响导致总体减产约 3933.98×10^4 kg,造成经济损失约为 5114.18×10^4 元;从空间上看,减产量与经济损失值最大区域的分布于干旱最为严重的区域空间分布一致,主要分布在松嫩草原北部、黑龙江省境内齐齐哈尔市东部、林甸县东部、富裕县内,同时明水县、青冈县与安达县三县接壤处也是干旱导致牧草减产最为严重区域,减产量波动区间为 $2.67 \times 10^3 \sim 6.20 \times 10^3$ kg/km²,造成的经济损失约为 $3.48 \times 10^3 \sim 8.06 \times 10^3$ 元/km²;2006 年 5 月松嫩草原草地干旱程度较高,整体处于中旱、重旱、特旱状态,总体减产约为 12549.50×10^4 kg,造成牧草经济损失约为 16314.35×10^4 元;从空间上看,特旱区域也集中分布在黑龙江省境内,减产量为 $6.41\times10^3 \sim 11.58\times10^3 \text{kg/km}^2$,减产造成的经济损失约为 $8.33\times 10^3 \sim 15.05\times10^3 \text{元/km}^2$,而松嫩草原南部地区吉林省境内损失程度相对较低,草地减产量在 $0.005\times10^3 \sim 5.22\times10^3 \text{kg/km}^2$ 之间波动,相应地经济损失总量在 $0.006\times 10^3 \sim 6.79\times10^3 \text{元/km}^2$ 之间波动;2010 年 6 月松嫩草原整体处于中旱、重旱、特旱状态,整体干旱程度较高,草地整体减产约为 $17500.95\times10^4\text{kg}$,造成经济损失约为 $22751.24\times10^4\text{元}$;从空间上看,该月特旱区域主要位于松嫩草原西南部吉林省境内大安市、乾安县西北部、通榆县及镇赉县等地,与草原干旱灾害造成损失高值区基本一致,草地减产量在 $7.11\sim9.69\times10^3\text{kg/km}^2$ 之间波动,经济损失值在 $9.23\times10^3 \sim 12.59\times10^3 \text{元/km}^2$ 波动;2009 年 7 月松嫩草原整体干旱较低,干旱程度在轻旱及中旱状态,但 7 月草地对干旱反应较为敏感,损失仍相对较高,总体上造成草地减产约 $14263.15\times10^4\text{kg}$,造成经济损失约为 $18542.09\times10^4\text{元}$;从空间上看,干旱程度较高区域主要分布在松嫩草原西部地区黑龙省境内齐齐哈尔市、富裕县和吉林省境内大安市、镇赉县等地,草地减产量在 $6.83\times10^3 \sim 11.38\times10^3 \text{kg/km}^2$ 之间波动,经济损失值在 $8.88\times10^3 \sim 14.80\times10^3 \text{元/km}^2$ 波动;2007 年 8 月松嫩草原整体干旱程度在轻旱及中旱状态,造成损失相对 2007 年 7 月而言较低,造成草地减产约 $11204.82\times10^4\text{kg}$,造成经济损失约为 $14566.26\times10^4\text{元}$;从空间上看,该月份干旱空间分布特征与 2007 年 7 月相似,但仅在松嫩草原北部黑龙江境内齐齐哈尔市、林甸县和富裕县等地形成减产高值区,草地减产量在 $5.03\times10^3 \sim 7.97\times10^3 \text{kg/km}^2$ 之间波动,经济损失值在 $6.54\times10^3 \sim 10.36\times10^3 \text{元/km}^2$ 之间波动;2011 年 9 月松嫩草原干旱程度较低,整体处于轻旱状态,但松嫩草原北部地区干旱状态稍高于南部,总体造成草地减产约 $4271.27\times10^4\text{kg}$,造成经济损失约为 $5552.65\times10^4\text{元}$。

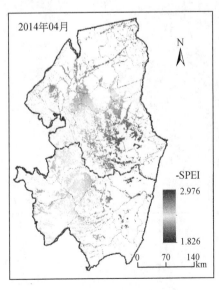

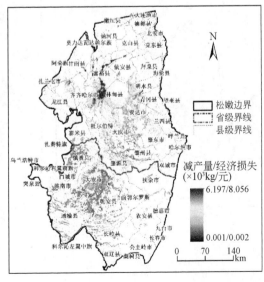

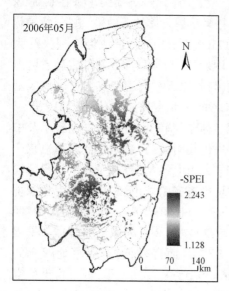

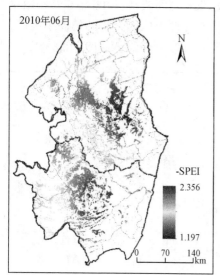
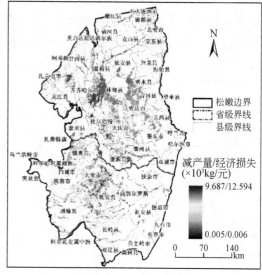

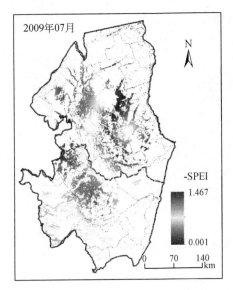
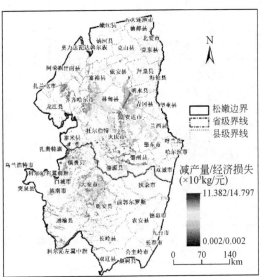

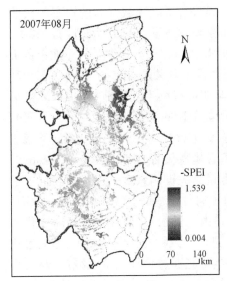
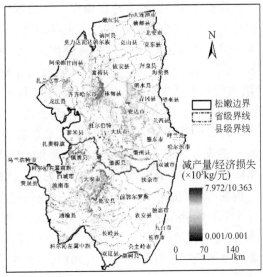

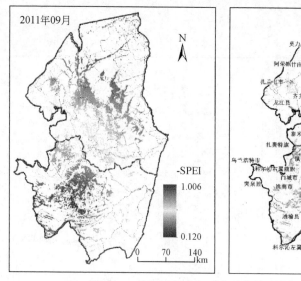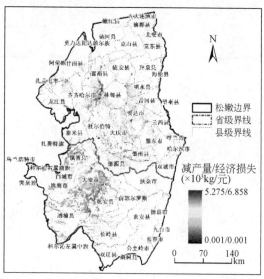

图 2.23 草原干旱灾害对草地产量造成损失的快速评估结果图

2.7.2 松嫩草原干旱灾害对草地载畜量影响的损失快速评估

载畜量是一定的草地面积在一定的利用时间内,所能承载饲养的家畜的头数和时间,依据其内容可将其分为现存载畜量和合理载畜量(王瑞杰,2011)。其中,现存载畜量的含义为:一定草地面积在一定的利用时间内,实际供养的标准家畜头数;而草地的合理载畜量,又称为理论载畜量,其具体含义是:在一定草地面积和利用时间内,在适度放牧(或割草)利用且维持草地可持续生产的前提下,可满足承养家畜正常生长、繁殖和生产畜产品的需要,所能负荷的家畜头数和时间。本研究主要针对干旱灾害对草地合理载畜量造成的损失进行快速评估研究。不同类型草地生态系统,受不同的气候条件影响,其草地载畜量存在明显差异(Accatino,2016)。草地初级生产力是影响制约草地载畜量的关键因素之一,然而同时,干旱也是制约着草地植被生产力的重要因素,进而影响着区域草地载畜量。另一方面,受干旱影响,区域牲畜虽然不一定会死亡,但是由于供水不足,牲畜自身新陈代谢受阻,会造成掉膘体弱、生长缓慢等生理现象,进而导致牲畜体质量不足,影响畜牧业的整体经济效益(颜亮东等,2013)。因此,本研究通过估算出草地减产数量,将减产牧草折算成标准羊单位(1 个羊单位是活重为 50kg 的绵羊及其哺乳羊羔,日消耗约 4.0kg 标准鲜草(王瑞杰等,2011))。

草原干旱灾害对载畜量的影响及其造成的经济损失计算公式如下:

$$\begin{cases} \mathrm{GCL}_j = \dfrac{A \times \alpha \times \Delta \mathrm{NPP} \times Y \times R_s}{D_n \times E_s \times 0.45} \\ \mathrm{MGCL}_j = \mathrm{GCL}_j \times k_s \end{cases} \quad (2.29)$$

式中,GCL_j 表示草地在第 j 个生育阶段因旱造成的草地载畜量损失;D_n 表示干旱灾害持续天数,取逐个生育阶段的天数;E_s 表示标准羊的日食草量,取 4.0 kg/d;MGCL_j 为草地在第 j 生育阶段因旱减产造成的草地载畜量损失的经济损失估值;k_s 为每标准羊单位当年的平均销售价格,以 2015 年底锡林郭勒盟绵羊价格为计算标准,即每标准羊单位当年的平均价格为 1000 元/只;其余指标数值的选取与草地减产量评估公式一致。

此处同样以 2014 年 4 月、2006 年 5 月、2010 年 6 月、2009 年 7 月、2007 年 8 月和 2011 年 9 月为例,对草地载畜量影响快速评估模型进行损失评估,结果参见图 2.24。松嫩草原草原各生育阶段干旱情况分布特征及其损失情况的空间分布特征与前文分布较为一致,故此处主要描述草原干旱灾害造成载畜量及其经济损失情况。根据本研究提出的载畜量损失快速评估模型计算得出,2014 年 4 月,松嫩草原草地载畜量总体损失约 32.78×10^4 头标准羊,造成的经济损失约为 32783.18×10^4 元;从空间分布看,与前文分析一致,干旱程度最高处也为载畜量及其经济损失程度最大分布处,其最大载畜量损失波动区间为 $0.022 \times 10^3 \sim 0.052 \times 10^3$ 头/km²,造成的经济损失约为 $22.28 \times 10^3 \sim 51.63 \times 10^3$ 元/km²。2006 年 5 月松嫩草原草地载畜量总体损失约 101.21×10^4 头标准羊,造成的经济损失约为 101205.64×10^4 元;从空间分布上看,草地载畜量损失最大处仍位于黑龙江境内,其最大载畜量损失波动区间为 $0.052 \times 10^3 \sim 0.093 \times 10^3$ 头/km²,造成的经济损失约为 $51.65 \times 10^3 \sim 93.39 \times 10^3$ 元/km²。2010 年 6 月松嫩草原草地载畜量总体损失约 145.84×10^4 头标准羊,造成的经济损失约为 145841.36×10^4 元;空间分布上,松嫩草地西南部吉林省境内

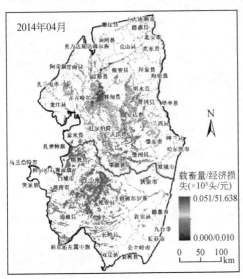
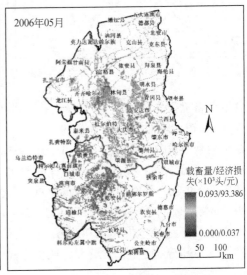

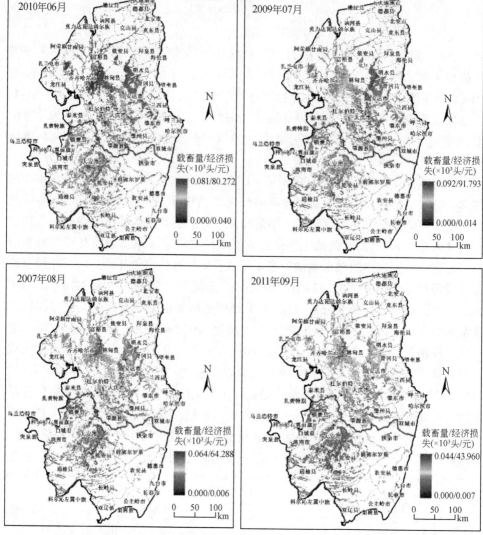

图 2.24 草原干旱灾害对草地载畜量造成损失的快速评估结果图(见彩图)

草地载畜量损失较为严重,其最大载畜量损失波动区间为 $0.059×10^3 \sim 0.081×10^3$ 头/km²,造成的经济损失约为 $59.21×10^3 \sim 80.73×10^3$ 元/km²。2009 年 7 月松嫩草原草地载畜总体损失约 $105.03×10^4$ 头标准羊,造成的经济损失约为 $115025.39×10^4$ 元;空间分布上看,仅黑龙省境内明水县、青冈县与安达县三县接壤处损失程度较低,也是干旱程度相比较低之处,草地载畜量损失波动区间为 $0.14 \sim 45.01$ 头/km²,造成的经济损失约为 $143.63 \sim 45003.78$ 元/km²。2007 年 8 月松嫩草原草地载畜量总体损失约 $90.36×10^4$ 头标准羊,造成的经济损失约为 $90361.43×10^4$ 元;空间分布上,损失最大区域位于黑龙江境内齐齐哈尔市、林甸县和富裕县三县临界处,其最大载畜量损失波动区间为 $0.041\times10^3 \sim 0.064\times10^3$ 头/km²,造成的经济损失约为 $40.5964.29\times10^3$ 元/km²。2011 年 9 月松嫩草原草地载畜量总体损失约 35.59×10^4 头标准羊,造成的经济损失约为 35593.90×10^4 元;空间分布上,松嫩草地北部地区损失稍高于南部,北部地区载畜量损失波动区间为 $0.018\times10^3 \sim 0.044\times10^3$ 头/km²,造成的经济损失约为 $18.79\times10^3 \sim 43.96\times10^3$ 元/km²。

综上,松嫩草原干旱灾害造成草地减产、草地载畜量及经济损失最严重的区域主要为北部地区黑龙江省境内的部分,这有必要引起政府管理部门的注意;同时,草原干旱灾害造成经济损失较为巨大,但一直以来并未引起人们的救助热情,这也是今后草原防灾减灾应注重加强的部分;此外,从本研究提出的草原干旱灾害对草地产量及载畜量影响的损失快速评估模型评价结果来看,评价结果与区域水热条件分布基本一致,这从另一方面证明了该模型的科学性与适用性。

主要研究结果如下:

(1)1960~2014 年,松嫩草原草地生长季 SPEI~6 的指数呈不显著下降趋势,下降速率为 0.12/10a;间断分析显示 1980~2009 年 SPEI~6 下降速率最快,以 0.38/10a 的速率显著下降;突变分析显示 SPEI~6 指数在 1993 年有明显突变点,之后该指数下降趋势明显;此外,小波分析显示松嫩草原 SPEI~6 指数存在 10~11 年的周期。

(2)从空间分布上来看,整体上草地生长季 SPEI~6 的指数在南部地区下降速率较快,在 0.15~0.41/10a 之间;从逐月份来看,近 55 年来,松嫩草原北部和中部地区干旱化趋势有所缓解,而南部、西部和西北部地区仍较为干旱。

(3)CASA 模型对松嫩草原 2005~2014 年逐月植被 NPP 估算经验证后结果较好。从研究时段草地生长季植被 NPP 空间分布来看,呈由西南向东北逐渐增加的特征,北部高于南部,且 NPP 高值主要集中于 6~7 月;此外,山区植被因分布有林地故植被 NPP 较高于西南部平原区,耕地植被 NPP 要高于草地。

(4)从 2005~2014 年草地生长季植被 NPP 时间变化趋势来看,5 月、6 月和 9 月 NPP 呈上升趋势,且松嫩草原植被年 NPP 整体呈呈上升趋势;从年植被 NPP 重心转移分析来看,重心向西南方向移动,表明区域西南部年植被 NPP 增加明显。

(5)利用 GIS 空间分析技术构建的草原干旱灾害损失率曲线效果较好。基于此,选取典型案例年,实现基于逐月 SPEI 指数对松嫩草原干旱灾害草地损失及其载畜量损失的快速评估。评估结果显示,松嫩草原北部因旱损失要高于南部地区,且 7 月草地对干旱胁迫较为敏感。

(6)以 2009 年 7 月为例,区域干旱程度虽不高,整体处于轻旱及中旱状态,但总体损失仍较高,草地减产约 14263.15×10^4 kg,造成经济损失约为 18542.09×10^4 元;相应地,草地载畜量总体损失约 105.03×10^4 头标准羊,造成的经济损失约为 115025.39×10^4 元;损失程度较高的区域主要分布在松嫩草原西部地区黑龙省境内齐齐哈尔市、富裕县和吉林省境内大安市、镇赉县等地。

参考文献

包刚. 2009. 基于MODIS数据的内蒙古陆地植被净第一性生产力遥感估算研究. 呼和浩特:内蒙古师范大学.

陈敏建,周飞,马静,等. 2015. 水害损失函数与洪涝损失评估. 水利学报,(08):883~891.

杜国明,孙晓兵,王介勇. 2016. 东北地区土地利用多功能性演化的时空格局. 地理科学进展,(02):232~244.

贺琳. 2013. 东北地区生长季太阳辐射估算及其时空变化特征研究. 长春:东北师范大学.

皇甫江云,毛凤显,卢欣石. 2012. 中国西南地区的草地资源分析. 草业学报,(01):75~82.

黄崇福. 2009. 自然灾害基本定义的探讨. 自然灾害学报,(05):41~50.

马齐云,张继权,王永芳,等. 2016. 内蒙古牧区牧草生长季干旱特征及预测研究. 干旱区资源与环境,(07):157~163.

秦元明,温克刚. 2008. 中国气象灾害大典-吉林卷. 北京:气象出版社.

桑燕芳,王中根,刘昌明. 2013. 小波分析方法在水文学研究中的应用现状及展望. 地理科学进展,(09):1413~1422.

沈海花,朱言坤,赵霞,等. 2016. 中国草地资源的现状分析. 科学通报,(02):139~154.

史培军. 1991. 灾害研究理论与实践. 南京大学学报,(11):37~42.

孙永罡. 2007. 中国气象灾害大典-黑龙江卷. 北京:气象出版社.

王瑞杰,覃志豪,王桂英. 2011. 呼伦贝尔草原产草量及载畜平衡研究. 东北大学学报(自然科学版),(12):1782~1785.

徐敏云,高立杰,李运起. 2014. 草地载畜量研究进展:参数和计算方法. 草业学报,(04):311~321.

颜亮东,李林,刘义花. 2013. 青海牧区干旱、雪灾灾害损失综合评估技术研究. 冰川冻土,(03):662~680.

张继权,李宁. 2007. 主要气象灾害风险评价与管理的数量化方法及其应用. 北京:北京师范大学出版社.

张彦龙,刘普幸,王允. 2015. 基于干旱指数的宁夏干旱时空变化特征及其Morlet小波分析. 生态学杂志,(08):2373~2380.

中国气象局. 2008. 太阳能资源评估方法(QX/T 89-2008). 北京.

周瑶,王静爱. 2012. 自然灾害脆弱性曲线研究进展. 地球科学进展,(04):435~442.

朱文泉. 2005. 中国陆地生态系统植被净初级生产力遥感估算及其与气候变化关系的研究. 北京:北京师范大学.

朱文泉,潘耀忠,张锦水. 2007. 中国陆地植被净初级生产力遥感估算. 植物生态学报,(03):413~424.

Accatino F, Ward D, Wiegand K, et al. 2016. Carrying capacity in arid rangelands during droughts: the role of temporal and spatial thresholds. Animal, 1~9.

Lei T, Wu J, Li X, et al. 2015. A new framework for evaluating the impacts of drought on net primary productivity of grassland. Science of The Total Environment, 536: 161~172.

Liu C, Dong X, Liu Y. 2015. Changes of NPP and their relationship to climate factors based on the transformation of different scales in Gansu, China. CATENA, 125: 190~199.

Liu S, Wang T, Mouat D. 2013. Temporal and spatial characteristics of dust storms in the Xilingol grassland, northern China, during 1954-2007. Regional Environmental Change, 13(1): 43~52.

Ma Q, Zhang J, Tong S, et al. 2016. Temporal dynamics of vegetation NDVI and its response to drought in Songnen grassland. Meeting of Risk Analysis Council of China Association for Disaster Prevention. DOI: 10.2991/rac-16.2016.116.

Shan N, Shi Z, Yang X, et al. 2015. Spatiotemporal trends of reference evapotranspiration and its driving factors in the Beijing-Tianjin Sand Source Control Project Region, China. Agricultural and Forest Meteorology, 200: 322~333.

Tong S, Zhang J, Bao Y, et al. 2017. Inter-decadal spatiotemporal variations of Aridity based on temperatureand precipitation in inner ongolia, China. Polish Journal of Environmental Studies, 26(2): 819~826.

Tong S, Zhang J, Si H, et al. 2016. Dynamics of fractional vegetation coverage and its relationship with climate and human activities in inner Mongolia, China. Remote Sensing, 8(9):776.

van Minnen J G, Onigkeit J, Alcamo J. 2002. Critical climate change as an approach to assess climate change impacts in Europe: development and application. Environmental Science & Policy, 5(4): 335~347.

Vicente-Serrano S M, Beguería S, López-Moreno J I. 2010. A multi-scalar drought index sensitive to global warming: The Standardized Precipitation Evapotranspiration Index-SPEI. Journal of Climate, 23(7): 1696~1718.

Wang C, Wang Y, Geng Y, et al. 2016. Measuring regional sustainability with an integrated social-economic-natural approach: a case study of the Yellow River Delta region of China. Journal of Cleaner Production, 114: 189~198.

Zhang X, Susan Moran M, Zhao X, et al. 2014. Impact of prolonged drought on rainfall use efficiency using MODIS data across China in the early 21st century. Remote Sensing of Environment, 150: 188~197.

Zheng C, Wang Q. 2015. Spatiotemporal pattern of the global sensitivity of the reference evapotranspiration to climatic variables in recent five decades over China. Stochastic Environmental Research and Risk Assessment, 29(8): 1937~1947.

第3章 草原雪灾损失快速评估研究

草原雪灾是突发性强、危害大的自然灾害,其原因复杂,涉及天气、气候、社会以及自然界各种有关的因素,其发生具有一定的不确定性,对草原地区畜牧业经济发展的威胁很大,同时还严重影响交通、通信、输电线路等生命线工程,造成房屋倒塌,对牧民的生命安全和生活造成威胁。目前,对于雪灾损失评估的研究大多是通过确定评估指标体系,建立评估模型和方法,进行损失核算,评价雪灾过程对经济社会的影响,对雪灾灾情等级进行简单划分,无法快速且准确的进行草原雪灾损失评估。

本章从多学科的理论和方法等科学观点出发,利用微波遥感反演方法、GIS空间分析方法、脆弱性曲线方法,对草原雪灾损失快速评估进行自然地理学、灾害科学、遥感科学、草地科学、社会经济学相融合的综合研究。本研究选取内蒙古锡林郭勒地区作为研究区域,根据自然灾害系统理论与区域灾害系统理论,分析锡林郭勒地区草原雪灾灾害系统;利用国产卫星"风云三号"微波辐射计的微波亮温数据,结合地面气象台站观测数据与野外现场实测雪深数据,构建更为精确的积雪深度微波辐射经验模型,实现雪深快速反演;基于历史灾情数据计算草原雪灾各承灾体的损失率,通过脆弱性曲线方法,构建区域雪深–承灾体损失率曲线;通过FY-3B快速反演雪深与承灾体损失率曲线相耦合,结合承灾体空间数据库、易损性数据库以及其他辅助信息,对草原雪灾损失人口数量、牲畜数量、棚舍数量、草场面积和直接经济损失进行快速实时地评估,在此基础上针对性的提出锡林郭勒地区草原雪灾损失防御对策。

本研究可以快速及时准确地评估草原雪灾损失,为草原雪灾灾情评估和草原雪灾保险提供客观依据,对政府制定草原雪灾防御管理对策、减灾规划、部署防灾救灾工作和草原发展规划有重要意义。

3.1 研究区概况与数据来源

3.1.1 研究区概况

锡林郭勒地区位于中国的正北方,内蒙古自治区的中部,简称锡盟。面积20.3万 km²,人口100.3万。锡盟地处东经115°13′~117°06′、北纬43°02′~44°52′(图3.1)。北与蒙古国接壤,南邻河北省张家口市、承德市,西连乌兰察布市,东接赤峰市、兴安盟和通辽市,是东北、华北、西北交汇地带。

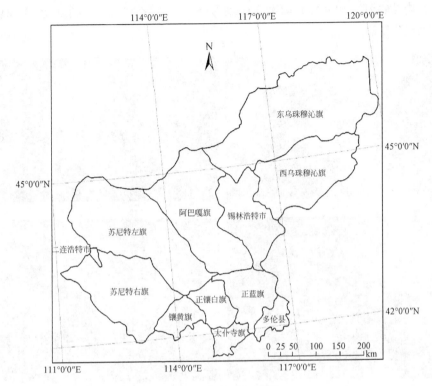

图3.1 研究区位置图

锡林郭勒地区属中温带干旱半干旱大陆性季风气候,全年盛行偏西风,风大、少雨、气候寒冷。春季多风易干旱,夏季降雨不均,秋季温度低霜雪早,冬季寒冷而漫长易形成积雪。

锡林郭勒草原地处内蒙古高原的中东部,是内蒙四大草原之一,天然草原面积为19.2万km^2,其中可利用草场面积为17.6万km^2。锡林郭勒地区既是国家重要的畜产品基地,又是西部大开发的前沿,在国民经济中占有重要的地位。但是由于气候原因以及经济发展水平有限,草原管理存在不足等因素,使锡林郭勒地区受自然灾害的影响较为严重。

3.1.2 数据来源

本研究的气象数据分别来自中国气象科学数据共享服务网和锡林郭勒盟气象局,包括锡林郭勒地区14个气象台站的1978年1月~2016年2月逐日积雪深度数据。本研究的社会经济统计数据来源于锡林郭勒盟统计局提供的《锡林郭勒盟统计年鉴》。本研究的草原植被数据来源于《内蒙古自治区草原监测报告》。历史灾情数据主要来自《锡林郭勒盟畜牧志》、《锡林郭勒盟志·民政志》和《气象灾害大典·内蒙古卷》,以及锡林郭勒盟民政局提供的灾情统计数据与牧民受灾现场调查数据(图3.2)。

图3.2 2015年12月牧民受灾情况实地调查

本研究的光学遥感数据采用美国国家雪冰中心(National Snow and Ice Data Center,NSIDC)网站下载2000~2015年冬季的MOD10A2积雪产品;微波遥感亮温数据采用在国家卫星气象中心网上下载的2010年12月~2016年2月的FY-3B MWRI微波成像仪L1降轨数据690幅。

3.2 理论依据与研究方法

3.2.1 理论依据

史培军等在综合国内外相关研究成果的基础上提出区域灾害系统论的理论观点。他认为,灾害损失(D_s)是由孕灾环境(E)、致灾因子(H)、承灾体(S)之间相互作用形成的,即

$$D_s = E \cap H \cap S \tag{3.1}$$

式中，H是灾害产生的充分条件，S是放大或缩小灾害的必要条件，E是影响H和S的背景。任何一个特定地区的灾害，都是H、E、S综合作用的结果。其轻重程度取决于孕灾环境的稳定性、致灾因子的危险性以及承灾体的脆弱性，是由上述相互作用的三个因素共同决定的。灾害系统是由孕灾环境、承灾体、致灾因子与灾情共同组成具有复杂特性的地球表层系统(图3.3)。

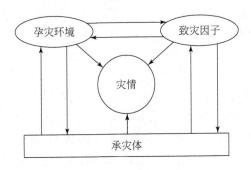

图3.3 灾害系统构成图

所谓孕灾环境的稳定性是指灾害发生的背景条件，即自然环境与人文环境的稳定程度。一般环境越不稳定，灾害损失越大。

致灾因子的危险性是指造成灾害的变异程度，主要是由灾变活动规模(强度)和活动频次(概率)决定的。一般灾变强度越大，频次越高，灾害所造成的破坏损失越严重。

承灾体的脆弱性也叫易损性，是指在给定的危险地区存在的所有财产由于危险因素而造成伤害或损失的容易程度，脆弱性越大损失也越大。

图3.3表明，在灾害系统中，灾害损失的形成是由于致灾因子在一定的孕灾环境下作用于承灾体后而形成的。雪灾是自然界的降雪作用于人类社会的产物，是人与自然之间关系的一种表现。由于草原牧区雪灾的最终承灾体是人类及人类社会的集合体，如草原、牲畜、建筑设施等，所以，只有对承灾体的部分或整体造成直接或间接损害的降雪才能被称为雪灾。草原雪灾是指依靠天然草场放牧的畜牧业地区，由于冬半年降雪量过多和积雪过厚，雪层维持时间长，影响畜牧正常放牧活动，牲畜因冻、饿而出现死亡现象的一种灾害。对畜牧业的危害，主要是积雪掩盖草场，且超过一定深度，有的积雪虽不深，但密度较大，或者雪面覆冰形成冰壳，牲畜难以扒开雪层吃草，造成饥饿，有时冰壳还易划破羊和马的蹄腕，造成冻伤，致使牲畜瘦弱，常常造成牧畜流产，仔畜成活率低，老弱幼畜饥寒交迫，死亡增多。同时还严重影响甚至破坏交通、通信、输电线路等生命线工程，对牧民的生命安全和生活造成威胁。

3.2.2 研究方法

1. 微波遥感反演算法

微波遥感的波长一般从 1cm~1m,可以穿透有云、雾、沙尘等的大气层。这些优点使得被动微波遥感可以在几乎所有天气条件下监测地表的微波发射特征,并通过不同类型地表对微波信号的散射和吸收特征进行分析,来确定地表类型和相关定量化参数反演。积雪层看作地面上一层或多层密集随机分布的球形冰粒子。雪盖的微波辐射包括两个部分,一是雪盖本身的辐射,另一个是其下地表的辐射。通常,雪越深或者雪水当量越大,就意味着积雪层中的散射粒子越多,那么来自下覆地表的辐射和雪层本身的辐射在穿透雪层的过程中,就会有更多的能量被吸收或者散射到其他方向,能量损失就越大,因此,雪的亮温就越低。积雪深度和被动微波亮度温度的关系可以用下式公式来描述:

$$SD = A \times (Tb_{19H} - Tb_{37H}) + B \tag{3.2}$$

式中,SD 表示积雪深度(cm),Tb_{19H} 和 Tb_{37H} 是 19GHz 和 37GHz 的水平极化亮温数据。A、B 为系数,取值和研究区域有关,全球的雪深反演算法中 $A=1.59, B=0$。

2. 脆弱性曲线

脆弱性曲线是精细定量的脆弱性评价方法和灾害评估的关键环节,其核心要素是表达致灾因子强度和承灾体脆弱性的定量关系(周瑶和王静爱,2012)。当承灾体的脆弱性侧重于因灾造成的灾情水平方面时,通常可用致灾(h)与成害(d)之间的关系曲线或方程式表示,即 $V=f(h,d)$,通常称为脆弱性曲线或灾损曲线,用来衡量不同灾种的强度与其相应损失(率)之间的关系,主要以曲线、曲面或表格的形式表现出来。基于实际灾情数据构建脆弱性曲线是脆弱性曲线研究中最为常用的方法。即通过典型历史灾害案例收集分析,将致灾强度与灾害损失一一对应,经过曲线拟合,建立承灾体脆弱性曲线。本研究在收集整理研究区历史灾情数据的基础上,利用该方法构建草原雪灾各承灾体损失率曲线,用来衡量草原雪灾不同致灾强度与相应损失率之间的关系。

3. 格网 GIS 方法

格网 GIS 方法是格网地图的继承和发展,其核心是以信息格网作为 GIS 应用研究的基本单元,从而打破了以行政界限为单元进行数据采集和编辑处理的传统模式,将各种统计数据通过空间内插、遥感反演和多因素综合分析等方法进行格网化表达,从而使传统的统计数据呈现出一种新的可视化表达方式。本研究利用格网 GIS 方法确定最小分析单元、承灾体类型和数量,计算网格内的人口、经济和财产资源等要素。

3.3 草原雪灾致灾系统分析

以内蒙古锡林郭勒盟为例,从孕灾环境、致灾因子和承灾体角度对草原雪灾灾害系统进行分析。

3.3.1 孕灾环境子系统分析

锡林郭勒盟是一个以高原为主体,整个地势呈南高北低,东高西低,由西向东斜的趋势。山地丘陵起伏;中部戈壁滩和盆地交错,沙丘连绵,海拔较高,为800~1800m。

锡林郭勒盟年平均蒸发量1500~2600mm,平均无霜期100~120d。年平均温度2℃(图3.4),气温由东北向西南逐渐递增。全盟最冷月平均气温大部分地区在-17~-21℃,年极端最低温度在-35℃,最热月平均大部分地区在18~21℃,年极端最高气温在35~39℃之间,年温差和昼夜温差均较大(佟斯琴等,2016)。

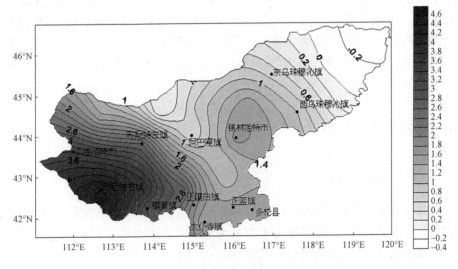

图3.4 内蒙古锡林郭勒盟多年平均温度(℃)

锡林郭勒盟年平均降雪量47mm(图3.5),自东南向西北递减。最高地区达78mm,最低为26mm,高值区主要分布在锡林郭勒盟的太仆寺旗和正镶白旗,低值区分布在锡林郭勒盟西部的二连浩特市。

对比图3.4和图3.5发现锡林郭勒盟年平均气温低的地区降雪量也相应较大,各地水热状况差别较大,冬春寒潮反复侵扰,易形成雪灾。强大的蒙古高压造

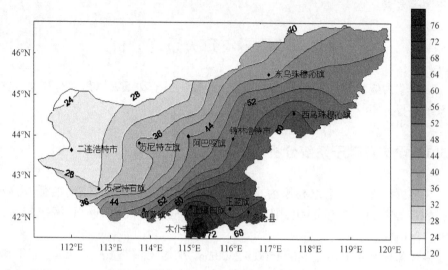

图 3.5 内蒙古锡林郭勒盟多年平均降雪量(mm)

成的快行冷锋(寒潮)是内蒙古锡林郭勒盟雪灾的直接成因。冬季,蒙古高压控制其大部分地区,加强了地面的辐射冷却,使高压系统更加增强,天气晴朗干燥。这时在高空西风带的控制下,与高空都盛行西北风。当西风带高空低槽东移过境时,常有南方暖湿气流侵入,造成雨雪天气。低槽过境后,近地面常有大量冷空气自西北向东南急剧推进,形成寒潮天气。这使气温剧烈下降,并伴有风沙、雪暴。降雪量过大、时间过长,便形成雪灾。

3.3.2 致灾因子子系统分析

1. 降雪日数和积雪日数

内蒙古锡林郭勒盟的畜牧业历来是靠天养畜,常受雪灾的侵袭,其特点是形成时间早、持续时间长、危害较严重。能否形成雪灾以及雪灾的危害速度取决的主要气象因子有降雪、积雪日数、积雪深度等,因此,雪灾可能发生时期的长短,主要受积雪开始期和终止期所决定,而雪灾可能发生期的始期和终期,就是积雪的初日和终日。所以,凡是积雪初日出现越早,终日结束越迟的地方,雪灾可能发生时段越长,概率也就越大。雪灾可能发生时期长短与初、终雪期间的天数是一致的。

根据对 1960~1980 年 24 个站点的积雪统计资料的分析和实地调查得知,积雪的初日发生在 9~12 月,集中发生在 10 月,频率约为 70.4%,11 月频率约为 19.4% [图 3.6(a)],发生在 10、11 月的频率共占 89.8%;终日发生在次年 2~5

月,集中发生在次年的4月及5月,频率约占92.1%[图3.6(b)]。雪灾可能发生始、终期具有明显的地域性差异。锡林郭勒盟的积雪期从9月至次年5月,雪灾可能发生期较长,达8、9个月之久。积雪期的长短只反映雪灾的可能发生期,而是否成灾还要看各地的具体情况(Dong and Zhang,2008)。

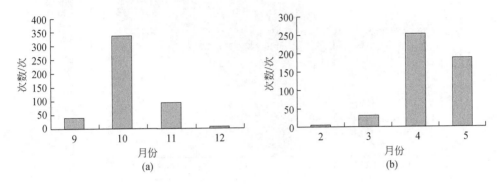

图3.6 内蒙古锡林郭勒盟积雪初日(a)和终日(b)的月份分布

利用统计资料,采用surfer空间分析工具制成等值线图。从图3.7可以看出,锡林郭勒盟年平均降雪日数各旗县从15~41d不等,平均为27d,东南多而西北少,年平均降雪日数最多的是西乌珠穆沁旗和太仆寺旗。

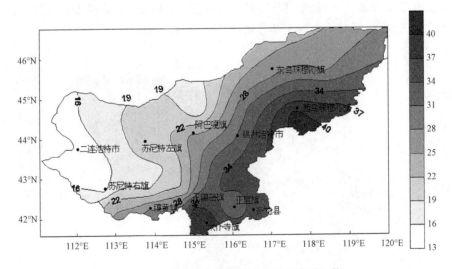

图3.7 内蒙古锡林郭勒盟多年平均降雪日数

锡林郭勒盟年平均积雪日数各旗县从56~143d不等(图3.8),平均为98d,东多西少,年平均积雪日数最多的旗县也为西乌珠穆沁旗和太仆寺旗。对比两图发现,在锡林郭勒盟的东北部由于其纬度相对较高,降雪容易形成积雪。

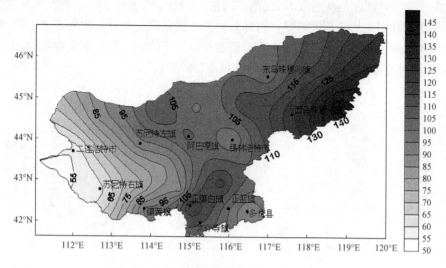

图3.8 内蒙古锡林郭勒盟多年平均积雪日数

2. 最大积雪深度

内蒙古锡林郭勒盟最大积雪深度北部高于南部,东部高于西部地区(图3.9)。极大值有2个高值区:一是东乌珠穆沁旗北部,可达44cm,二是锡林郭勒盟中部的阿巴嘎旗的大部、锡林浩特的小部分地区,雪深达到30cm。

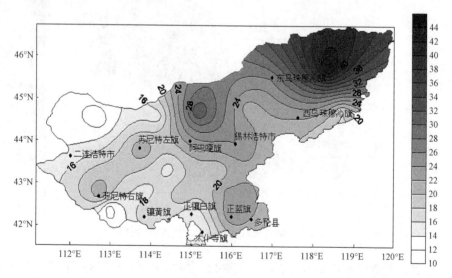

图3.9 内蒙古锡林郭勒盟多年最大积雪深度(cm)(1960~1980年)

3. 大风吹雪日数

降雪时或降雪后,风力达到一定强度时,吹扬雪粒,随风运动,形成风雪流。被风雪流搬运的雪在风速减弱的地方堆积起来,形成吹积雪,从风雪流到吹积雪的全过程称为风吹雪。锡林郭勒盟年平均风速 4~5m/s,大风日数在 50~80d。锡林郭勒盟风吹雪日数有 2 个高值中心(图 3.10),一个位于锡林郭勒盟南部的太仆寺旗,另一个位于西乌珠穆沁旗。最高日数达到 17 d(Zhang and Dong,2008)。

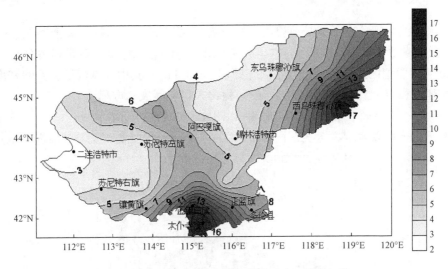

图 3.10 内蒙古锡林郭勒盟多年平均风吹雪日数

3.3.3 承灾体子系统分析

草原雪灾的损失主要体现在牲畜、基础设施、草场、人口和经济等多方面。草原雪灾的承灾体主要是指草原雪灾的作用对象。草原雪灾对草原地区畜牧业经济发展的威胁极大,积雪掩埋草场,可食牧草减少,牲畜无法觅食导致掉膘、死亡现象时有发生,同时还严重影响交通、通信、电力等生命线工程,造成棚舍、房屋倒塌,对居民的生命安全和生活造成威胁。因此,本研究选取的承灾体包括人口、草场、牲畜、棚舍、经济 5 个方面,能较为全面直观的反映出草原雪灾对承灾体的影响。

在以往的自然灾害损失评估中,承灾体的空间展布大多数都是以行政区为单位进行的,缺乏科学性,因为各类承灾体在某一行政区内并不是均匀分布的,而是在一些因素影响下的点状分布。承灾体的空间展布是损失评估的重要步骤,通过确定最小分析单元、承灾体类型和数量等,计算网格内的人口、经济和财产资源等要素。格网 GIS 技术是以网格为单元,既有栅格数据的显示形式,又有矢量数据的属性信息(Sun Z et al.,2014),本研究利用此方法是将研究区进行网格化处理,以网格为单元进行草原雪灾损失快速评估。

草原雪灾损失快速评估结果的精度高低,不但取决于该评估模型的科学性,而且网格大小直接影响最终空间展布的精准度,因此,制定单元网格尺度是非常关键的,由于本研究区是锡林郭勒地区,属于市级尺度,数据是基于旗县进行统计的,因此,综合考虑地理数据的尺度问题和统计数据的可获取性,本研究选择10km×10km进行数据的空间展布。

1. 人口空间展布

人口的空间分布不但受地貌类型的影响,还受聚落性质、规模、交通网络、水文及经济开发类型等影响,因此,本研究考虑多种因素类型,通过多元相关分析,对2010年锡盟地区人口数量进行空间化处理(图3.11)。其中人口数量和路网密度、居民地面积、草地面积的相关性最显著,得出人口空间展布方程:

$$P = 1120.317R + 0.143W - 1.792G + 10.441, \quad R^2 = 0.967 \quad (3.3)$$

式中,P 为人口数量(人),R 为居民地面积(km^2),W 为路网密度,G 为草地面积(km^2)。

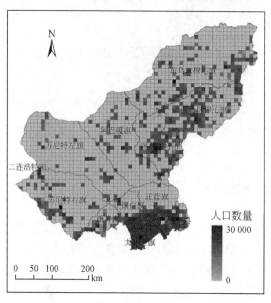

图3.11 锡林郭勒地区人口展布图

2. GDP空间展布

国内生产总值(GDP)是指在一个时间段内,某地区产出的所有产品与劳动的价值,能够综合反映出该区域的综合实力,以锡盟地区GDP作为其社会经济统计数据空间信息格网的可以较为全面的代表锡林郭勒的经济规模及经济结构。与人口数量空间展布方法相似,分别构建GDP产值第一产业、第二产业、第三产业结构与土地利用类型空间相关关系,最后合成其 GDP 空间展布模型(图 3.12)。

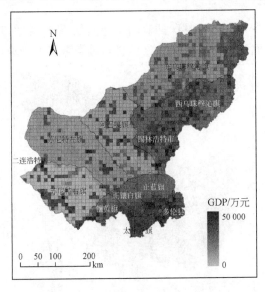

图 3.12　锡林郭勒地区 GDP 展布图

3. 草地空间展布

提取 2013 年锡林郭勒地区土地利用的矢量文件中土地利用类型为低覆盖度草地,中覆盖度草地、高覆盖度草地的斑块,进行矢量转栅格处理,单元网格大小为 10 km×10 km(图 3.13)。

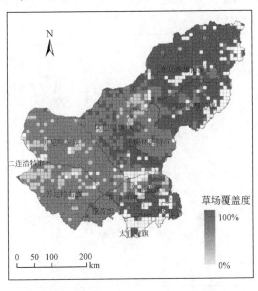

图 3.13　锡林郭勒地区草地展布图

4. 牲畜空间展布

牲畜数量的多少与各个旗县所拥有的草地面积、草地覆盖度相关,因此本研究用各旗县牲畜地均面积乘以草地展布格网进行牲畜数量的计算(图3.14)。

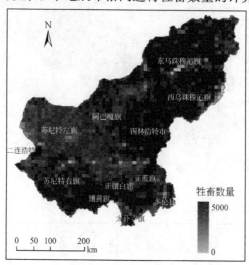

图 3.14　锡林郭勒地区牲畜展布图

5. 牲畜棚舍空间展布

锡盟地区的牲畜棚舍主要是有常用现成材料盖的带顶的简单构筑物,通常情况下搭建在草原牧户的住宅旁。其空间分布主要受草地分布、居民地分布、牲畜密度等因素的影响(图3.15)。

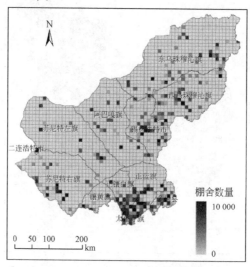

图 3.15　锡林郭勒地区牲畜棚舍展布图

3.4 草原牧区积雪面积时空演变格局

积雪是地表生态系统的重要组成部分,大范围的深厚积雪导致农牧业灾害频繁发生。积雪过厚会导致牧草长时间被积雪覆盖,引起牧草供应困难,发生牲畜死亡,畜牧业减产损失。另外,积雪严重道路交通,甚至造成居民生命财产的重大损失。

本研究采用美国国家雪冰中心(National Snow and Ice Data Center,NSIDC)网站下载2000~2015积雪季MODIS的MOD10A2积雪产品。MOD10A2数据是利用逐日积雪分类产品MOD10A1影像8天数据合成,目的是为了减少云的影响,保证影像像元内积雪覆盖面积最大。MOD10A2数据产品中包含积雪,云层覆盖和质量验证信息,数据的格网分辨率为500m。研究区由4幅MOD10A2拼接而成,包括2000年11月至2016年2月末16个积雪季共1024幅图像。将每年11月至翌年2月作为积雪季节(如2004年11月~2005年2月的积雪季为2005年的积雪季,剩下年份的积雪季节以此类推)(图3.16)。

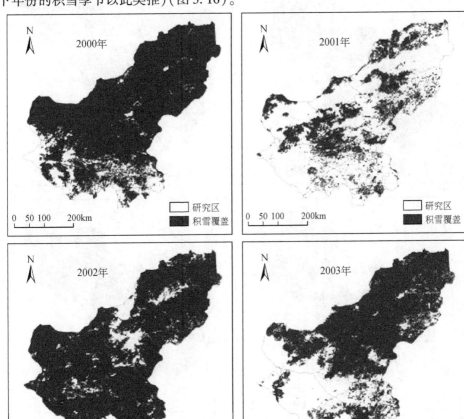

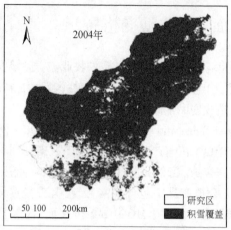
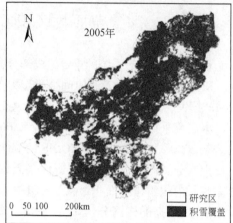
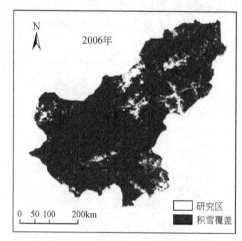
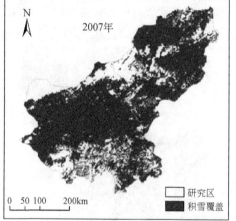
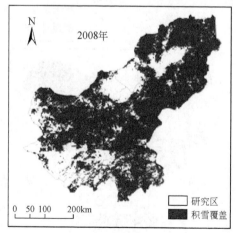
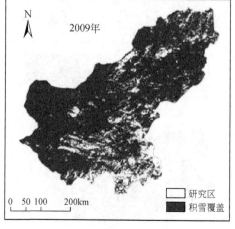

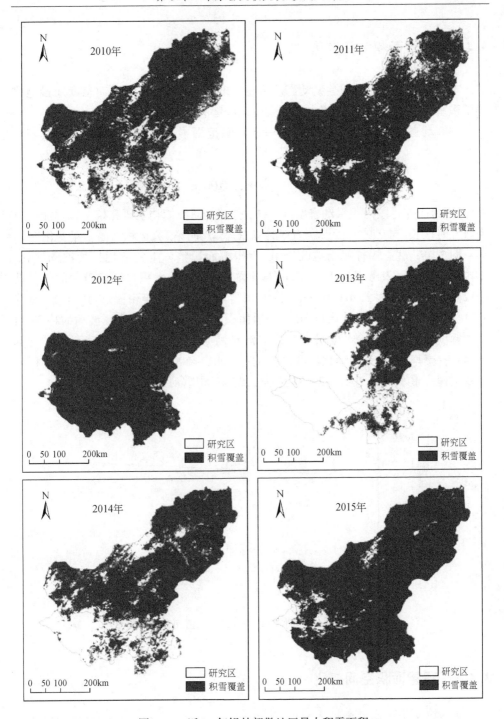

图 3.16 近 16 年锡林郭勒地区最大积雪面积

3.4.1 积雪面积时间变化

本研究参照土地利用类型动态度方法计算积雪动态度,积雪动态度定量地描述了积雪的变化速度,对预测未来积雪变化趋势有积极的作用。

积雪动态度表达的是某研究区一定时间范围内积雪面积变化情况,其表达式为:

$$K = \frac{U_b - U_a}{U_a} \times \frac{1}{T} \times 100\% \tag{3.4}$$

式中,K 为研究时段内积雪动态度;U_a、U_b 分别为研究期初及研究期末积雪面积;T 为研究时段长,当 T 的时段设定为年时,K 的值就是该研究区积雪面积年变化率。

图 3.17 表明,锡林郭勒地区近 16 年积雪面积整体上的变化呈现波动变化。年内最大积雪面积出现在 12 月末的频率最大,其中最大积雪面积最大的年份是 2012 年 11 月末,达 21.04 万 km²,最大积雪面积最小的年份是 2001 年 11 月为 6.01 万 km²。锡林郭勒地区近 16 年积雪面积的年际变化呈现多峰波动的特点,且波动幅度呈上升的趋势,与积雪面积的波动特点基本一致。积雪动态度平均为 15.44%,变率较大,其中变化速度最大的是 2001~2002 年,为 30.29%,积雪面积年变化速度最小的是 2007~2008 年,为 2.31%,积雪动态度的变化相差较大。

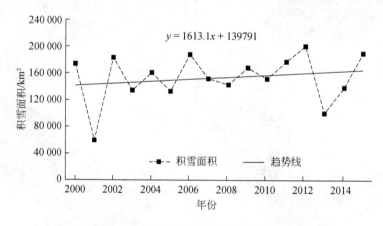

图 3.17 近 16 年锡林郭勒地区最大积雪面积年际变化

3.4.2 积雪面积空间变化

本研究参照土地利用重心变化,计算积雪分布重心。通过分析多年的积雪分布重心,可得到多年的积雪分布重心空间分布情况,这对预测未来积雪分布重心的变化趋势有重要的作用。

积雪面积的空间变化可以用积雪分布重心变化情况来反映。积雪分布重心变化分析方法是把一个大区域分为若干个小区,确定每个小区几何中心或旗县所在地的地理坐标,然后再乘以该小区的积雪面积,最后把乘积累加后除以全区域积雪总面积。重心坐标一般以地图经纬度表示。

第 t 年某种土地资源分布重心坐标(经纬度)计算方法为:

$$X_t = \sum_{i=1}^{n}(C_{ti} \times X_i) / \sum_{i=1}^{n} C_{ti} \tag{3.5}$$

$$Y_t = \sum_{i=1}^{n}(C_{ti} \times Y_i) / \sum_{i=1}^{n} C_{ti} \tag{3.6}$$

式中,X_t、Y_t 分别表示第 t 年积雪分布重心的经纬度坐标;C_{ti} 表示第 i 个小区域积雪面积;X_i、Y_i 分别表示第 i 个小区域的几何中心(或旗县所在地)的经纬度坐标。

空间上,从 11 月初开始,锡林郭勒地区中西部便开始降雪;12 月、1 月积雪面积明显增加,覆盖了整个锡林郭勒中部和东部地区。2 月末之后为积雪消融阶段,积雪面积开始不断减少。锡林郭勒中部和东部地区包括阿巴嘎旗、锡林浩特市、正蓝旗、东乌珠穆沁旗、西乌珠穆沁旗。二连浩特市、苏尼特右旗、和镶黄旗具有较大的积雪面积波动,其中锡林郭勒地区西部的积雪面积变化主导着锡林郭勒地区的总体面积的变化,并且该地区有较大的积雪面积波动。

通过分析多年的积雪分布重心,可得到多年的积雪分布重心空间分布情况(图 3.18),结果表明,锡林郭勒地区 2005~2011 年间积雪分布重心主要呈现东北至西南方向的移动,2011~2014 年积雪分布重心主要呈现东西方向的移动,且积雪面积较大时重心偏向西部,积雪面积较少时重心偏向东部(哈斯等,2014)。

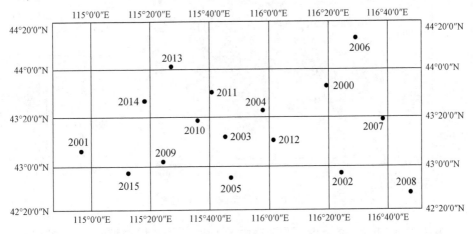

图 3.18　2000~2015 年积雪重心空间分布图

3.5 基于FY-3B微波遥感数据的积雪深度反演研究

3.5.1 反演模型建立

本研究使用2010年11月18日~2016年3月1日共6个积雪季节的FY-3B卫星MWRI的L1级亮温数据,频率为18.7和36.5GHZ,和极化方式包括水平极化和垂直极化4个通道的降轨亮温数据(部分采样点处没有降轨亮温数据,采用升轨亮温数据代替)。MWRI的L1级亮温数据来源于中国国家卫星气象中心,经过数据预处理生成的包含了定标、定位信息,能够用于定量遥感产品的反演和运算,格式为标准HDF5的科学数据,空间分辨率为10km。选用的气象站点数据是由内蒙古气象局提供的地面常规观测数据,包括站点名、站点经纬度、海拔高度、地表温度和积雪深度等,总计14个气象站点(图3.19)。

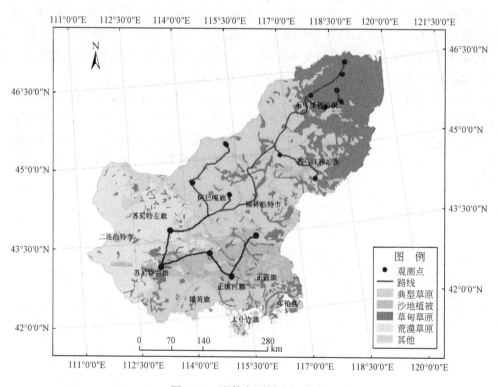

图3.19 野外实测样点与路线

锡林郭勒地区在12月就形成了稳定的积雪,为检验模型精度,修正模型参数,本研究于2015年12月9日至19日在锡林郭勒地区选取了16个样点进行实地雪深测量(图3.20)。

图3.20 野外雪深测量实验

建立经验反演模型的关键是获取可信的样本,尽可能考虑或者去除影响算法精度的干扰因子。FY-3B MWRI 的 18.7GHz 和 36.5GHz 通道的被动微波亮温数据只能探测到大于 3cm 的雪深,且对 5cm 以下的雪深判读误差非常大,因此剔除了气象台站观测雪深小于 5cm 的样本。

除此之外,由于冰晶与自由水的介电常数存在明显的不同,随着雪中含水量的增加,微波辐射的响应变化非常剧烈,辐射吸收作用增强,体散射信号无法反映出来,导致无法准确反演雪深(Hofer et al.,1980;Hallikainen et al.,1987)。当日平均温度超过0℃或日最高温度大于6℃时,融雪现象较为严重,不利于雪深反演模型的建立,因此剔除了日平均温度大于0℃和日最高温度大于6℃的雪深观测样本,以避免湿雪的影响(Neale et al.,1990)。

利用 envi 对 FY-3B MWRI 的原始数据进行 GLT 几何校正。然后进行辐射定标,将数据 DN 值转换为亮温值(黄薇等,2013),如公式(3.7)所示,FY-3B MWRI 数据中给出的 S 和 I 分别为 0.01 和 327.68K。

$$Tb = S \cdot DN + I \tag{3.7}$$

由 Plank 公式可知,地物在微波频率的辐射亮温(Tb)与地物的物理温度(T_s)之间存在一定的关系,如式(3.8)所示

$$Tb_p(\theta) = e \cdot T_s \tag{3.8}$$

式中,角标 p 为极化状态(V/H),θ 为卫星观测角,e 为地物的微波发射率。根据公式(3.8)推算出 FY-3B MWRI 亮温数据的正常范围在 70~320K 之间,由此剔除研究区内远超出正常范围内的异常值。

除此之外,由于被动微波反演雪深的算法在某些地表特征下并不完全适应,包

括降雨、沙地、冻土、寒漠。这是因为雪深的反演算法利用了积雪层的散射特性,如前所述,积雪越厚散射率越高,18.7GHz 和 36.5GHz 频率上的亮温差越大,而降雨、沙地、冻土、寒漠等地表特征同样会产生类似于积雪层的散射特征(Grody N, 1991)。如果不剔除这些地表因素的影响,计算结果必然会高估雪深。目前 Grody 的被动微波分类树方法最为完整,能够较好的识别积雪,剔除降雨、沙地、冻土、寒漠等地表的影响,从而大大提高雪深反演算法的精度(Grody,1996;Kelly R,2009;李晓静等,2007)(图 3.21)。

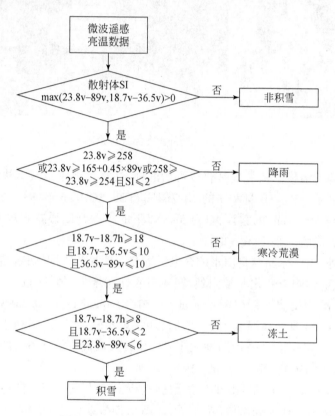

图 3.21 Grody 被动微波遥感积雪分类树

经过上述筛选方法后,利用 FY-3B MWRI 的 18.7GHz 和 36.5GHz 水平极化亮温差值与观测雪深值进行回归分析,建立锡林郭勒地区基于 FY-3B MWRI 微波亮温数据的雪深反演模型:

$$SD = 0.6175 \times (Tb_{18H} - Tb_{37H}) + 3.4011 \quad (3.9)$$

式中,SD 代表雪深,单位 cm;Tb_{18H} 和 Tb_{37H} 分别代表 18.7GHz 和 36.5GHz 的水平极化亮温值,单位 K。

图 3.22 为锡林郭勒地区有效样本亮温差值与观测雪深值的散点图,其复相关系数 R^2 为 0.6099,经过 F 检验,通过了 0.001 的显著性水平。因此建立的反演模

型具有显著的统计学意义,拟合模型是合理的。

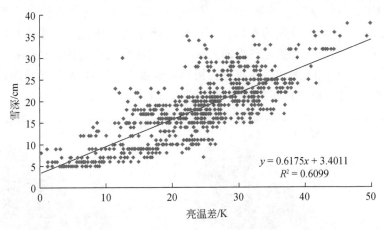

图 3.22　FY-3B MWRI 亮温差与雪深相关关系散点图

3.5.2　模型反演精度验证

雪深反演模型的精度与复相关系数 R^2、均方根误差 RMSE 和平均相对误差 MRE 有关,R^2 的大小决定实测值与模拟值相关的密切程度,越接近 1,表示相关的雪深算法参考价值越高;RMSE 是用来衡量估算雪深与实测雪深值之间的偏差,说明样本的离散程度;MRE 则用来量化估算雪深与实测雪深值的一致性,该指标也体现了模型算法的精度。

本研究于 2015 年 12 月 9 日至 19 日对锡林郭勒地区进行实地雪深测量。对 16 个样点共选取了 64 个实测数据用于算法的验证。为对比反演算法的精度,本研究还利用 Chang 的经典算法进行了雪深反演,验证结果如图 3.23。本研究建立的

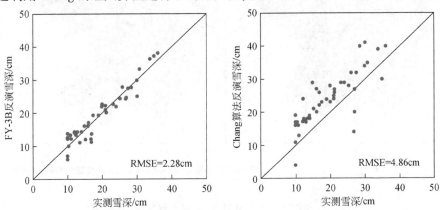

图 3.23　锡林郭勒地区雪深反演验证结果

FY-3B 雪深反演模型的 RMSE 为 2.28cm，MRE 为 12.9%；Chang 算法的 RMSE 为 4.86cm，MRE 为 17.6%。结果表明，本研究的模型反演雪深值与野外实测的雪深值有很好的一致性，本研究的反演模型在锡林郭勒地区较 Chang 算法有很大的改进，本研究的反演值更加接近雪深的实测值，能比较准确的监测锡林郭勒地区的积雪变化情况。图 3.24 为利用本研究的锡林郭勒地区 FY-3B MWRI 雪深模型反演的 2015 年 12 月中旬锡林郭勒地区雪深情况。

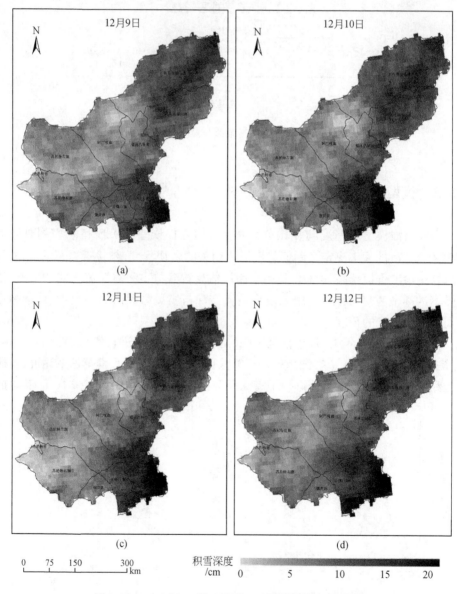

图 3.24 　 2015 年 12 月 9 日至 12 日雪深反演(见彩图)

3.6 草原雪灾多承灾体损失率曲线建立

自然灾害的发生是多种因素综合作用的结果,其在很大程度上存在不确定性。然而,在众多的因素当中,有一些是主要的基本因素,它们决定灾害的本质及其规律,有一些是次要的、伴随的因素,使灾害现象表现为偶然性。从统计学的角度出发,分析自然灾害的损失,有利于降低偶然因素的影响,进而更加清晰的表达灾害发生的规律性。本研究基于此原理,利用历史草原雪灾灾情数据,通过构建损失率曲线,对承灾体在不同积雪深度下的脆弱性进行定量分析。

参与损失曲线拟合的历史灾情数据可以来自历史文献资料、灾害数据库或者实地调查等。其中,历史文献资料和一些灾害损失数据库是构建损失率曲线的主要数据源。也有基于问卷和访问等方式获取实地调查数据,但是由于这种方式试用范围较小,具有一定的局限性。还有研究基于自然灾害保险的历史赔付清单,通过保险赔偿的数据推演其损失,确定损失曲线,这种方法在一些保险体系较为完善的发达国家和地区有广泛应用,但内蒙古地区针对草原雪灾的保险并不多见,无法通过该方法构建损失曲线。因此,本文选取的损失数据主要来源于历史文献资料,其中包括《锡林郭勒盟畜牧志》《气象灾害大典·内蒙古卷》与锡林郭勒盟民政局提供的灾情统计数据。

3.6.1 锡林郭勒地区草原主要承灾体雪灾损失率的计算

根据灾害系统理论,草原雪灾的形成是草原雪灾致灾因子对承灾体作用产生的结果。草原雪灾的损失主要体现在牲畜、基础设施、草场、人口和经济多方面,可以用不同的标准去衡量,从以下三个方面去衡量是较为全面的:一是主要社会指标,包括受灾人口、死亡人数、紧急转移安置人口;二是范围指标,包括草场受灾面积;三是主要经济指标,包括牲畜损失、棚舍损失、直接经济损失。因此,本研究损失指标包括受灾人口、草场受灾面积、牲畜损失、棚舍损失、直接经济损失5个方面。

由于年际间牲畜、人口、棚舍基数差异较大,各地方经济发展水平不同,如果采用绝对指标的损失来评估草原雪灾损失,其结果对于政府制定防灾减灾及救灾政策的意义不大。在一个区域一定深度的积雪会造成一定数量的损失,但由于区域社会经济要素空间分布格局的差异,同等深度的积雪在另一区域未必造成同样数量的损失。因此,需要构建一种具有普遍应用意义的灾损曲线,而草原雪灾相对损失指标"损失率"在不同地区、不同年份均可试用且有可比性,更适合长时间尺度和大的空间区域草原雪灾损失评估,故而可以用来构建草原雪灾的灾损曲线。

损失率数据由损失的绝对量与社会经济总量数据相除得到。各承灾体损失率计算公式如下:

$$牲畜损失率 = \frac{草原雪灾牲畜损失数量}{当年年中牲畜总数} \times 100\%$$

$$棚舍损失率 = \frac{草原雪灾棚舍损失数量}{当年棚舍总数} \times 100\%$$

$$人口损失率 = \frac{草原雪灾人口受灾数量}{当年锡盟人口总数} \times 100\%$$

$$草场损失率 = \frac{草原雪灾受灾草原面积}{当年草原总面积} \times 100\%$$

$$直接经济损失率 = \frac{草原雪灾直接经济损失}{当年GDP} \times 100\%$$

3.6.2 锡林郭勒地区不同承灾体草原雪灾损失率曲线的建立

草原雪灾损失关系研究,是通过致灾强度与损失的数量关系来定量表达灾害影响程度的过程。脆弱性曲线作为精细化、定量化的脆弱性评价方法,其核心是表达出致灾因子强度或扰动强度和承载体脆弱性之间的定量关系。

通过前文统计和计算草原雪灾各承灾体损失率与其相应的积雪深度,针对每类承灾体,将损失率作为因变量,分别构建牲畜、棚舍、草原、人口和经济五种承灾体受不同积雪深度影响下的损失率曲线(图3.25)。

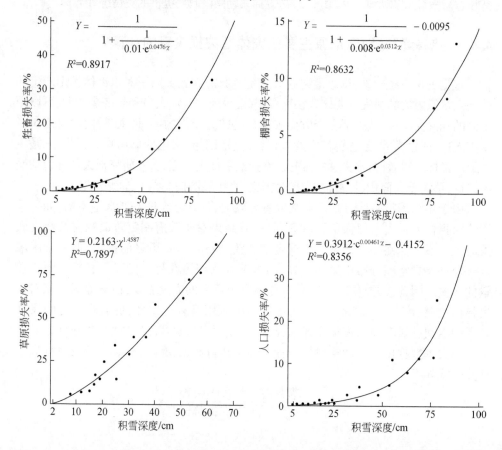

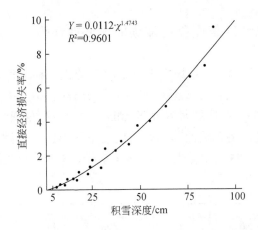

图 3.25　内蒙古锡林郭勒地区草原雪灾承灾体损失率曲线

图 3.25 可见,不同的积雪深度的草原雪灾与承灾体损失率之间存在明显的正相关关系,表明随着积雪深度的增加,承灾体损失率也呈现出增加的趋势。损失率曲线拟合度除了用于估算草原损失率的 R^2 为 0.7897 外,其余承灾体损失率均达到 0.8 以上,其中,用于估算直接经济损失率的曲线拟合度最高,$R^2>0.95$。因此,本研究所拟合的损失率曲线具有较好的拟合度,可以用于不同积雪深度时损失率的估算。

3.7　草原牧区不同承灾体草原雪灾损失快速评估

自然灾害的损失主要由承灾体的分布、承灾体的易损性以及致灾因子的强度所决定。目前,雪灾损失评估中常用的多指标综合评估法虽然能比较简单直观反映灾害损失的大小程度,但对于实际的救灾应急工作还缺少直接的决策支持作用。在时间上,由于灾害损失统计往往需要较长的时间;在空间上,灾后的快速统计往往有一定误差,一些地区的统计灾情可能大大低于实际损失,会极大地影响应急救助的人员和物资的投放。本研究的损失快速评估属于损失预评估,是在灾害发生前对可能因灾损失的人口、牲畜、棚舍、草场和直接经济在空间上的分布进行快速评估,对于应急救助过程中的抗灾救援决策具有重要意义。

本研究中的草原雪灾损失快速评估是利用草原雪灾发生前建立的承灾体空间数据库、易损性数据库以及其他辅助信息,在草原雪灾发生前通过遥感手段实时获取表征致灾因子强度的积雪深度,对因灾损失人口、牲畜数量、棚舍数量、草场面积和直接经济损失等进行快速的评估。

3.7.1 锡林郭勒地区草原雪灾草场损失快速评估

受积雪掩埋草场的影响,草场中未打草收割的牧草牲畜很难自行觅食。从整体来看,大部分草场网格内受灾面积都超过了 25km², 其中积雪深度最小的 2010 年,全盟网格内草场损失面积大多处于 50km² 的水平;在积雪深度普遍较高的 2015 年,草原雪灾造成的锡盟西部地区网格内草场损失面积达到了 150km², 多伦县整体基本都超过了 200 km²。近六年,全盟草场损失较高的地区为东乌珠穆沁旗和西乌珠穆沁旗(图 3.26)。

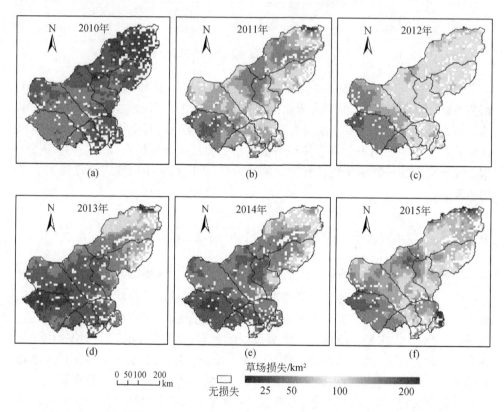

图 3.26　锡林郭勒地区 2010~2015 年草原雪灾草场损失快速评估结果(见彩图)

3.7.2 锡林郭勒地区草原雪灾牲畜损失快速评估

草原雪灾一旦发生,畜牧业受灾是首当其冲的,从空间上来看,锡林郭勒地区牲畜损失程度东部大于西部(图 3.27),太仆寺旗、多伦县和东乌旗的牲畜损失较为严重,部分网格内牲畜损失已超过 1200 只;苏尼特左旗、二连浩特市、苏尼特右旗和镶黄旗牲畜损失较轻;其余地区损失都处于中等水平,网格内草原雪灾牲畜损失约为500只左右。从时间上来看,2012年和2015年,锡林郭勒地区受草原雪灾影响牲畜损失最严重;2010年全盟基本未受灾。

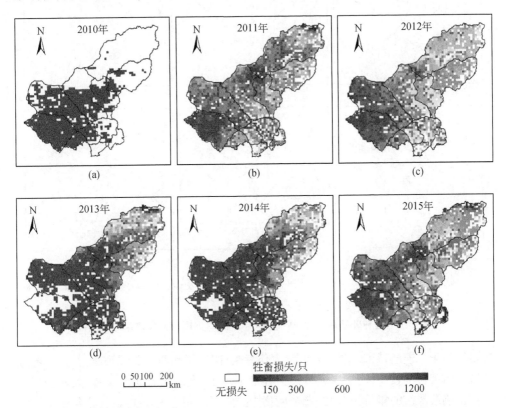

图3.27 锡林郭勒地区2010~2015年草原雪灾牲畜损失快速评估结果

3.7.3 锡林郭勒地区草原雪灾牲畜棚舍损失快速评估

棚舍损失多集中于锡盟南部地区,2012年和2015年太仆寺旗、多伦县和锡林浩特市受草原雪灾影响,棚舍损失较为严重;近六年,锡盟西部地区(镶黄旗、正镶白旗、苏尼特右旗)牲畜棚舍基本未受草原雪灾影响;除2010年外,其余年份锡盟东部地区(东乌珠穆沁旗和西乌珠穆沁旗)受草原雪灾影响损失棚舍约为100~200个,处于中等损失水平(图3.28)。

3.7.4 锡林郭勒地区草原雪灾人口损失快速评估

积雪过厚会严重影响居民的日常活动,从空间上来看,草原雪灾造成的人口损

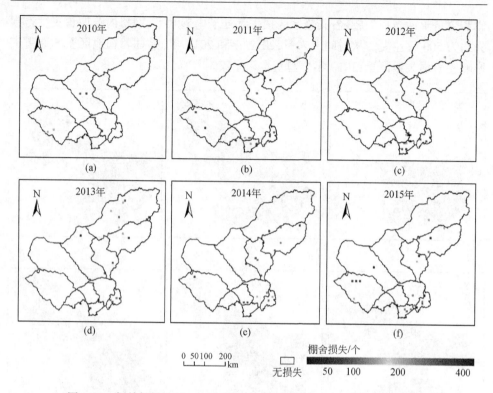

图 3.28　锡林郭勒地区 2010~2015 年草原雪灾棚舍损失快速评估结果

失多发生于二连浩特市、锡林浩特市、太仆寺旗、镶黄旗和西乌珠穆沁旗;其余大部分地区受雪灾影响较小,网格内人口损失程度不足 50 人。从时间上来看,人口受草原雪灾影响最严重的年份为 2015,部分网格内损失程度超过了 400 人;其余年份草原雪灾人口损失情况较轻,网格内人口损失多处于 100~150 人的水平(图 3.29)。

3.7.5　锡林郭勒地区草原雪灾直接经济损失快速评估

每年草原雪灾造成的直接经济损失情况相似,主要集中在锡盟西部地区和二

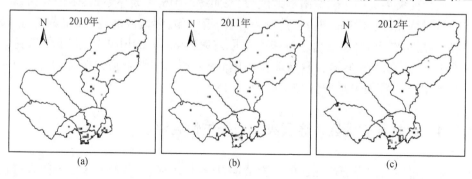

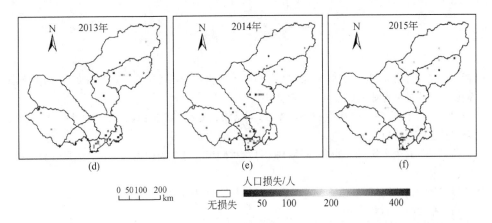

图 3.29　锡林郭勒地区 2010～2015 年草原雪灾人口损失快速评估结果

连浩特市,其中,二连浩特市、多伦县、太仆寺旗以及东乌旗的东北部受灾最为严重,2015 年部分网格内直接经济损失超过了 40 万元。相比之下,镶黄旗、苏尼特右旗、苏尼特左旗、阿巴嘎旗和东乌旗的大部分地区,草原雪灾造成的直接经济损失并不严重,网格内直接经济损失多数都低于 5 万元(图 3.30)。

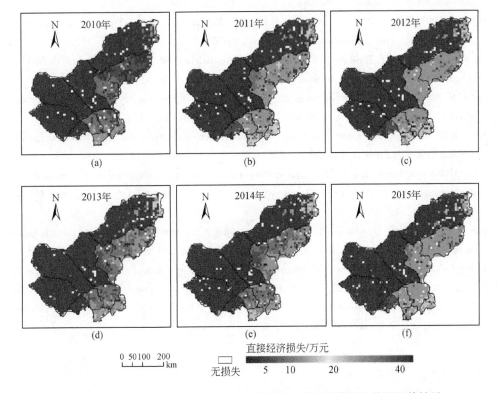

图 3.30　锡林郭勒地区 2010～2015 年草原雪灾直接经济损失快速评估结果

参 考 文 献

哈斯,张继权,郭恩亮,等. 2014. 内蒙古呼伦贝尔地区积雪面积时空演变规律研究:中国灾害防御协会风险分析专业委员会第六届年会,中国内蒙古呼和浩特.

黄薇,郝艳玲,王进,等. 2013. 渤、黄海 FY-3B 与 AMSR-E 亮温数据的比较. 中国海洋大学学报自然科学版,43(11):99~111.

李晓静,刘玉洁,朱小祥,等. 2007. 利用 SSM/I 数据判识我国及周边地区雪盖. 应用气象学报,18(1):12~20.

佟斯琴,张继权,哈斯,等. 2016. 基于 MOD16 的锡林郭勒草原 14 年蒸散发时空分布特征. 中国草地学报,38(04):83~91.

周瑶,王静爱. 2012. 自然灾害脆弱性曲线研究进展. 地球科学进展,27(4):435~442.

Dong F, Zhang J. 2008. A study on the characteristics of spatio-temporal distribution about grassland snow disaster in Xilinguole League of Inner Mongolia. Theory and Peactice of Risk Ananlysis and Crisi Response-Proceedings of the 3rd Annual Meeting of Risk Analysis Council of China Association for Disaster Prevention, Atlantis Press:115~121.

Grody N, Basist A. 1996. Global identification of snowcover using SSM/I measurements. IEEE Transactions on Geoscience & Remote Sensing, 34(1):237~249.

Grody N. 1991. Classification of snow cover and precipitation using the special sensor microwave imager. Journal of Geophysical Research Atmospheres, 96(D4):7423~7435.

Hallikainen M, Ulaby F, Deventer T E V. 1987. Extinction Behavior of Dry Snow in the 18- to 90-GHz Range. IEEE Transactions on Geoscience & Remote Sensing, GE-25(6):737~745.

Hofer R, Mätzler C. 1980. Investigations on snow parameters by radiometry in the 3- to 60-mm wavelength region. Journal of Geophysical Research Atmospheres, 85(C1):453~460.

Kelly R. 2009. The AMSR-E snow depth algorithm: description and initial results. Journal of the Remote Sensing Society of Japan, 29(1):307~317.

Neale C, Mcfarland M, Chang K. 1990. Land-surface-type classification using microwave brightness temperatures from the Special Sensor Microwave/Imager. IEEE Transactions on Geoscience & Remote Sensing, 28(5):829~838.

Sun Z, Zhang J, Zhang Q, et al. 2014. Integrated risk zoning of drought and waterlogging disasters based on fuzzy comprehensive evaluation in Anhui Province, China. Natural hazards, 71(3):1639~1657.

Zhang J, Dong F. 2008. The hazard identification and analysis of grassland snow disaster in Xilinguole League of Inner Mongolia. 133-138. Theory and Practice of Risk Ananlysis and Crisi Response-Proceedings of the 3rd Annual Meeting of Risk Analysis Council of China Association for Disaster Prevention, Atlantis Press:133~137.

第4章 草原旱灾、雪灾社会影响评价研究

草原旱灾、雪灾不仅对经济、生态环境造成巨大损失和威胁,还会对社会造成严重的次生灾害影响。本章以锡林郭勒盟为研究靶区,收集锡林郭勒盟12个旗县气象、社会经济、社会心理、社会制度等数据的基础上,首先分析旱灾致灾因子危险性的时空演变特征,然后选取典型案例年,利用熵组合权重法、加权综合评价法建立了锡林郭勒盟草原旱灾、雪灾社会影响评价模型,对旱灾、雪灾产生的社会影响进行初步定量分析和评价,并利用ArcGIS绘制出锡林郭勒盟草原旱灾、雪灾社会影响区划图。

4.1 草原旱灾危险性时空演变特征分析

4.1.1 研究区域与研究方法

1. 研究区域

锡林郭勒盟草原为研究靶区,地理位置处于内蒙古自治区的中部偏东,地处蒙古高原中部,东经115°13′~117°06′,北纬43°02′~44°52′。东与兴安盟、通辽市及赤峰市相连,西与乌兰察布市相接,南邻河北省,北与蒙古人民共和国接壤,边境线长1100 km。总面积20.14万 km^2,主要以草原畜牧业为主体经济,草原资源丰富,畜牧业发达,为国家提供大量优质的乳、肉、毛皮产品,该盟拥有天然草场19.24万 km^2,占全盟土地总面积的95%,占内蒙古自治区草原面积的1/4,是目前保存较为完好的天然草原,是发展放牧畜牧业的重要基地。属于北部温带大陆性气候,其主要特点是风大、干旱、寒冷。年平均气温0~3℃,结冰期长达5个月,寒冷期长达7个月,1月气温最低,平均-20℃,是华北最冷的地区之一。春季多风易干旱,夏季温凉雨不均,秋季凉爽霜雪早,冬季寒冷而漫长,使得降雪不易融化而形成积雪,且积雪的持续时间较长,为雪灾发生具备了客观条件。因此草原雪灾会频繁发生,给当地的畜牧业生产及人民生活带来巨大损失,随着灾害损失发生的同时也会对当地社会经济发展造成了巨大影响(图4.1)。

干旱是世界上危害最为严重的自然灾害之一,居自然灾害之首,其出现次数多、持续时间长、影响的范围广、造成的损失严重,尤其是农业经济损失。干旱的频繁发生和长期持续影响地表和地下水资源的供应,影响农作物的生长,其对牧区的

图 4.1 研究区地理位置

影响表现为阻碍牧草正常返青和生长发育,继而导致草地上生物量减少,影响区域畜牧业经济的可持续发展。随着全球气候变暖,内蒙古牧区干旱发生频率越来越高,发生干旱的等级也有明显的波动,对畜牧业和草原生态环境所造成的经济损失也越来越大。因此,中国北方地区干旱化问题一直是学术界研究的焦点,尤其是地处中国北方生态屏障的内蒙古。

内蒙古自治区东西跨度较大,锡林郭勒盟位于其中部,是我国最典型的草原分布区,因此本研究选取锡林郭勒盟作为研究区域。以往对内蒙古干旱研究多以内蒙古整体区域作为研究对象,使得干旱发生的区域性难以体现。也有部分研究针对锡林郭勒草原进行,但缺乏对牧草生长季的干旱情况进行研究。另一方面,以往研究多集中于区域降水量与温度的时空分布,集中对干旱灾害风险进行评价,且研究时间尺度较短,对区域整体牧草生长季干旱情况时空分布规律的研究较少。如何对草原牧区牧草生长季干旱情况进行分析,从总体上掌握其干旱演变特征,如何对干旱的发生进行预报,进而制定有效的抗旱策略和方案以减少旱灾可能带来的损失,成为了干旱研究领域的热点问题,这不仅是国家的需求,也是内蒙古畜牧业防灾减灾的服务保障性工作。

干旱成因复杂,受多个因素的控制,且评价指标的适用性受到区域的限制,目前研究干旱的指标主要有相对湿润度指数、Z 指数、帕默尔干旱指数、综合气象干旱指数、标准化降水指数等。本文选择最早由 McKee 等学者提出标准化降水指数（SPI）来作为干旱指标，它采用 Γ 分布概率来描述降雨量的变化，其计算简单，不受其他因素影响，可消除降水的时空差异，对干旱变化反映敏感，能很好的反映不同区域的和时段的干旱状况，且经过前人对干旱指数的研究比较，说明其更适合作为干旱分析的指标。

干旱的发生规律性不强，具有自然随机性，其预测具有较大的难度。国外研究者较多使用游程理论、线性回归模型、离散自回归模型、马尔科夫模型和可靠性分析等随机模型方法，同时结合干旱指数，如 PDI、PDSI、SPI 等，进行区域干旱程度、持续时间等干旱特征进行概率预测；国内学者基于灰色系统理论、大气环流系统、多元回归等模型，结合相关干旱指数，对区域干旱出现时间、程度或重灾年份也进行了预测研究。综上，国内外对农业干旱预测研究较为广泛，但是对牧区干旱预测，尤其是牧草生长季干旱预测研究较少，且已有研究只是提供一个框架式的结果，在兼顾多方面因素的同时忽略了对草原干旱特定影响因素的较为细致的预测研究。马尔科夫链预测方法是一种应用于随机过程预测的科学有效的方法，其立足于当前通过所获现实资料的基础上，运用其基本原理和方法对数据资料进行运算得出预测结果。近几年，该方法被国外学者结合其他干旱指数用于干旱特征的预测上，取得了较为满意的效果，为区域干旱管理提供了科学支持。

内蒙古牧区大部分地区土壤墒情较差，牧区干旱形式严峻，已有研究表明内蒙古干旱出现的规律大体上是十年九旱，三年一大旱。但目前内蒙古牧区牧草生长季干旱时空演变特征及其预测等问题并没有得到系统的研究，基本上采取被动抗旱的策略。鉴于此，本文根据研究区 1961~2012 年牧草生长季（4~8 月）降雨量时序数据，采用滑动平均法对降雨量数据进行处理，通过 Mann-Kendall 非参数趋势检验法和反距离权重空间内插法对区域牧草生长季干旱演变特征进行系统的分析，并结合加权马尔科夫预测模型，对区域牧草生长季干旱状态进行预测，旨在为草原畜牧业防灾减灾和可持续发展提供理论支持和科学依据。

2. 研究方法

（1）标准化降水指数（SPI）

本研究选用的标准化降水指数（SPI）是表征某时段降水量出现概率多少的指标，能在不同时间尺度下表征干旱。SPI 采用 Γ 分布概率来描述降雨量的变化，将偏态概率分布的降雨量进行正态标准化处理，最终用标准化降水累积频率分布来划分干旱等级。不同时间尺度的 SPI 值具有不同的物理意义，由于干旱具有累积效应，短期干旱对于牧草影响并不大，因为牧草本身具有一定耐旱性，为了更好地研究牧草生长季牧区干旱的演变特征，本文采用牧草生长季 4~8 月共 5 个月尺度的 SPI 值进行计算。

同时考虑到 SPI 在牧草生长季干旱定义与监测的适用性,本研究将计算出的 SPI 值对应的干旱状态进行分等划级,并与《气象灾害大典-内蒙古卷》中历年干旱情况进行比对,参照相关文献(李剑锋等,2012),最终确定出适用于牧草生长季的 SPI 值对应的干旱等级,将分级标准定为:无旱(SPI>0)、轻旱(-1.0<SPI≤0)、中旱(-1.5<SPI≤-1.0)、重旱(SPI≤-1.5)。

(2) Mann-Kendall(M-K)趋势检验法

Mann-Kendall(M-K)法是一种非参数统计检验,其优点是不需要样本遵从一定的数学分布,也不受样本异常值的干扰,更适用于类型变量和顺序变量,计算较为方便,目前已被世界气象组织建议使用此方法来进行长期气象趋势分析(WMO,1966;Wang et al.,2015)。本研究采用 M-K 趋势检验法,检验区域 SPI 值序列变化趋势。具体计算如下:

设一平稳独立时间序列为 $X_t(t=1,2,\cdots,N;N$ 为样本容量),原假设 H_0 为序列未发生趋势变化。构造 M-K 趋势分析的样本统计量为:

$$S = \sum_{i=1}^{N-1} \sum_{j=i+1}^{N} sgn(x_j - x_i) \tag{4.1}$$

式中,

$$sgn(x_j - x_i) = \begin{cases} +1, x_j > x_i \\ 0, x_j = x_i \\ -1, x_j = x_i \end{cases}$$

当 $n \geq 10$ 时,统计量 S 近似服从正态分布,不考虑序列中等值数据点情况,其均值 $E(S)=0$,方差 $var(s)=N(N-1)(2N+5)/18$。标准化检验统计量 Z 可用下式计算:

$$Z = \begin{cases} \dfrac{S-1}{\sqrt{var(s)}}, S>0 \\ 0, S=0 \\ \dfrac{S+1}{\sqrt{var(s)}}, S<0 \end{cases} \tag{4.2}$$

采用双侧检验,在 α 显著水平下,如果 $|Z|>Z_{(1-\frac{\alpha}{2})}$,则拒绝无趋势的原假设。

在此基础上,本研究引入 Kendall 值 τ,用来表示时间序列趋势的强弱程度,公式如下:

$$\tau = \frac{2S}{N(N-1)} \tag{4.3}$$

当 $\tau>0$ 时,表明区域 SPI 值有增加的趋势;当 $\tau<0$ 时,表明区域 SPI 值有降低的趋势。相关研究表明,样本自身过大的自相关性会影响统计量的计算结果,可能会使得某些不显著的趋势计算成显著,本研究经计算发现这些数据均无明显的自相关性,因此可利用该方法进行干旱趋势分析。M-K 趋势检验对于 SPI 值序列的

Kendall 值 τ，使用空间插值法——反距离加权法（IDW）将其进行空间插值，使干旱趋势演变的空间特征更加直观。

(3) 加权马尔科夫链预测模型

马尔科夫链的基本特征是"无后效性"，即 t_m 时刻的状态已知时，过程在大于 t_m 的时刻 t 的状态只与 t_m 时刻的状态有关，而与 t_m 之前的状态无关。它是一个时间和状态均离散的时间序列，其数学表达式如下：

定义在概率空间 (Ω, F, P) 上的随机序列 $\{X(t), t \in T\}$，其中参数集 $T = \{0, 1, 2, \cdots\}$，状态空间 $E = \{0, 1, 2, \cdots\}$，称为马尔科夫链。在实际应用中，一般只考虑齐次马尔科夫链，即对任意的 $n, k \in T$，有

$$P_{ij}(n, k) = P(X_{n+k} = j \mid X_n = i), i, j \in E \quad (4.4)$$

$$P_{ij} = \frac{n_{ij}}{\sum_{i=1}^{E} n_{ij}} \quad (4.5)$$

$P_{ij}(n, k)$ 为过程从 n 时刻的状态 i，经 k 步转移至状态 j 的概率。齐次的马尔科夫链 $[X(t)]$ 完全由其初始分布 $[P(i), i = 0, 1, 2, \cdots]$ 及其状态转移概率矩阵 [状态转移概率 $P_{ij}(i, j = 0, 1, 2, \cdots)$ 所构成的矩阵] 所决定。

由于气象条件的多样性、变异性和复杂性，降水过程存在大量的不精确性和不确定性，从而导致难以确定出未来某一时段降水量的准确数值（彭世彰等，2009），且降水量是一系列相依的随机变量，运用加权马尔科夫预测降水量时可通过各阶自相关系数表征出各种滞时的降水量间的相关关系及其强弱。SPI 以计算前期降水量为基础，将其与整个序列的同期降水量进行比较，从而得到相应的干旱状况。因此，参考降雨量的预测，先以前面若干滞时的 SPI 值对应的状态预测出下一时刻的状态出现的概率，然后利用前面各滞时与该年相依关系强弱加权求和，即可达到充分、合理利用 SPI 值进行干旱状态预测的目的，这就是本研究采用加权马尔科夫链模型预测的原因之所在。

4.1.2 草原旱灾危险性时空演变特征

1. 牧草生长季降雨量与 SPI 时间序列分析

近 52 年来锡林郭勒地区牧草生长季降水量与 SPI 波动较为剧烈，采用最小二乘法对区域及各站点三年滑动降水序列及 SPI 序列进行线性拟合，进而分析其变化趋势。从区域整体情况来看，牧草生长季降水量呈减少趋势，SPI 也随之呈现降低的趋势，且降水量曲线与 SPI 曲线倾向一致，曲线特征基本吻合（图4.2）。牧草生长季三点滑动平均降水量以 -1.92 mm/10a 的速度减少，SPI 指数以 -0.06/10a 的速度降低，表明锡林郭勒地区逐渐趋于干旱化。从区域总体 SPI 指数变化情况

来看,1972年、1980年、1989年、2001年、2005年和2007年为区域重旱年,SPI值均超过了-1.5,其中1980年最为严重,SPI值达到了-2.22,据《气象灾害大典》内蒙古卷记载(温克刚等,2008),1980年旱灾在全内蒙古地区也是30多年罕见的重大灾害,给锡林郭勒地区带来了巨大的旱灾损失。

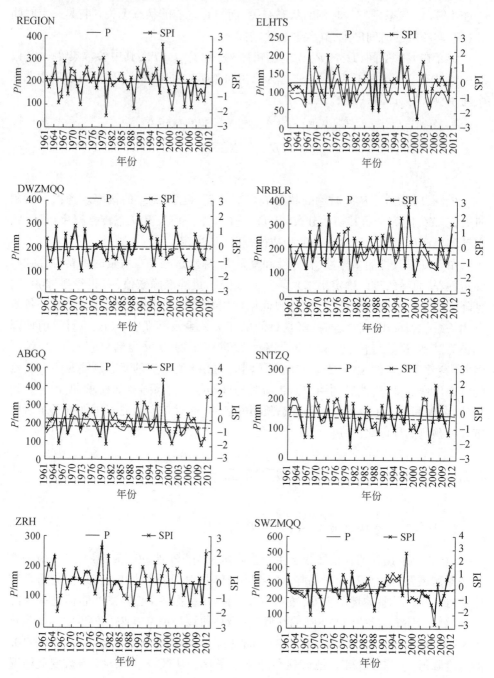

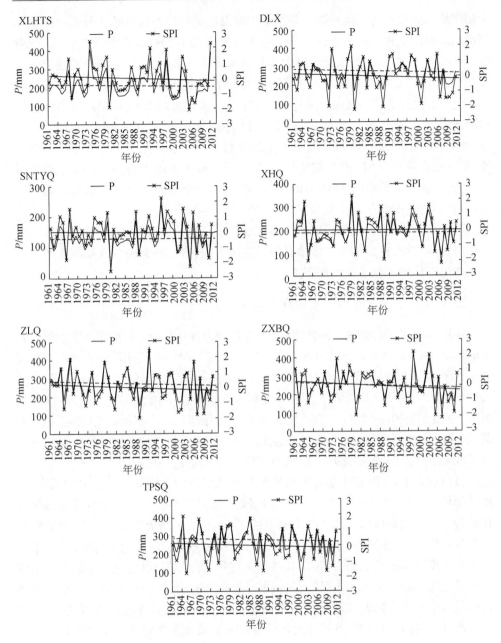

图 4.2　锡林郭勒及其区域各站点 1961~2012 年 4~8 月降水量(P)与 SPI 变化趋势图

从各站点的三点滑动平均降水量与 SPI 曲线图分析来看,绝大多数地区牧草生长季内降雨量与 SPI 值均有不同程度的减少和降低,且降水量曲线与 SPI 曲线倾向、曲线特征也基本一致,降水量减少的幅度区间为 0.06~5.85mm/10a,SPI 指数降低的区间为 0.001~0.11/10a,降水量与 SPI 减少幅度最低的地区为镶黄旗,减少幅度最大的地区为正镶白旗。各站点出现重旱的年份与区域总体分析中的重旱年份出现时间也较为一致。这一结论与王海梅等(2012)的研究结果类似,该研究指出1981~2007年锡林郭勒盟绝大多数区域的年均降水量呈现减少的趋势。与此相反,二连浩特与东乌珠穆沁旗降雨量与SPI有缓慢上升的趋势,其中二连浩特降水量增加速度为0.971mm/10a,SPI指数上升的速度为0.021/10a,东乌珠穆沁旗降水量增加的速度为0.169mm/10a,SPI指数上升的速度也为0.021/10a。此外,对那仁宝力格站点降水量与SPI序列进行分析时,虽然二者曲线特征基本一致,但该站点降水与SPI有反向变化的趋势,该站降水量以0.169mm/10a的速度缓慢上升,而SPI指数却以−0.05/10a的速度降低,一个可能的原因是该站点附近地区降雨波动大,影响了降水量与SPI长时间序列的趋势性。

以上分析表明,锡林郭勒盟绝大多数地区牧草生长季降雨量逐渐减少,区域干旱化将逐步加深,这也加大了该地区的旱灾风险,对区域社会经济及畜牧业的良好发展和生态保护产生了很大的阻力。

2. 牧草生长季SPI指数空间分布特征

应用M-K趋势检验法对锡林郭勒地区及区域内各站点SPI序列进行趋势检验,检验结果见表4.1。当Z统计量的绝对值大于1.96或1.645时,说明序列趋势在95%或90%的置信区间内变化趋势达到显著;将表示时间序列趋势强弱程度的Kendall值τ,通过地统计学方法,结合GIS平台,用IDW空间插值法插值,采用自然断点法,得到整个区域干旱变化趋势图(图4.3)。其中,IDW法是空间内插法之一,根据站点周围数值随着其到采样点距离的变化而变化,距采样点越近其数值和采样点的数值越接近,该方法在局部地区分析上,效果较普遍采用的克里格插值法(Kriging)要好。

分析表4.1可知,整个锡林郭勒地区及区域内各站点牧草生长季SPI序列的Z统计量值均在−1.302~0.450之间,因此该区域牧草生长季内干旱情况无显著变化趋势。但区域整体以及绝大多数站点的Kendall值τ均大于0,干旱程度呈轻微上升的趋势;仅二连浩特、镶黄旗、东乌珠穆沁旗和苏尼特右旗的Kendall值τ小于0,干旱程度有减轻的趋势。将Kendall值τ进行空间差值,以便更好地分析整个区域干旱变化趋势。由图4.3可知,区域干旱变化具有明显的空间差异性,干旱趋势整体呈现出由东南向西北逐渐加重的趋势。其中区域东乌珠穆沁旗西北部、二连浩特市、苏尼特左旗西部、苏尼特右旗西北部与镶黄旗南部地区干旱趋势相对来讲有所减缓;而区域东南部地区和苏尼特右旗西南部地区干旱程度有所加重。综上分析与对区域牧草生长季降水量及SPI序列的线性趋势分析基本一致。值的注意的是,相关研究证明锡林郭勒地区年降水量从东北向西南逐渐增多,而本文选取的牧草生长季4~8月份各站点的总降水量则呈现相反的趋势,相对来讲在牧草生长季降水量在区域东北部又增加的趋势,而在区域东南部有减少的趋势。本研究得出的结论只代表区域牧草生长季降水量相对来讲有所增加,干旱状况有所缓解,但是否区域有变湿的趋势,有待进一步研究。整体而言,在全球气候变化与人类活动不断加剧的现实背景下,区域牧区生长季干旱变化呈上升趋势,尤其是区域东南部和苏尼特右旗西南部地区,因此有关部门应加大该区域的干旱监测力度,及早做好旱灾防灾减灾准备。

表4.1 1961~2012年牧草生长季区域及各站点SPI指数序列M-K趋势检验结果统计

站点名称	Z统计量	Kendall_τ	站点名称	Z统计量	Kendall_τ
ELHTS	0.450	0.044	DWZMQQ	0.063	0.007
NRBLG	−0.174	−0.017	ABGQ	−1.057	−0.102
SNTZQ	−0.655	−0.063	ZRH	−0.939	−0.091
XWZMQQ	−0.299	−0.029	XLHTS	−0.971	−0.094
DLX	−0.529	−0.051	SNTYQ	−0.103	0.011
XHQ	0.355	0.035	ZLQ	−0.955	−0.092
ZXBQ	−1.302	−0.125	TPSQ	−0.560	−0.054
REGION	−0.781	−0.075			

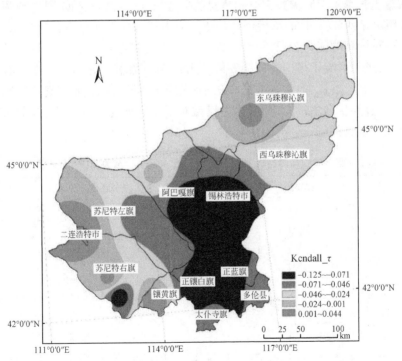

图4.3 锡林郭勒地区干旱趋势图

3. 基于加权Markov模型的牧草生长季干旱预测分析

根据计算出的区域各站点的牧草生长季4~8月的SPI值,按照确定的牧草生长季 SPI 值对应的干旱等级划分标准,对各站点的干旱状态进行划分。基于划分出的各年份的干旱状态,分别计算出各站点的各阶自相关系数,确定出马尔科夫链不同滞时(本研究取 4 阶滞时)的干旱状态概率转移矩阵,最终以各站点各阶自相关系数归一化的结果作为权重,将同一状态的各预测概率加权和作为 SPI 指数处于该状态的预测值,取加权和值最大的状态作为该年该站点的干旱状态。据此预测出锡林郭勒地区 2013~2016 年的干旱状态,并将 2001~2012 年的实际干旱状态与模型预测结果进行对比验证,统计结果见表 4.2 和表 4.3。由表 4.2 和表 4.3 可知,在以 2001~2012 年 12 年干旱验证的过程中,该模型对无旱状态的预测能力较强,达到了 92% 以上,其次为轻旱、中旱与重旱,该模型对干旱状态突变的预测能力较弱。这与王彦集等(2007)的研究结果类似,他指出该模型对无旱的预测比较准确,对持续干旱也有一定的预测能力,仅适用于中长期的干旱预测。从该模型对该站点预测情况来看,除西乌珠穆沁旗外,该模型的预测精度基本都在 60%~70%,而且该模型对于区域各站点 2013~2016 年干旱情况的预测,与前述对于区域干旱总体变化趋势较为一致,如锡林浩特市、正蓝旗,因此预测结果可作为牧区对于牧草生长季干旱防灾减灾早期预警的参考依据。对加权马尔科夫预测过程及其 SPI 历史序列分析可知,该模型的预测能力主要集中于无旱与轻旱的状态上,而重旱与中旱的预测能力较弱,一个可能的原因是区域各站点的无旱与轻旱出现的频率较高,进而影响了模型的预测效果。此外,对于加权马尔科夫模型已有一些研究人员对其进行改良,但基本都是主观地调整模型中的参数,如何基于区域干旱指数,同时结合加权马尔科夫模型,提高模型对干旱突变能力的预测,将是未来干旱预测研究的重点(马齐云等,2016)。

表 4.2 基于加权马尔科夫模型的牧草生长季干旱状态预测结果及模型验证

年份	ELHTS		DWZMQQ		NRBLG		ABGQ		SNTZQ		ZRH		XWZMQQ	
	T	P	T	P	T	P	T	P	T	P	T	P	T	P
2001	4	1	2	1	2	1	4	1	3	1	3	1	2	1
2002	1	1	1	1	1	1	2	1	2	1	2	1	2	1
2003	1	2	1	1	1	1	1	1	1	1	1	1	2	1
2004	2	2	2	2	2	2	1	1	1	1	1	1	2	1
2005	3	3	2	1	2	1	1	1	4	1	1	1	1	1
2006	2	1	4	1	3	1	1	1	2	1	2	2	3	1
2007	1	2	3	3	3	1	1	1	1	1	1	4	1	1
2008	2	2	1	1	1	1	1	1	2	1	2	2	1	1
2009	1	1	1	1	2	2	2	1	1	1	1	1	1	1
2010	2	1	2	1	3	1	4	1	2	1	1	1	2	1
2011	2	1	2	1	2	1	3	1	1	1	3	1	1	1

续表

年份	ELHTS		DWZMQQ		NRBLG		ABGQ		SNTZQ		ZRH		XWZMQQ	
	T	P	T	P	T	P	T	P	T	P	T	P	T	P
2012	1	1	1	1	1	1	1	1	1	1	1	1	1	1
预测														
2013		2		1		1		1		1		1		1
2014		1		2		2		1		2		1		1
2015		2		1		1		1		1		2		1
2016		1		1		2		1		2		1		1

表4.3 基于加权马尔科夫模型的牧草生长季干旱状态预测结果及模型验证（续）

年份	XLHTS		DLX		SNTYQ		XHQ		ZLQ		ZXBQ		TPSQ	
	T	P	T	P	T	P	T	P	T	P	T	P	T	P
2001	3	2	4	2	3	1	3	1	4	1	2	2	4	1
2002	2	2	2	1	2	1	1	1	3	1	1	1	2	1
2003	1	1	1	1	1	1	1	1	1	1	1	1	1	1
2004	1	1	2	1	1	1	1	1	1	1	1	1	1	1
2005	4	2	2	2	4	1	3	1	2	1	4	2	2	1
2006	3	1	2	1	1	1	1	2	1	1	1	1	1	1
2007	4	2	3	1	3	1	4	1	4	1	4	1	2	1
2008	2	2	1	1	1	1	1	1	1	1	2	1	1	1
2009	2	1	3	2	2	1	3	1	4	1	3	1	4	1
2010	2	2	3	3	1	1	1	1	2	1	2	2	1	1
2011	2	2	3	3	1	2	2	1	2	2	4	1	3	1
2012	1	2	2	3	1	2	1	1	1	1	1	1	1	1
预测														
2013		2		3		1		1		1		1		1
2014		2		3		1		1		1		1		1
2015		2		3		1		1		1		1		1
2016		2		3		1		1		2		1		1

注：T．真实状态；P．预测的干旱状态。

4.1.3 结论与讨论

该研究基于锡林郭勒盟区域14个气象站的近52年标准化降水指数（SPI），采用最小二乘法和Mann-Kendall趋势检验法研究各站点牧草生长季内降水量、SPI

以及干旱变化趋势,采用反距离权重插值法对 Kandall 值 τ 进行空间差值,进而分析区域牧草生长季干旱状态的时空变化特征,最后结合加权马尔科夫模型对区域未来牧草生长季干旱状态进行预测。结果与结论如下:

(1)整个锡林郭勒地区牧草生长季降水量呈减少趋势,SPI 也随之呈现降低的趋势特征,牧草生长季三点滑动平均降水量以-1.92 mm/10a 的速度减少,SPI 指数以-0.06/10a 的速度降低,区域干旱化程度将逐渐加深。绝大多数地区牧草生长季内降雨量与 SPI 值均有不同程度的减少和降低,降水量减少的幅度区间为 0.06 ~ 5.85mm/10a,SPI 指数降低的区间为 0.001 ~ 0.11/10a。与此相反,二连浩特与东乌珠穆沁旗牧草生长季内降水量有上升的趋势,干旱趋势有所缓解。

(2)整个锡林郭勒地区及区域内各站点牧草生长季 SPI 序列的 Z 统计量值均在-1.302 ~ 0.450 之间,该区域牧草生长季内干旱情况无显著变化趋势。但区域整体以及绝大多数站点的 Kendall 值 τ 均大于 0,干旱程度呈轻微上升的趋势;仅二连浩特、镶黄旗、东乌珠穆沁旗和苏尼特右旗的 Kendall 值 τ 小于 0,干旱程度有减轻的趋势;同时区域牧草生长季干旱状况整体呈上升趋势,有明显的空间差异性,从西北向东南逐渐加重,尤其是区域东南部和苏尼特右旗西南部地区最为严重。

(3)加权马尔科夫模型对无旱状态的预测能力较强,对干旱状态突变的预测能力较弱。对区域 2013 ~ 2016 年牧草生长季干旱情况进行预测,预测结果与前述区域干旱整体变化情况较为一致,预测结果可为牧区对于牧草生长季干旱防灾减灾早期预警的参考依据。

本研究将干旱研究尺度选定在牧草生长季期间,在这个尺度下逐气象站点进行干旱特征分析,可以更加清晰的把握牧区牧草生长季的干旱演变情况,从而指导牧区尽早做好防灾减灾准备。虽然要正确识别牧草生长季干旱,还需综合考虑牧草生长期内供需水的关系及人类活动的影响,但气象干旱仍旧是其他各类干旱的基础(陈少勇等,2015),因此,本研究对牧草生长季干旱特征的探究,具有一定的科学价值。应用加权马尔科夫模型对未来生长季干旱情况预测,虽然预测精度不是很优良,但仍能为牧区早期干旱预警提供一定的科学参考,对于该模型的科学改进,也是今后研究的重点。

4.2 草原雪灾时空演变分析

4.2.1 理论依据与研究方法

1. 理论依据

从灾害学的角度出发,草原雪灾的产生必须具有以下条件:①必须存在诱发降雪的因素(致灾因子);②存在形成草原雪灾的环境(孕灾环境);③草原牧区降雪的影响区域有人类及其社会集合体的居住或分布有社会财产(承灾体)。图4.4概括了草原雪灾成灾的机理和过程。从区域灾害系统论的观点来看,草原雪灾的致灾因子、孕灾环境、承灾体、灾情之间相互作用,相互影响,形成了一个具有一定结构、功能、特征的复杂体系,这就是草原雪灾灾害系统,其中,致灾因子、孕灾环境、承灾体和灾害损失(灾情)包括如图4.5所示要素。

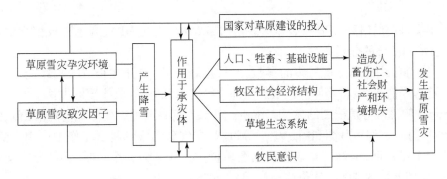

图4.4 草原雪灾成灾机理

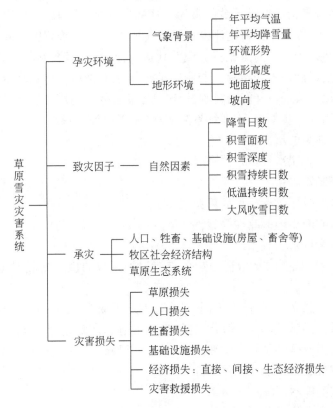

图4.5 草原雪灾灾害系统的构成要素

草原牧区主要位于交通闭塞、经济落后、生产低下的边远地区和少数民族地区，游牧仍然是一些牧区主要的生产方式，而且国家对草原建设的投入相对较少，政府对草原管理和规划不当，再加上有些牧民观念意识不足，采用掠夺式经营，使草原生态失去平衡，会加重雪灾，增加灾后恢复的难度。因此，加大国家对草原建设投入，增强牧民意识对于减轻牧区雪灾已是当务之急。

2. 研究方法

本文采用的研究方法包括等值线法、层次分析法（AHP）、灰色定权聚类法和GIS技术相结合的分析方法。

（1）等值线法是指将采集的参数，经数据处理后，展开在相应的测线测点上，按一定的等值数差，将相同等级数据全部勾绘出来，形成等值线图的方法。本文采用Surfer软件画等值线图的方法。Surfer制图一般要经过编辑数据、数据插值、绘制图形、打开及编辑基图和图形叠加等过程，在气象预报和科研工作中应用广泛，能减少工作强度，提高工作效率和出图质量。具体分为5个步骤，详细参阅文献（曾志雄和陈慧娴，2006；武俊红和汪云甲，2006）。

（2）层次分析法（AHP）是一种对指标进行定性定量分析的方法，层次分析法是计算复杂系统各指标权重系数的最为合适的方法之一，因此本研究采用专家咨询基础上的AHP方法作为确定评价指标权重的方法。本研究应用此方法的基本思路是：通过将每个因子的组成指标成对地进行简单地比较、判断和计算，得出每个指标的权重，以确定不同指标对同一因子的相对重要性。它是对指标进行一对一的比较，可以连续进行并能随时改进，比较方便有效。运用层次分析法进行决策时，大体可分为6个步骤进行，详细参阅文献（王以彭等，1999）。

①画指标体系的层次图；
②确定计算各层次权重系数顺序；
③构造判断矩阵；
④各层次单排序指标权重计算；
⑤各层次判断矩阵一致性检验；
⑥计算组合权重系数。

（3）灰色定权聚类法是指根据灰色定权聚类系数的值对聚类对象进行归类，称为灰色定权聚类。

当聚类指标意义不同、量纲不同，且在数量上悬殊很大时，若不给各指标赋予其不同的权重，可能导致某些指标参与聚类的作用十分微弱，所以利用灰色定权聚类法对各聚类指标事先赋权。详细参阅文献（刘思峰等，1999；朱传志等，2006）。

灰色定权聚类可按下列步骤进行：
①绘出聚类样本矩阵；
②确定灰类白化函数；

③根据以往经验或定性分析结论给定各指标的聚类权 $\eta_j(j=1,2,\cdots,m)$;

④计算指标定权聚类系数 σ_i^k，构造聚类系数向量 σ_i;

⑤把对象进行聚类。若 $\sigma_i^{k^*} = \max\limits_{1 \leq k \leq j}\{\sigma_i^k\}$，则断定聚类对象 i 属于灰类 k^*。

3. 技术路线

地理信息系统(GIS)具有采集、管理分析和输出多种空间信息的能力，与草原雪灾的形成密切相关的雪灾发生次数、大雪日数、积雪日数、雪灾发生的地理分布等均具有较强的空间变异性，可以用空间分布数据来表现，GIS 技术必然能够对草原雪灾的灾情分析起到很好的支持作用。因此本研究借助 GIS 技术对内蒙古锡林郭勒盟草原雪灾灾情进行分析。

对草原雪灾的研究基于 GIS 技术，根据区域灾害系统理论及草原雪灾成灾机理，建立内蒙古锡林郭勒盟地区草原雪灾灾情评价与等级划分技术路线图，如图 4.6 所示。总体来讲，内蒙古锡林郭勒盟地区草原雪灾灾情评价与等级划分可分为以下四步：①数据的收集与整理；②草原雪灾灾情信息管理系统；③灾情评价与区划；④提出综合防御对策。

4.2.2 草原雪灾时空演变特征分析

影响草地牧区降雪是否成灾的气象因子主要有冬春降雪量、积雪覆盖面积、积雪深度、积雪日数、气温等，它们具有年、月、日变化和地理分布变化，因此草原雪灾具有明显的时空分布特征。对灾害系统时空分布规律的认识是灾害区划的基础。分析锡林郭勒盟雪灾的时空分布规律，可以更好地为其经济发展服务，为防灾、减灾规划以及抗灾、救灾决策管理提供依据。

降雪不一定成灾，适当的降雪不仅能解决冬季的牲畜冬季的饮水问题，而且对翌年春季牧草返青非常有利。根据中国牧区畜牧气候区划科研协作组调查，只有积雪深度达到一定程度才能形成雪灾。积雪越厚，持续时间越长，家畜所受到的影响便越大。而在同等的积雪条件下，牧草长势越好，积雪对家畜采食量的影响便越小；而且畜群的体况越好，受到雪灾影响时损失越小。当草甸草场积雪深度≥15cm，草原草场≥10cm，荒漠草场≥5cm 时，雪埋牧草相当于牧草高度的30% 及以上时就可以发生雪灾。本研究在此气象标准研究基础上结合中国气象局制定的统计标准，即当年 10 月至次年 5 月，草地牧区积雪深度≥5cm 且连续积雪日数≥7 天统计为一次草地牧区雪灾过程，对内蒙古锡林郭勒盟该地区 24 个气象站的地面气象资料进行了统计、整理并对内蒙古锡林郭勒盟草原雪灾的时空分布进行分析。

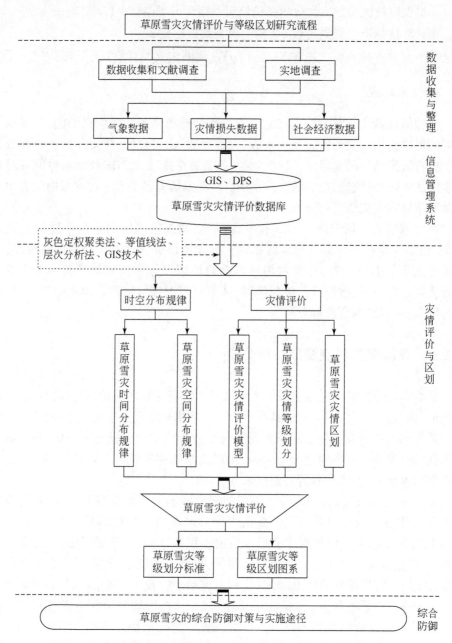

图4.6 内蒙古锡林郭勒盟草原雪灾灾情评价与等级区划技术路线图

1. 年际变化规律

草原雪灾的年际变化主要表现草原雪灾多来年总的发展趋势。通过对内蒙古锡林郭勒盟24个气象站点地面气象资料进行分析(图4.7),内蒙古锡林郭勒盟草原雪灾年际变化较大,这是由于天气、气候变化不确定因素及人为因素的影响,使得草原雪灾呈现不均匀的波状起伏状态。通过3年移动平均曲线可以看出,在20世纪60年代草原雪灾呈现增加-减少-再增加的波状趋势;70年代草原雪灾亦呈现增加-减少-再增加的波状趋势,也就是说在60年代和70年代的中期,是雪灾发生的低谷期;而雪灾高发的年份有1961(指1961~1962年间,以下依此类推)、1963、1967、1970、1971、1972、1977、1980年,集中发生在60、70年代的始末;而1967、1970、1977、1980年是草原雪灾发生的高峰年份。

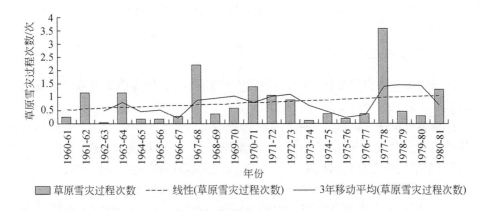

图4.7 内蒙古锡林郭勒盟草原雪灾过程平均次数年际变化

从图4.7的趋势线可以看出,雪灾有增加的趋势,总体说来,锡林郭勒盟草原雪灾是呈波状增加的趋势,雪灾呈现波状说明其主要受气候变化的影响,而雪灾呈增加的趋势则说明人类活动的不断增强,特别是单位草场载畜量持续增加导致草地退化使承灾体变得更为脆弱是雪灾持续增长的主要原因之一。

2. 季节分布规律

受内蒙古锡林郭勒草原的气候影响,草原雪灾的发生的季节性很强。从1960~1980年积累的锡林郭勒盟各月的雪灾次数统计资料可以看出(图4.8),锡林郭勒盟雪灾的发生期一般自当年10月至翌年5月均可出现雪灾,全年雪灾发生期长达6、7个月之久,内蒙古锡林郭勒盟草原雪灾主要发生在12月~次年3月,占总体的80.25%,均出现在冬春寒冷的季节,11、12月的雪量大,表层积雪可日融夜冻形成冰壳,牲畜不易采食而成灾,2、3月是季节转换时期,是冷空气活动频繁的季节,加上冬季体能大量消耗,春天牲畜的体能普遍下降,牲畜膘情最差,部分牧区又处于接羔保育期,抵御灾害的能力低,容易成灾。高峰期出现在2月。

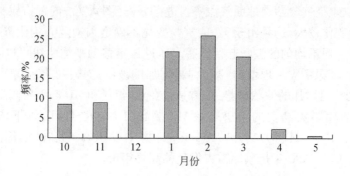

图4.8 锡林郭勒盟不同月份草原雪灾发生频率

3. 空间分布规律研究

由于锡盟各地自然条件、草场类型和生产方式不同,使得锡盟草原雪灾发生呈现区域性差异,因此草原雪灾具有空间差异性。

用相关分析法分别做出年平均雪灾过程的次数与年平均降雪日数和积雪日数的相关系数,r 分别等于 0.74 和 0.88,且都通过 $P<0.01$ 检验,呈现非常好的相关性,说明年平均降雪日数和积雪日数越多,其发生草原雪灾的可能性越大。

用资料统计各站点草原雪灾发生年数,进行分析整理后生成等值线图,结合年平均降雪日数、积雪日数分布图来对比分析锡林郭勒盟各地区的雪灾空间分布情况。锡盟的年平均降雪日数呈现从东南到西北逐渐递减的格局,东部年平均降雪日数多于西部、南部多于北部,高值区分布在西乌珠穆沁旗、太仆寺旗。年平均积雪日数的空间分布格局与锡盟多年平均降雪日数基本一致,但是多伦县已经不是积雪日数的高值区。正蓝旗和正镶白旗相对来说年平均降雪日数并不多,但是年平均积雪日数相对来说较多,所以降雪成灾的可能性较大。

在地理空间分布上,总体上看,锡盟草原雪灾呈波动式变化(图4.9)。研究区草原雪灾高发区主要在锡盟西部的苏尼特左旗和苏尼特右旗北侧;锡盟东部的东乌珠穆沁旗东侧的乌拉盖苏木和西乌珠穆沁旗;中部的锡林浩特市朝克乌拉苏木;南部的正蓝旗、太仆寺旗、正镶白旗。西部的苏尼特左旗和苏尼特右旗的多年平均降雪日数和积雪日数并不多,但是雪灾却频发,主要是因为其草场类型属于荒漠、半荒漠草原,且草原退化较严重,即使少量积雪也使该地区容易发生雪灾,其草地退化非常严重,退化草地面积分别占其各自草地总面积的 71.6% 和 75.1%;东乌珠穆沁旗东侧的乌拉盖苏木的纬度相对较高,气温较寒冷,且年平均积雪日数非常多,易发生雪灾;太仆寺旗、正蓝旗、正镶白旗草地退化较严重退化草地面积分别占其各自草地总面积的 70%、34.7% 和 43.1%。研究结果表明,内蒙古锡林郭勒草原雪灾呈两侧多而中部少的空间格局,呈点状分布。这种分布的特点主要是因为所处地理环境、草地类型的不同和人类活动的影响。雪灾高发区,也往往是雪灾严重区,反之,雪灾频率低的地区往往是雪灾较轻的地区,但牧区大雪灾都很少有连年发生的现象。

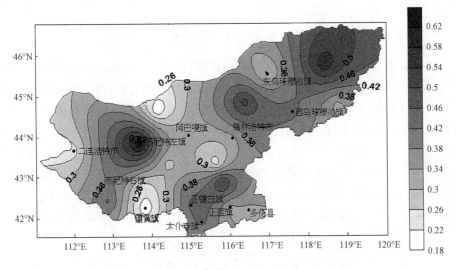

图 4.9　内蒙古锡林郭勒盟草原雪灾发生频次(次/a)

从表 4.4 可知,在 21 年间,雪灾发生率最高的是苏尼特左旗,年发生频率为 62%,其次是乌拉盖,年发生频率为 57%,再次是朝克乌拉和那日图,为 52%。锡林郭勒盟年平均草原雪灾发生频率为 37%,也就是说平均三年就发生一次草原雪灾。

表 4.4　内蒙古锡林郭勒盟各站点草原雪灾发生年数及频率

站点	发生的年数	频率/%	站点	发生的年数	频率/%
乌拉盖	12	57.1	白日乌拉	6	28.6
东乌珠穆沁旗	6	28.6	巴彦郭勒	5	23.8
朝克乌拉	11	52.4	那日图	11	52.4
罕乌拉	7	33.3	赛汉乌力吉	5	23.8
伊和郭勒	7	33.3	苏尼特右旗	8	38.1
那仁宝勒格	4	19.0	阿拉腾嘎达苏	8	38.1
西乌珠穆沁旗	9	42.9	朱日和	9	42.9
达来	8	38.1	正镶白旗	9	42.9
阿巴嘎旗	7	33.3	正蓝旗	7	33.3
锡林浩特	7	33.3	镶黄旗	4	19.0
苏尼特左旗	13	61.9	多伦县	7	33.3
二连浩特	5	23.8	太仆寺旗	9	42.9

4.2.3 内蒙古锡林郭勒盟草原雪灾灾情评价与区划

1. 内蒙古锡林郭勒盟草原雪灾灾情评价指标体系的建立

灾情评价是指对灾害造成的各种损失和影响进行经济评价和估计。对草原雪灾等级的评价需综合考虑各方面指标,以综合反映灾情的真实性。参考各类文献,在与专家经验相结合的基础上,结合自己的看法,遵循指标体系构建的原则,综合考虑指标体系确定的系统性、科学性、目的性、可比性和可操作性原则,筛选并确定了草原雪灾的灾情评价指标体系表(图 4.10)。在以往的灾害损失分类或计算中,忽略了一项十分重要的内容,就是灾害事件发生后的救灾和灾区恢复的投入部分,它包括为救灾和灾区恢复工作所投入的全部社会产品总量,我们暂时称之为灾害救援损失。所以评价指标可概括为 6 项:草原损失、人口损失、牲畜损失、基础设施损失、经济损失及灾后救援损失,共包括 12 个子指标。

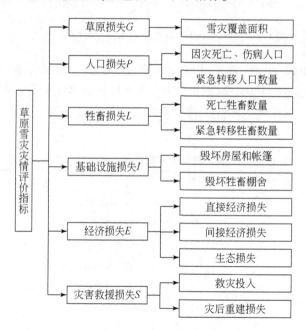

图 4.10　草原雪灾灾情评价指标体系

2. 基于相对指标划分的草原雪灾灾情评价模型的建立

灰色白化权函数聚类可以分为灰色变权聚类法和灰色定权聚类法。灰色变权聚类法适用于指标的意义、量纲皆相同的情形。当聚类指标的意义、量纲不同且不同指标的样本值在数量上悬殊较大时,不宜采用灰色变权聚类。当聚类指标意义不同、量纲不同,且在数量上悬殊很大时,采用灰色变权聚类可能导致某些指标参与聚类的作用十分微弱。解决这一问题有两条途径一条途径是先采用初值化算子或均值化算子将各指标样本值化为无量纲数据,然后进行聚类。这种方式对所有聚类指标一视同仁,不能反映不同指标在聚类过程中作用的差异性。另一条途径是对各聚类指标事先赋权。第二种聚类方法就是本文所采用的灰色定权聚类法。灰色定权聚类评估非常适用于评价指标体系中指标意义不同、量纲不同,且在绝对数量上差异悬殊,而最终又希望得到一个能够反映目前状况的综合指标这样一种情形,因此本研究选取灰色定权聚类评价方法对草原雪灾灾情进行评价。

(1) 构建聚类样本矩阵

随着生产力水平的发展,人们对灾害的研究不断深入,防灾减灾措施日趋科学化,但由灾害造成的损失却急剧上升。灾情评价的目的是为灾情等级的确定与划分服务。由于各地方的草原面积不同、经济发展水平不同等原因,如果用绝对指标评价草原雪灾灾情等级,评价出来的结果应用于政府制定防灾减灾及救灾政策的意义不大,利用相对指标来评价灾情则可以得出较为客观的结论,为防灾、减灾以及协调发展生产力与防御灾害的关系提供科学依据。因此本研究考虑利用相对指标,对原始数据进行处理,得出新的样本值,而且由于各指标中的子指标对评价结果的影响较小,所以对原始数据进行如下处理得到新的样本值:

$$G = \frac{受灾草原面积}{草原总面积} \quad (4.6)$$

$$P = \frac{伤亡人口数量+紧急转移人口数量}{总人口数量} \quad (4.7)$$

$$L = \frac{伤亡牲畜数量+紧急转移牲畜数量}{总牲畜数量} \quad (4.8)$$

$$I = \frac{毁坏房屋和帐篷}{总房屋和帐篷} + \frac{毁坏牲畜棚舍}{总牲畜棚舍} \quad (4.9)$$

$$E = \frac{直接经济损失+间接经济损失+生态经济损失}{GDP} \quad (4.10)$$

$$S = \frac{救灾投入+灾后重建损失}{GDP} \quad (4.11)$$

以内蒙古地区锡林郭勒盟12个旗县为聚类对象,以图4.10为聚类评价指标(其中包括若干个子指标),选用了6个聚类指标,即草原损失、人口损失、牲畜损失、基础设施损失、经济损失、灾后救援损失,并设定4个灰类,则聚类灰数集即灰类集$\{k\}$($k=1,2,3,4$),其中1,2,3,4分别代表轻灾、中灾、重灾、特大灾。设第i个聚类对象关于第j个聚类指标的样本值为x_{ij},即第i个旗县关于第j个聚类评价指标的处理后的样本值。构建聚类样本矩阵为:

$$X = \{x_{ij}\} \quad (i=1,2,\cdots,12; j=1,2,3,4,5,6) \quad (4.12)$$

(2) 确定各指标的聚类权

层次分析法的主要特点是定性与定量分析相结合,将人的主观判断用数量化形式表达出来并进行科学处理。由于是对指标进行一对一的比较,而不是对所有指标一起进行比较,而且一对一比较方面,可以连续进行并能随时改进。因此,更能适合复杂的科学领域情况。在广泛征求草原雪灾研究领域的专家和学者意见的基础上,利用层次分析方法对草原损失、人口损失、基础设施损失、牲畜损失、经济损失、灾后救援损失各自的权重值进行计算,其聚类权集为

$$\eta_j = \{\eta_1, \eta_2, \eta_3, \eta_4, \eta_5, \eta_6\} = \{0.033, 0.052, 0.204, 0.077, 0.480, 0.154\}$$

(4.13)

一致性检验用矩阵最大特征根 $\lambda_{max} = 6.2989$,计算一致性指标 CI:

$$CI = \frac{\lambda_{max} - n}{n - 1} \quad (n \text{ 为阶数})$$

查平均随机一致性指标 RI,可知 RI=1.26,故一致性比例 CR=CI/RI=0.0474<0.1。由此可见,评判矩阵具有较满意的一致性。虽然这些权重值相对来讲比较合理,但相信仍能够很好的改进,而且如果需要,可以被修正。

(3) 确定灰类白化函数

根据实际情况,通过对调查资料的汇总和分析,在征求有关草原雪灾管理部门意见的基础上,借助 GIS 技术将草原雪灾灾情等级划分中各指标样本值划分为 4 个灰类,确定不同的子灰类的临界值,见表 4.5。

表 4.5 各评价指标的灰类划分

指标代号	权重	轻灾	中灾	重灾	特大灾
1(G)	[0.033]	[0.230, 0.28]	[0.28, 0.32]	[0.32, 0.3702]	[0.3702, 0.4299]
2(P)	[0.052]	[0.014, 0.021]	[0.021, 0.046]	[0.046, 0.071]	[0.071, 0.135]
3(L)	[0.204]	[0.078, 0.096]	[0.096, 0.134]	[0.134, 0.152]	[0.152, 0.171]
4(I)	[0.077]	[0.028, 0.033]	[0.033, 0.037]	[0.037, 0.040]	[0.040, 0.048]
5(E)	[0.480]	[0.018, 0.021]	[0.021, 0.026]	[0.026, 0.030]	[0.030, 0.033]
6(S)	[0.154]	[0.0064, 0.0096]	[0.0096, 0.0143]	[0.0143, 0.0178]	[0.0178, 0.0214]

由表 4.5 和各指标值,设 j 指标 k 子类的灰类的白化权函数为 $f_j^k(\cdot)$ ($j=1,2,3,\cdots,6; k=1,2,3,4$) 根据灰色定权聚类模型及各指标实现值,参考各类文献并结合自己的意见确定每个指标关于各灰类的白化权函数,得到各评价指标的白化权函数分别为:

$$f_1^1[-,-,0.28,0.35], f_1^2[0.23,0.32,-,0.4],$$
$$f_1^3[0.23,0.37,-,0.48], f_1^4[0.23,0.43,-,-];$$
$$f_2^1[-,-,0.02,0.06], f_2^2[0.01,0.05,-,0.1],$$

$f_2^3[0.01,0.07,-,0.18], f_2^4[0.01,0.14,-,-]$;
$f_3^1[-,-,0.09,0.14], f_3^2[0.08,0.13,-,0.16]$,
$f_3^3[0.08,0.15,-,0.19], f_3^4[0.08,0.17,-,-]$;
$f_4^1[-,-,0.033,0.039], f_4^2[0.028,0.037,-,0.044]$,
$f_4^3[0.028,0.040,-,0.052], f_4^4[0.028,0.048,-,-]$;
$f_5^1[-,-,0.021,0.028], f_5^2[0.018,0.026,-,0.031]$,
$f_5^3[0.018,0.03,-,0.035], f_5^4[0.018,0.033,-,-]$;
$f_6^1[-,-,0.0096,0.0161], f_6^2[0.0064,0.0143,-,0.02]$,
$f_6^3[0.0064,0.0178,-,0.023], f_6^4[0.0064,0.0214,-,-]$

通过对调查资料的汇总和分析,计算各个旗县的草原损失、人口损失、牲畜损失、基础设施损失、经济损失、灾后救援损失6个指标的白化权函数值。常用的白化权函数有下述3种形式,计算方法如下:

① $f_j^k[-,-,x_j^k(3),x_j^k(4)]$,则称其为下限测度白化权函数,其白化权函数为:

$$f_j^k(x)=\begin{cases}0, & x\notin[0,x_j^k(4)]\\ 1, & x\in[0,x_j^k(3)]\\ \dfrac{x_j^k(4)-x}{x_j^k(4)-x_j^k(3)}, & x\in[x_j^k(3),x_j^k(4)]\end{cases} \quad (j=1,2,\cdots,6;k=1) \quad (4.14)$$

② $f_j^k[x_j^k(1),x_j^k(2),-,x_j^k(4)]$,称其为适中测度白化权函数,其白化权函数为:

$$f_j^k(x)=\begin{cases}0, & x\notin[x_j^k(1),x_j^k(4)]\\ \dfrac{x-x_j^k(1)}{x_j^k(2)-x_j^k(1)}, & x\in[x_j^k(1),x_j^k(2)]\\ \dfrac{x_j^k(4)-x}{x_j^k(4)-x_j^k(2)}, & x\in[x_j^k(2),x_j^k(4)]\end{cases} \quad (j=1,2,\cdots,6;k=2,3) \quad (4.15)$$

③ $f_j^k[x_j^k(1),x_j^k(2),-,-]$,称其为上限测度白化权函数,其白化权函数为:

$$f_j^k(x)=\begin{cases}0, & x<x_j^k(1)\\ \dfrac{x-x_j^k(1)}{x_j^k(2)-x_j^k(1)}, & x\in[x_j^k(1),x_j^k(2)]\\ 1, & x\geq x_j^k(2)\end{cases} \quad (j=1,2,\cdots,6;k=4) \quad (4.16)$$

由样本值、白化权函数和公式[(4.14)~(4.16)]计算出各灾情指标白化权函数值。

(4)计算指标定权聚类系数

聚类系数的大小是衡量聚类对象属于某种灰类的标准。设 σ_i^k 为聚类对象 i 关于 k 灰类的聚类系数,其计算公式如下:

$$\sigma_i^k = \sum_{j=1}^{6} f_j^k(x_{ij}) \cdot \eta_j$$

$$= (\eta_1, \eta_2, \eta_3, \eta_4, \eta_5, \eta_6) \begin{bmatrix} f_{i1}^1(x_{i1}) & f_{i1}^2(x_{i1}) & f_{i1}^3(x_{i1}) & f_{i1}^4(x_{i1}) \\ f_{i2}^1(x_{i2}) & f_{i2}^2(x_{i2}) & f_{i2}^3(x_{i2}) & f_{i2}^4(x_{i2}) \\ f_{i3}^1(x_{i3}) & f_{i3}^2(x_{i3}) & f_{i3}^3(x_{i3}) & f_{i3}^4(x_{i3}) \\ f_{i4}^1(x_{i4}) & f_{i4}^2(x_{i4}) & f_{i4}^3(x_{i4}) & f_{i4}^4(x_{i4}) \\ f_{i5}^1(x_{i5}) & f_{i5}^2(x_{i5}) & f_{i5}^3(x_{i5}) & f_{i5}^4(x_{i5}) \\ f_{i6}^1(x_{i6}) & f_{i6}^2(x_{i6}) & f_{i6}^3(x_{i6}) & f_{i6}^4(x_{i6}) \end{bmatrix}$$

$$i = 1, 2, \cdots, 12; k = 1, 2, 3, 4 \tag{4.17}$$

公式(4.17)也为草原雪灾的灾情评价模型。式中，η_j 为权重，σ_i^k 为聚类旗县 i 的综合评价值，$\sigma_i = (\sigma_i^1, \sigma_i^2, \sigma_i^3, \sigma_i^4)$，其中，$\sigma_i$ 为聚类系数向量。$f_j^k(x_{ij})$ 为聚类旗县 i 关于各个聚类评价指标白化权函数的取值，此结果也可以用于各旗县单个聚类评价指标的等级划分。

$$\sigma_i^k = \begin{bmatrix} \sigma_1^1 & \sigma_1^2 & \sigma_1^3 & \sigma_1^4 \\ \sigma_2^1 & \sigma_2^2 & \sigma_2^3 & \sigma_2^4 \\ \sigma_3^1 & \sigma_3^2 & \sigma_3^3 & \sigma_3^4 \\ \sigma_4^1 & \sigma_4^2 & \sigma_4^3 & \sigma_4^4 \\ \sigma_5^1 & \sigma_5^2 & \sigma_5^3 & \sigma_5^4 \\ \sigma_6^1 & \sigma_6^2 & \sigma_6^3 & \sigma_6^4 \\ \sigma_7^1 & \sigma_7^2 & \sigma_7^3 & \sigma_7^4 \\ \sigma_8^1 & \sigma_8^2 & \sigma_8^3 & \sigma_8^4 \\ \sigma_9^1 & \sigma_9^2 & \sigma_9^3 & \sigma_9^4 \\ \sigma_{10}^1 & \sigma_{10}^2 & \sigma_{10}^3 & \sigma_{10}^4 \\ \sigma_{11}^1 & \sigma_{11}^2 & \sigma_{11}^3 & \sigma_{11}^4 \\ \sigma_{12}^1 & \sigma_{12}^2 & \sigma_{12}^3 & \sigma_{12}^4 \end{bmatrix} = \begin{bmatrix} 0.0583 & 0.0756 & 0.5784 & 0.8665 \\ 0.1573 & 0.3947 & 0.8186 & 0.6396 \\ 0.0051 & 0.1941 & 0.5862 & 0.8723 \\ 0.4884 & 0.7688 & 0.5323 & 0.4149 \\ 0.0855 & 0.4775 & 0.8439 & 0.6768 \\ 0.2384 & 0.6840 & 0.7016 & 0.5328 \\ 0.8710 & 0.0110 & 0.0738 & 0.1204 \\ 0.2430 & 0.8068 & 0.7125 & 0.5660 \\ 0.8213 & 0.4990 & 0.3543 & 0.2664 \\ 0.9614 & 0.3263 & 0.2253 & 0.1676 \\ 0.4910 & 0.6753 & 0.5128 & 0.4463 \\ 0.9743 & 0.1741 & 0.1224 & 0.0850 \end{bmatrix}$$

式中，σ_i^k 为聚类对象 i 属于 k 灰类的指标定权聚类系数。

(5) 对象进行聚类

若 $\sigma_i^{k^*} = \max\limits_{1 \leq k \leq 4} \{\sigma_i^k\}$，则断定聚类对象 i 属于灰类 k^*。当有多个对象同属于灰类 k^* 时，还可以进一步根据灰色定权聚类系数的大小确定同属于灰类 k^* 的各对象的优劣或位次。

3. 内蒙古锡林郭勒盟草原雪灾灾情评价与区划

(1) 单灾情指标评价

对于草原雪灾灾情的分析评价应当遵循草原雪灾的形成机制，结合 GIS 技术，根据公式(4.14)~(4.17)计算结果分别对草原雪灾各灾情指标进行分析。

①草原损失评价与区划

从整体上讲,内蒙古锡林郭勒盟草原损失程度西部大于东部地区(图 4.11)。除二连浩特外,其余都处于重灾和特大灾水平;东部地区除锡林浩特市处于重灾水平外,其余的都处于轻灾和中灾水平。整个锡盟处于特大灾水平的有苏尼特左旗和镶黄旗,处于轻灾水平的有二连浩特、阿巴嘎旗和多伦县。

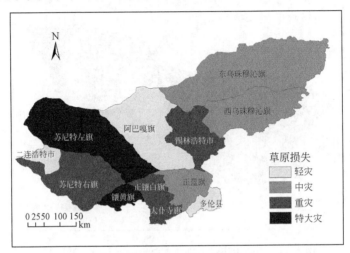

图 4.11　内蒙古锡林郭勒盟草原雪灾草原损失区划图

②人口损失评价与区划

由图 4.12 可以看出,锡盟各个旗县的人口损失程度都较小,除二连浩特、锡林浩特市分别处于特大灾水平和重灾水平外,其实都处于中灾和轻灾水平。处于轻灾水平的有苏尼特右旗、阿巴嘎旗、正蓝旗、多伦县和西乌珠穆沁旗。

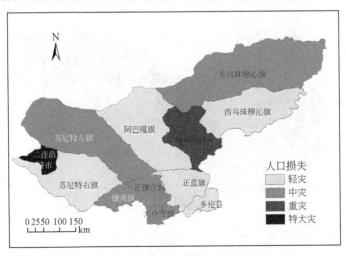

图 4.12　内蒙古锡林郭勒盟草原雪灾人口损失区划图

③牲畜损失评价与区划

从整体来讲,锡盟各旗县的牲畜损失都比较大。东部高于西部地区,北部高于南部地区。处于特大灾水平的是东乌珠穆沁旗,处于轻灾水平的有二连浩特市、正蓝旗和多伦县(图4.13)。

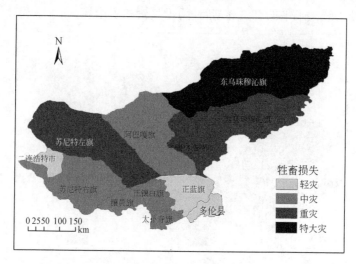

图4.13　内蒙古锡林郭勒盟草原雪灾牲畜损失区划图

④基础设施损失评价与区划

从图4.14可以看出,整个锡盟基础设施损失东西部大于中部地区。处于特大灾水平的是二连浩特市和太仆寺旗;处于轻灾水平的有阿巴嘎旗、正镶白旗、正蓝旗和西乌珠穆沁旗。

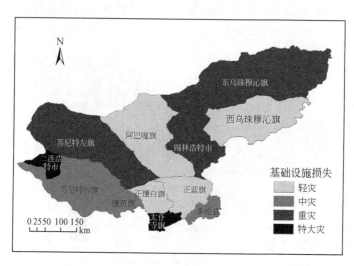

图4.14　内蒙古锡林郭勒盟草原雪灾基础设施损失区划图

⑤经济损失评价与区划

从图4.15可以看出,锡盟草原雪灾经济损失分布情况整体上看是东部高于西部地区,北部高于南部地区,中部地区损失最低。处于轻灾水平的有二连浩特市、正蓝旗、正镶白旗和多伦县,处于特大灾水平的有东乌珠穆沁旗和锡林浩特市。

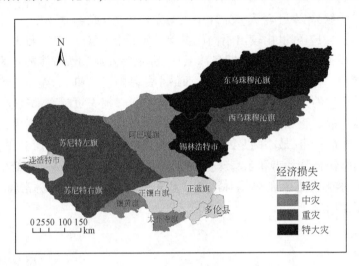

图4.15 内蒙古锡林郭勒盟草原雪灾经济损失区划图

⑥灾害救援损失评价与区划

从图4.16可以看出,锡盟草原雪灾灾害救援损失东部高于西部地区,西部除了镶黄旗处于重灾水平外,其余均处于轻灾和中灾水平。处于特大灾水平的有东乌珠穆沁旗和锡林浩特市,处于轻灾水平的有二连浩特市、正蓝旗和多伦县。

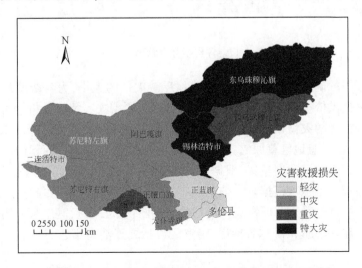

图4.16 内蒙古锡林郭勒盟草原雪灾灾害救援损失区划图

(2) 内蒙古锡林郭勒盟草原雪灾灾情评价与区划

在单指标评价的基础上,为了实现各指标中不同等级之间的综合比较,体现不同等级之间的大小差异,把各旗县中各评价指标的 $f_j^k(x_{ij})$ 的值即白化权函数值进行最大隶属度分析,分成轻灾、中灾、重灾、特大灾四个等级,把 $\max\limits_{1 \leqslant k \leqslant 4}[f_i^k(x_{ij})]$ 的值按其归属的等级乘以1(轻灾)或2(中灾)或3(重灾)或4(特大灾),计算结果生成图4.17,图4.17可以比较出不同旗县单一灾情指标对总灾情的贡献程度。从图4.17可以看出,在锡林郭勒盟各旗县中,苏尼特左旗和镶黄旗的草原损失最严重,贡献率最大,其中最大的是镶黄旗,而最小的是阿巴嘎旗、二连浩特市、多伦县;人口损失最严重的是锡林浩特市,其他各旗县的人口损失贡献率都很小;牲畜损失最大的东乌珠穆沁旗和苏尼特左旗,而最小的是正蓝旗;基础设施损失最大的是太仆寺旗和二连浩特市,最小的是西乌珠穆沁旗、阿巴嘎旗、正镶白旗和正蓝旗;经济损失最大的是锡林浩特市和东乌珠穆沁旗,其中锡林浩特市最大,而最小的是太仆寺旗;灾害救援损失最大的是锡林浩特市和东乌珠穆沁旗,以锡林浩特市为最大,最小的是正镶白旗。

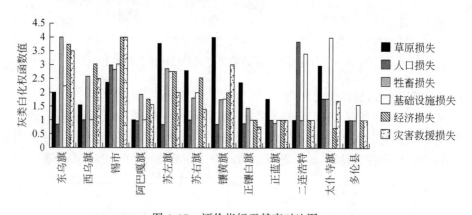

图4.17 评价指标贡献率对比图

灾情等级的确定必须能够比较准确地反映灾情的大小,为各级政府和相应部门抗灾救灾提供依据。对于内蒙古锡林郭勒盟草原雪灾灾情的分析评价应综合考虑各个评价指标的灾情损失情况。根据草原雪灾灾情评价模型计算结果进行灾情分析,即可确定锡盟地区草原雪灾灾情等级并对其进行区划。计算内蒙古锡林郭勒盟各旗县的聚类系数向量集,根据 k^* 将不同的旗县归入不同的灰类,见表4.6。而且在同一灰类中也可根据 $\sigma_i^{k^*}$ 值的大小,对灰类中的对象进行排序。根据结果,制定内蒙古锡林郭勒盟草原雪灾灾情评价区划图(图4.18),其中草原雪灾特大灾区包括东乌珠穆沁旗和锡林浩特市,轻灾区包括二连浩特市、正镶白旗、正蓝旗和多伦县。

表 4.6 12 个旗县的综合聚类评价结果

旗县	轻灾	中灾	重灾	特大灾	max	聚类结果
东乌珠穆沁旗	0.0583	0.0756	0.5784	0.8665	0.8665	特大灾
西乌珠穆沁旗	0.1573	0.3947	0.8186	0.6396	0.8186	重灾
锡林浩特市	0.0051	0.1941	0.5862	0.8723	0.8723	特大灾
阿巴嘎旗	0.4884	0.7688	0.5323	0.4149	0.7688	中灾
苏尼特左旗	0.0855	0.4775	0.8439	0.6768	0.8439	重灾
苏尼特右旗	0.2384	0.6840	0.7016	0.5382	0.7016	重灾
二连浩特市	0.8710	0.0110	0.0738	0.1204	0.8710	轻灾
镶黄旗	0.2430	0.8068	0.7125	0.5660	0.8068	中灾
正镶白旗	0.8213	0.4990	0.3543	0.2664	0.8213	轻灾
正蓝旗	0.9614	0.3263	0.2252	0.1676	0.9614	轻灾
太仆寺旗	0.4910	0.6753	0.5128	0.4463	0.6753	中灾
多伦县	0.9743	0.1741	0.1224	0.0850	0.9743	轻灾

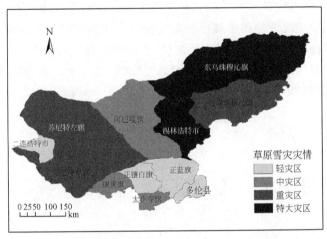

图 4.18 内蒙古锡林郭勒盟草原雪灾灾情等级区划图

4.3 草原干旱-雪灾灾害链推理模型研究

4.3.1 研究方法与灾害链类型

1. 研究方法

(1) 贝叶斯网络

贝叶斯网络是一种能够对复杂不确定系统进行推理和建模的有效工具,是一种流行的图形化决策分析工具。贝叶斯网络采用图形化的网络结构直观地表示变量的联合概率分布及其条件独立性,能大量地节约概率推理计算,对概率推理非常有用(董磊磊,2009)。贝叶斯网络的定义(王军和周伟达,1999)如下:

一个贝叶斯网络是一个有向无环图(Directed Acyclic Graph,DAG),由代表变量的结点及连接这些结点的有向边构成,有向边由父结点(双亲结点)指向子结点(后代结点),用单线箭头"→"表示。

图4.19是一个简单而典型的贝叶斯网络示例,令$G=(N,E,P)$表示一个贝叶斯网络,(N,E)组成了一个有N个结点的有向无环图,其中N表示网络中的结点集合,结点代表随机变量,E表示网络中的有向边的集合,代表了结点之间的相互关系(裘江南等,2012)。结点变量可以是对任何问题的抽象有向边通常表达了结点变量之间的因果关系。此外,贝叶斯网络结构很好地描述了结点变量之间的条件独立性。P是一个与每个结点相关的条件概率表,可以用$P[(V_i)|P(V_i)]$来表示,$P(V_i)$表示结点(V_i)的所有父结点,条件概率表达了结点同其父结点的相关关系,没有任何父结点的条件概率为其先验概率。条件概率分布表给出了每个结点在给定其父结点情况下的条件概率分布情况。表中概率属于先验概率,即人们事先对事件或前提条件发生可能性大小的估计,分为客观先验概率和主观先验概率。先验概率是定量描述网络各结点之间因果关联的基础,也是影响贝叶斯网络推理结果的关键(颜峻和左哲,2014)。

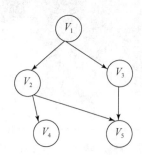

图4.19 贝叶斯网络示例

一般地,构造贝叶斯网络主要包括以下几个步骤:①确定网络结点变量。选择能够解决问题的相关要素,将它们表达为结点变量,并确定结点变量的取值集合,该集合应该包含结点变量的所有可能取值。②建立表示结点之间相互关系的有向无环图。选择了结点变量之后,接着就要根据结点之间的相互关系用有向边将各个结点连接起来,描述各相关要素之间的相互影响作用。③条件概率估计。建立了结点之间的拓扑结构之后,对于网络中的每一个结点,都必须赋予相应的条件概率,以描述结点与其父结点之间的关联程度,没有父结点的结点则需要给定先验概率。

有了结点及其相互关系、条件概率表,贝叶斯网络就可以表达网络中所有结点的联合概率,并可以根据先验概率信息或某些结点的取值计算其他任意结点的概率信息,图 4.19 所有变量的联合概率可以表示为:

$$P(V_1,V_2,\cdots V_5) = \prod_1^5 P[(V_i)|P(V_i)]$$
$$= P(V_5|V_2,V_3)P(V_4|V_2)P(V_2|V_1)P(V_3|V_1)P(V_1) \quad (4.18)$$

贝叶斯网络推理过程是基于已建网络的拓扑结构,结合各结点变量的先验概率分布,通过贝叶斯概率计算得到目标结点的后验概率的一种推理过程。

(2) Brier 检验

Brier(1950)定义了一种均方概率误差,称为 Brier 评分。模型评价标准采用 Brier 标准评价模型预测效果(颜峻和左哲,2014),设网络模型中待评价的目标变量为 $N_i(1 \leq i \leq m)$,其中 N_i 有 $u \geq 2$ 种可能状态 $N_i^1, N_i^2, \cdots, N_i^u, N_i^j (1 \leq j \leq m)$ 表示 N_i 处于第 j 个状态,记 N_i^j 的后验概率为 $P_i(j)$、实际取值标记为 $S_i(j)$,其中当 N_i^j 是 N_i 的实际取值时,$S_i(j) = 1$;否则 $S_i(j) = 0$。

B 代表了贝叶斯网络中 m 个目标变量的预测偏差平均值

$$B = \frac{1}{m} \sum_{i=1}^m \sum_{j=1}^u [P_i(j) - S_i(j)]^2 \quad (4.19)$$

$B \in [0,2]$,B 越小则网络预测偏差越小,网络预测效果越好,若 $B \leq 0.6$,则网络预测的效果符合要求;反之,不符合要求。

草原灾害的形成、爆发与发展过程往往十分复杂,有时一种灾害可能是由多种致灾因子所导致,有时一种灾害可能会引发多种灾害,或形成灾害链。草原灾害的发生,在空间上呈现出在同一地区各种灾害的相互关联和组合的特点。草原灾害往往是以群体存在的,常常是多种灾害并发或同一种灾害在不同区域同一时间段爆发,具有多灾并发和链发的特点。灾害链就是一系列灾害相继发的现象,从灾害链的类型不同,可分为因果型灾害链、同源型灾害链、重现型灾害链、互斥型灾害链和偶排型灾害链。草原干旱雪灾灾害链的类型主要包括因果型与互斥型。

内蒙古锡林郭勒地区,草原干旱与草原雪灾更是频繁发生,统计资料表明:1950~2000 年,内蒙古锡林郭勒地区共发生草原雪灾 27 次,草原旱灾 42 次,其中即发生旱灾又发生雪灾的共 22 次(图 4.20)。

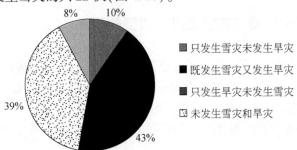

图 4.20 锡林郭勒盟 1950~2000 年发生草原雪灾与草原干旱的年份比例

2. 灾害链类型

(1)因果型灾害链

草原灾害可以扩张和发展,演变成更大的灾害。因果型灾害链是指灾害链中相继发生的自然灾害之间有成因上的联系。受干旱气候的影响,内蒙古有很大一部分为荒漠和半荒漠草原,牧草的自然生长量有限,草原干旱是草原雪灾成害的一个重要因素,冷季降雪能否成灾与牧草生长季(4月到9月)的干旱遭遇有密切关系。在牧草生长季,草原地区日照充足,牧草生长需要的热量资源也能得到保证,水分条件成为限制牧草生长的主要因素。而牲畜的能量累积能有效提高其冷季抵抗雪灾的能力。

历史上,内蒙古锡林郭勒盟草原遭受了四次特大雪灾的袭击(1957年、1968年、1977年、1985年),这四次特大雪灾除了受到低温和大量降雪的影响,还受到牧草生长季连续干旱的影响。1950~2000年,锡盟草原发生的27次草原雪灾中,生长季遭受草原干旱的就有22次,占81.5%。灾害链的累积效应使得过去不认为是灾年的情形现在也成了灾年,使灾情放大,出现年年有灾、年年抗灾的被动局面。

(2)互斥型灾害链

互斥型灾害链指某一种灾害发生后另一灾害就不再出现或者减弱的情形。春季土壤的含水量直接影响着牧草的返青,而春季的土壤墒情和上年度冬季积雪、当年春季降水、温度、风力等因素有着一定的关系。积雪融化时使解冻土壤表层土壤相对湿度较大,并且土壤能够满足蒸发时所需要的水分,从而使土壤底墒较好,有利于牧草的返青,降低春旱发生的可能性。对于干旱少雨的锡盟地区而言,冬季积雪是土壤水分重要的补给来源,也是草原地区不可多得的自然资源。

历史上,锡盟地区因为冬季少雪或无雪,而遭受严重冬季干旱共10次,导致第二年春季土壤底墒差,牧草返青受阻,春旱极为严重。1950~2000年,锡盟地区共发生春旱28次;而在锡盟地区发生的27次雪灾中,第二年未发生春旱的有11次,占40.7%。尽管积雪有可能造成不同程度的雪灾,但积雪对于牧草的返青极为重要,对土壤水热条件也有很大影响。

4.3.2 草原干旱-雪灾灾害链推理模型的构建

灾害的演化机理以及灾害之间的相互关系比较复杂,具有高度的不确定性,灾害链的过程涉及多种形式的灾害引发关系,但这种引发关系只是一种逻辑上的关联,在实际的灾害链中并不表示一种灾害发生后,一定能引发另一种灾害的发生。本研究针对因果型草原干旱雪灾灾害链建立其贝叶斯网络,进行贝叶斯网络推理,具体过程如下:

首先分析整个灾害链的发生、发展过程,选取草原干旱雪灾灾害链的结点变量,然后对草原干旱雪灾灾害链贝叶斯网络中各个变量进行离散化处理,通过历史资料统计和专家经验打分,得到各个结点变量的取值范围与先验概率如表 4.7 所示。

表 4.7 草原干旱雪灾灾害链贝叶斯网络中变量取值范围及其先验概率

子网络名称	变量类型	变量名称	状态取值	先验概率
草原干旱	输入(I_1)	生长季降水量(i_{11})/mm	[0,260]/(260,-)	(0.635,0.365)
		生长季连续无雨日数(i_{12})/d	[0,15]/(15,20]/(20,-)	(0.245,0.400,0.355)
	状态(S_1)	干旱持续时间(S_{11})/d	[0,40]/(40,-)	(0.375,0.625)
		干旱强度(S_{12})	轻旱/中旱/重旱/特旱	(0.365,0.300,0.235,0.100)
		受旱草场面积(S_{13})/km²	[0,5]/(5,-)	(0.355,0.645)
		旱灾等级(S_{14})	轻灾/中灾/重灾/特大灾	(0.315,0.290,0.265,0.130)
		牧草减产率(S_{15})/%	[0,20]/(20,-)	(0.460,0.540)
		干旱影响牲畜数量(S_{16})	[0,100]/(100,-)	(0.235,0.765)
	输出(O_1)	草群平均高度(O_{11})/cm	[0,30]/(30,-)	(0.350,0.650)
		冷季饲草储量(O_{12})/万吨	[0,40]/(40,-)	(0.425,0.575)
		干旱造成牲畜伤亡数量(O_{13})/万只	[0,1]/(1,-)	(0.220,0.780)
草原雪灾	输入(I_2)	草群平均高度(i_{11})/cm	[0,20]/(20,-)	(0.350,0.650)
		冷季饲草储量(i_{12})/万吨	[0,40]/(40,-)	(0.425,0.575)
		冷季降雪量(i_{23})/mm	[0,25]/(25,-)	(0.335,0.665)
		冷季日均气温(i_{24})/℃	[-,-7]/(-7,-)	(0.844,0.156)
	状态(S_2)	积雪持续日数(S_{21})/d	[0,7]/(7,-)	(0.125,0.875)
		积雪面积比(S_{22})/%	[0,20]/(20,-)	(0.085,0.915)
		积雪掩埋牧草程度(S_{23})/%	[0,30]/(30,-)	(0.325,0.675)
		雪灾影响范围(S_{24})/km²	[0,100]/(100,-)	(0.425,0.575)
		雪灾影响牲畜数量(S_{25})/万只	[0,100]/(100,-)	(0.345,0.655)
	输出(O_2)	雪灾等级(O_{21})	轻灾/中灾/重灾/特大灾	(0.490,0.235,0.160,0.115)
		雪灾造成牲畜伤亡数量(O_{22})/万只	[0,5]/(5,-)	(0.685,0.315)

确定结点变量之后,结合领域专业知识分析,根据结点变量之间的因果关系构建草原干旱雪灾灾害链的贝叶斯网络拓扑结构(图 4.21)。

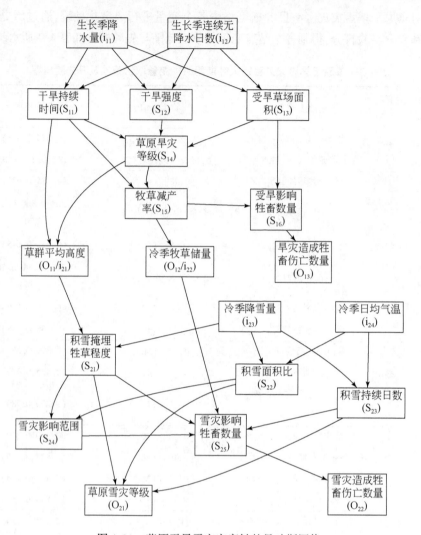

图 4.21　草原干旱雪灾灾害链的贝叶斯网络

在已建立网络结构的基础上，确定网络参数，即每一结点处的条件概率分布表。表中概率属于先验概率，即人们事先对事件发生可能性大小的估计。由于目前相关统计数据还不能给出本研究所建立贝叶斯网络各结点变量所需的全部原始支撑数据，因此本研究参考了锡盟草原干旱和雪灾的历史数据，结合专家经验估算，给出了各子结点的条件概率的经验判断值。

4.3.3　草原干旱–雪灾灾害链推理模型的检验

基于已建立的草原干旱雪灾灾害链贝叶斯网络，本研究对 2012 年锡盟遭受的草原干旱及其可能引发的雪灾进行推理预测,部分变量取值的先验概率与后验概率见表 4.8。根据各变量的后验概率对变量取值进行预测,选择变量各状态取值中后验概率最大的值为其在已有证据条件下的预测值。将 2012 年锡盟草原干旱雪灾灾害链中各目标变量的预测值与实际取值对比,见表 4.8,其中 * 号表示该变量的预测值与实际取值有出入。

表 4.8 预测值与实际取值对比

目标变量	2012 年预测值	2012 年实际取值
干旱持续时间(S_{11})/d	(40,-)	100
干旱强度(S_{12})	重旱	重旱
受旱草场面积(S_{13})/万 km²	(5,-)	7.7
旱灾等级(S_{14})	中灾	中灾
牧草减产率(S_{15})/%	(20,-)	46
干旱影响牲畜数量(S_{16})/万只	(100,-)	334.5
草群平均高度(O_{11}/i_{21})/cm	*(0,20)	25
冷季饲草储量(O_{12}/i_{22})/万吨	(0,40)	38.8
干旱造成牲畜伤亡数量(O_{13})/万只	(1,-)	5.2
积雪持续日数(S_{21})/d	(7,-)	140
积雪面积比(S_{22})/%	(20,-)	83.7
积雪掩埋牧草程度(S_{23})/%	(30,-)	65
雪灾影响范围(S_{24})/万 km²	(10,-)	15.12
雪灾影响牲畜数量(S_{25})/万只	(100,-)	615.5
雪灾等级(O_{21})	重灾	重灾
雪灾造成牲畜伤亡数量(O_{22})/万只	(5,-)	50

总体来看,2012 年锡盟地区草原干旱雪灾灾害链预测中大部分目标变量预测值与实际取值相符。对于 2008~2012 年共 16×5 个目标变量预测偏差的平均值为 B=0.26,B<0.6,预测结果与实际情形较相符,网络预测正确性良好。

4.3.4 锡林郭勒盟草原旱灾、雪灾综合区划

根据已建立的草原干旱雪灾灾害链贝叶斯网络,对锡盟地区的 12 个旗县的旱灾等级与雪灾等级进行推理分析,根据结果,绘制内蒙古锡林郭勒盟草原旱灾与雪灾等级区划图(图 4.22)。

通过 GIS 空间分析技术,将锡盟草原旱灾等级区划图与草原雪灾等级区划图

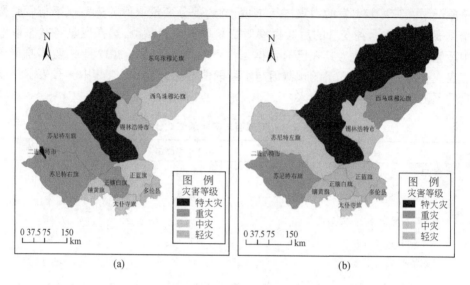

图 4.22 锡盟草原旱灾与雪灾等级区划图(见彩图)
(a)旱灾等级;(b)雪灾等级

进行叠加计算得到草原干旱雪灾灾害链综合灾害等级区划图(图 4.23)。

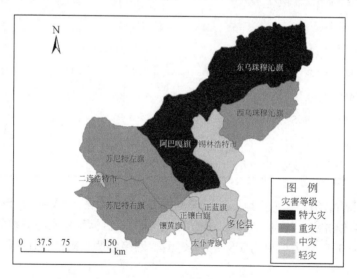

图 4.23 锡盟草原旱雪灾害链综合灾害等级区划图(见彩图)

受草原干旱雪灾灾害链的影响,锡盟北部地区的阿巴嘎旗和东乌珠穆沁旗处于特大灾水平;苏尼特左旗、苏尼特右旗和西乌珠穆沁旗处于重灾水平;锡盟南部地区则受影响较小,整体处于轻灾和中灾水平;太仆寺旗、正镶白旗和二连浩特市处于中灾水平;锡林浩特市、镶黄旗、正蓝旗和多伦县处于轻灾水平。

本节根据灾害链的类型特征,通过统计分析内蒙古锡林郭勒地区草原干旱与草原雪灾历史资料,对因果型和互斥型草原干旱雪灾灾害链进行了分析。发现冷季降雪能否成灾与牧草生长季的干旱遭遇有密切关系;当草原遭受干旱灾害程度不同时,冷季发生草原雪灾的等级概率也有所不同,随着旱灾等级增大,重度草原雪灾和特大草原雪灾的发生概率都有显著增大;尽管雪灾对畜牧业的影响较大,但积雪对于牧草第二年的返青极为重要,有利于降低春旱发生的可能性。

同时,本节以贝叶斯网络为建模工具,建立因果型草原干旱雪灾灾害链的贝叶斯网络,以 2012 年锡盟遭受的草原干旱雪灾灾害链为例说明了草原干旱雪灾灾害链的贝叶斯网络运作过程和应用效果。结果表明,依本文方法建立的草原干旱雪灾灾害链贝叶斯网络整体预测效果良好,与实际情形较为符合。通过贝叶斯网络推理分析,得到锡盟地区各旗县草原旱灾和雪灾等级推理结果,绘制了锡盟草原旱灾等级区划图与草原雪灾等级区划图,通过 GIS 空间分析技术,将锡盟草原旱灾等级区划图与草原雪灾等级区划图进行叠加计算得到草原干旱雪灾灾害链综合灾害等级区划图。总体来说,锡盟北部地区受草原干旱雪灾灾害链的影响最为严重,多处于重灾及其以上水平,阿巴嘎旗和东乌珠穆沁旗处于特大灾水平;锡盟南部地区则受其影响较小,多处于轻灾和中灾水平。

4.4 草原旱灾社会影响评价研究

4.4.1 草原旱灾社会影响机理分析

灾害系统既有自然属性,也有社会属性。作为典型灾害之一的旱灾也是自然与人为因素综合作用而形成、发展的气象灾害。草原旱灾作为灾害的一种,是人类和环境相互作用的产物。草原旱灾社会影响评价主要研究草原旱灾对社会个体其生存和发展的社会资源与条件造成的间接损失和影响,贯穿于灾害发生时的应急与灾后恢复重建全过程,为灾后社会系统恢复与重建提供支持。灾害影响的扩散一般是从内到外,由点到面。在灾害发生后,经历破坏阶段、处理阶段、沟通阶段和反思阶段,不同的群体、不同的区域受到的影响不同,最先受到影响的是遭遇旱灾的个人、家庭或机构,不同的机构和个人在社会中所处地位不同,其受到的影响和反应也不同,如对于灾害的直接遭遇者,除了承担生命财产损失外,还有心理上的创伤及未来生活的担忧;政府组织等相关机构则必须承担相应的政治、行政、法律和道义责任,即要负责受灾个体和家庭的救助、社会秩序的恢复、社会稳定的维持等。从灾害社会影响的特性来看,其具有公共性、扩散的层次性、不同社会主体受到社会影响的差异性、信息的关联性、可管理性等。基于以上分析,本研究将从社会与个体、社会与家庭、社会与机构、社会与秩序、社会与稳定、社会与心理和社会与环境等7个方面来分析草原旱灾对社会的影响(图4.24)。

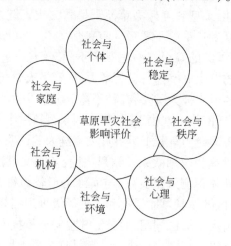

图4.24 草原旱灾社会影响机制

4.4.2 草原旱灾社会影响评价方法

(1)熵组合权重法

层次分析法(AHP)是一种对指标进行定性定量分析的方法,是一种比较方便有效具体的计算方法,它是对指标进行一对一的比较,可以连续进行并能随时改进。该方法主要是将研究对象的影响因子细分,并根据其所类属的紧密程度,分为上下不同的隶属层次,然后根据某种方式,对所细分的指标量化,通过每个指标的不同分量,反应对研究对象的影响轻重程度。层次分析法具有一定的主观性;熵权法能够客观地反映各指标的权重,其基本原理是如果某个指标的信息熵越小,就表明指标值的变异程度越大。提供的信息量越大,在综合评价中起的作用越大,其权重越大;熵权组合权重法运用最小相对信息熵原理,将层次分析法与熵权法结合,能够较好地减少主客观的影响:

$$W_j = \frac{\sqrt{W_{1j} \times W_{2j}}}{\sum \sqrt{W_{1j} \times W_{2j}}} \quad (4.20)$$

式中,W_j为j指标的综合权重;W_{1j}为指标j的主观权重;W_{2j}为指标j的客观权重。

(2)综合加权评价法

综合加权评价法形成于数理统计的基础上,主要是用一定的统计方法依照原始数据构造一个综合性指标。近年来,该方法在风险评价上应用较广,其有助于多个地区之间的相互比较,解决多指标在评价过程中出现的等级不一致的矛盾,实现了从时间角度和空间角度对多要素系统的风险进行综合评价。假设由于指标i量

化值有所不同,因而使得每个指标 i 对于特定因子 j 的影响程度不同,计算公式为:

$$P = \sum_{i=1}^{n} W_i X_i \quad (4.21)$$

式中, $0 \leq X_i \leq 1, W_i > 0, \sum_{i=1}^{n} W_i = 1$; P 为评价对象所得的总分; X_i 为某系统第 i 项指标的量化值; W_i 为某系统第 i 项指标的权重系数; n 为某系统评价指标个数。

(3) 格网 GIS 法

尺度决定着风险评价工作的精确性,由于存在空间异质性和不同程度的干扰强度,不同地区之间的风险水平具有一定的差异。格网 GIS 以网格作为研究对象,对每个单元格进行自然、社会、经济等属性数据分析,从而表达整个区域各个网格间属性数据的差异性。将行政区划单元内的统计数据分布到一定单元格内,并构建空间数据库,不仅方便了各种数据的统计和自然地理要素的应用,而且在很大程度上提高了计算结果与实际情况的符合程度。本研究将研究区域进行格网化,并把各个风险评价指标数据分布在每个单元格内,对该区域沙漠化风险评价结果进行可视化表达。

(4) 系统动力学(SD)模型

系统动力学(SD)模型首次由麻省理工学院的 Forrester 教授提出,最早应用于工业动力学及世界模型的研究。历史上著名的"增长的极限"理论就是用 SD 模型构建的。如今,SD 模型已经广泛应用于城市、经济和环境科学领域。环境及生态领域的应用包括市政供水系统、河流变化、环境污染、土地利用、流域景观等。该模型的高阶性、多方反馈机制使得其在反映负责系统的非线性动态变化中具有极大的优势。该模型的本质是一个一阶微分方程,用来描述系统的状态变量的变化率以及所有状态变量的相互依存关系。系统动力学模型将系统的运动比作流体的运动,通过建立因果关系图和系统流图来表示系统结构,其中,前者表示系统中各个因素的相互关系,后者是建立在前者的基础之上,是整个系统建模的基础。系统流图的主要组成部分包括了状态变量、速率变量以及辅助变量三种要素。它们之间通过状态方程、速率方程、辅助方程以及表函数四种方程来表示系统内部的各个关系(张磊等,2015)。状态方程和速率方程的表达式如下表示:

$$L(t) = L_0 + \int_0^t \left[\sum R_{in}(t) - \sum R_{out}(t) \right] dt \quad (4.22)$$

$$R(t_i) = \frac{L(t_{i+1}) - L(t_i)}{DT} \quad (4.23)$$

式中, $L(t)$ 表示状态变量 L 在 t 时刻的值, L_0 表示 L 的初始值, $R_{in}(t)$ 和 $R_{out}(t)$ 分别是状态变量的输入速率和输出速率, $R(t_i)$ 为 t_i+1 时刻的速率值, $L(t_i)$ 为状态变量在 t_i 时刻的值, DT 为 t_i 与 t_i+1 时刻之间的间隔。

辅助方程是为了构建模型时的方便,并没有真正表示的含义;而表函数则是为了表达模型中复杂变量之间的非线性关系,根据具体的应用而有不同的种类,在这里不再一一介绍。

系统动力学模型的主要目的是为了认识系统结构,预测系统的发展趋势,确定系统结构的运行参数,为决策者制定科学可行的政策或问题的解决方案提供有效的理论依据。系统动力学建模的主要步骤包括:

①系统分析。首先,需要识别并分析需要解决的问题,明确研究目的。包括找出最基本和最主要的问题、矛盾和变量。然后,根据研究目的确定系统的边界,从而确定系统的内生变量和外生变量。

②构建模型。构建系统动力学模型主要包括三个部分:分析系统结构,构建因果关系图和构建系统结构流图。这一步骤中,建模者需要根据研究目标收集相关信息,分析系统及各个子系统的反馈关系回路,分析各个变量的关系,最终绘制系统因果关系图和结构流图。

③建立数学方程。为了对系统中的变量进行定量化表达,需要建立数学方程。系统动力学方程是从一个已知状态到下一个特定状态的特定方程组。

④模型检验及修正。系统动力学模型的检验包括适合性检验和一致性检验。模型检验的过程就是为了修订、完善和提高模型的合理性和精度。通过对历史数据的模拟和对比,将大大提供对未来预测模拟的精度。

⑤政策分析和制定。模型的最后一步,也是较为关键的一步。根据政策制定者不同的建模目的,通过改变不同的参数值来模拟未来不同情景下系统的变化情况,并分析其产生的结果,为决策者制定政策提供有力的支撑。

4.4.3 基于 SD 模型的草原旱灾社会影响驱动机理分析

在草原旱灾社会响应机制的探讨基础上,构建模型结构和因果关系反馈关系,由社会与机构、社会与个体、社会与家庭、社会与心理、社会与稳定和社会与秩序组成,并且旱灾社会影响所涉及和包含的内容复杂,因此如何建立确定和勾画出草原旱灾社会影响系统边界、因果关系图及结构流图尤为重要(曹琦等,2013)。

(1)社会与机构:灾害对政府、医疗、水电设施、交通社会等公共服务机构造成影响,旱灾→公共设施受到影响→减灾救灾量→政府补贴,从而导致政府等各级机构的压力增强。

(2)社会与个体:旱灾发生后在社会个体方面也受到巨大影响,家庭成员的伤亡、因灾害导致贫困化现象进一步恶化等,如旱灾→收入下降→失业率增长;同时区域人口结构发生变化,受到灾害后脆弱人口会失去劳动能。

(3)社会与稳定:旱灾对社会的稳定影响是指旱灾对当地的社会治安、社会稳定等方面的影响。灾害发生后→在环境的刺激之下出现非理性行为(抢劫、暴乱、群体冲突等)→破坏社会稳定秩序。

(4)社会与家庭:旱灾→财政收入→人均收入→家庭收入。

(5)社会与秩序:旱灾→水域面积减少→停电、停水次数增多;还有旱灾发生后畜牧业受到影响,导致牧民身心疾病频发→医院床位紧张;持续的高温暴晒道路,给人们带来不便;物价上涨等方面引致社会秩序紊乱。

(6)社会与心理:旱灾发生后牧民的情绪出现不稳定现象,如旱灾→草场变差→储草量不够→牲畜死亡→情绪低落→精神和心理病变等。

(7)社会与环境:干旱灾害的本质就是持续高温、土壤中的水分减少,从而影响到生产生活带来经济损失威胁生命安全。草原是一个极为敏感,容易受到外界影响的生态系统,一旦干旱程度达到定值的时候,土壤水分下降→水域面积减少→植被干枯死亡→土壤表明暴露→沙尘暴频发等。

综上所述,草原旱灾社会影响评价因果关系图(图4.25)清晰表明了各因果反馈关系,该系统动力学模型中各要素之间的联系,对完善草原旱灾社会影响评价指标进行优化处理与合理的构建具有实际意义,提供了科学的参考依据。

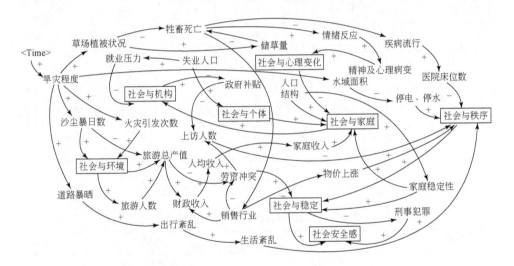

图 4.25 草原旱灾社会影响评价因果反馈关系图

4.4.4 草原旱灾社会影响评价指标体系选取及模型构建

1. 草原旱灾社会影响评价概念框架构建

草原旱灾是一个极为复杂的系统,涉及到气候、地貌、水文、社会经济条件等诸多要素。草原旱灾社会影响指标体系构建必须与灾害学、社会科学和气象学三大自然科学相结合。灾害社会影响评价主要评价灾害社会个体及维持其生存和发展资源与条件造成的损失和影响,目前,社会影响评价主要集中于社会个体、家庭、机构、心理、秩序、稳定和环境7大领域。借鉴已有的研究成果,遵循指标的广泛性、针对性、关联性和系统层次性的原则。本研究基于实地调查,综合考虑数据的可获取性,构建了适用范围广、可操作性强的草原旱灾社会影响评价体系,可以对草原旱灾社会影响评价提供科学的参考依据。基于草原旱灾社会影响形成机理和草原旱灾社会影响评价流程,从草原旱灾发生学角度制定草原旱灾社会影响的概念框架(图4.26),并在此基础上构建草原旱灾社会影响评价指标体系(表4.9)。

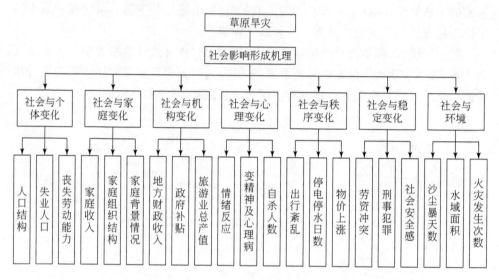

图4.26 草原旱灾社会影响概念框架图

表4.9 草原旱灾社会影响评价指标体系

目标层	准则层	指标层
草原旱灾社会影响评价	社会与个体	流动人口数量
		失业人口比例
		旅游人数
		务工、经商人
	社会与家庭	牧民人均收入水平
		存款状况
		家庭稳定性
	社会与机构	地方财政收入
		贷款总额
		旅游业总产值
		政府补贴

续表

目标层	准则层	指标层
草原旱灾社会影响评价	社会与秩序	停电、停水次数
		物价上涨率
		道路维护投入
	社会与稳定	上访案件处理次数
		刑事犯罪次数
	社会与心理	心理疾病人数
		自杀人数
	社会与环境	沙尘暴天数
		水域面积
		火灾发生次数

2. 草原旱灾社会影响评价指标体系构建

社会与个体影响评价主要分析灾害引起的人口结构变化及对社会、经济造成的影响。受灾区域人口变动主要有人员伤亡、外来人口走动和灾民异地转移安置3个驱动因子,造成的影响包括人口增长及其结构变化、劳动力供给、失业率增长、经商人员流失、特殊群体供养、社会关系破坏与重建等方面。灾害能使灾民的家庭结构、婚姻状况和生活水平产生巨大变化,从而影响家庭稳定性、内部矛盾恶化、无法生计生存,导致家庭不和谐等因素。社会与机构对于灾害的影响主要有两个方面:教育机构、政府组织机构,具体表现在灾害发生时教育机构的应急反应、政府组织部门的应急供给与善后安置处理。社会秩序与社会稳定评价主要分析灾后使人类的出行紊乱、交通安全隐患、生活用品不供应从而打乱正常生活规律。稳定评价方面主要体现在劳资冲突、新来者与居民的冲突,影响社会的安全性和稳定性,从而给人带来心理上的巨大波动,焦急、烦躁、恐慌等心理和情绪上的反应,甚至严重的行为错乱、心里病变、心理疾病社会心理评价因素,导致触犯法律、破坏社会和谐等方面。综上所述,此六个方面综合作用,影响着区域社会影响评价的大小。

3. 草原旱灾社会影响评价模型构建

基于草原旱灾社会影响的机理分析,根据表4.9构建的指标体系,利用加权综合评价法建立如下草原旱灾社会影响评价模型,模型如下:

$$GDDII = P \times W_p + F \times W_f + I \times W_i + R \times W_r + S \times W_s + M \times W_m + E \times W_e \quad (4.24)$$

其中,

$$P = \sum_{i=1}^{n}(F_{pi} \times W_{pi}); F = \sum_{i=1}^{n}(F_{fi} \times W_{fi});$$

$$I = \sum_{i=1}^{n}(F_{ii} \times W_{ii}); R = \sum_{i=1}^{n}(F_{ri} \times W_{ri});$$

$$S = \sum_{i=1}^{n}(F_{si} \times W_{si}); M = \sum_{i=1}^{n}(F_{mi} \times W_{mi});$$

$$E = (\sum_{i=1}^{n} F_{ei} \times W_{ei})$$

式中,GDDII 表示草原旱灾社会影响评价指数,表示草原旱灾社会影响的程度,其值越大,说明该区域社会影响越大。W_p、W_f、W_i、W_r、W_s、W_m、W_e 分别代表社会个体、社会家庭、社会机构、社会秩序、社会稳定、社会心理和社会环境的权重系数,根据上述草原旱灾社会影响概念框架和自然灾害风险形成且 $W_p + W_f + W_i + W_r + W_s + W_m + W_e = 1$;$P$、$F$、$I$、$R$、$S$、$M$、$E$ 分为社会与个体、社会与家庭、社会与机构、社会秩序、社会与稳定、社会与心理和社会与环境的指数。

4.4.5 草原旱灾社会影响评价与区划

基于草原干旱社会影响评价模型测算出的锡林郭勒盟 12 个旗县的旱灾社会影响综合值,应用最佳自然断裂点法,将旱灾社会影响指划分为高影响区、较高影响区、中影响区、较低影响区及低影响区等 5 个不同类型,并运用 ArcGIS 进行空间可视化表达(图 4.27)。

图 4.27 锡林郭勒盟旱灾社会影响区划图

从图4.27和表4.10可知,锡林郭勒盟草原旱灾社会影响具有明显的空间差异性,总体上呈现东部低、西部高的特征,锡林浩特市、正镶白旗及正蓝旗的旱灾社会影响最高,东乌珠穆沁和西乌珠穆沁旗的影响为最低。

表4.10 锡林郭勒盟旱灾社会影响类型主要分布及比重

旱灾社会影响	分布地区	比重/%
高影响	锡林浩特市、正镶白旗、正蓝旗	15.6942
较高影响	东苏旗、阿巴嘎旗	30.52528
中影响	二连浩特市、镶黄旗、西苏旗	15.74509
较低影响	太卜寺旗、多伦县	3.691096
低影响	东乌旗、西乌旗	34.34434

4.5 草原雪灾社会影响评价研究

4.5.1 草原雪灾社会影响机理分析

近年来由于全球气候变化异常,导致自然灾害发生频繁,对社会经济造成了严重损失。人们往往侧重研究自然灾害造成的直接经济损失,却忽略了其造成的间接影响。自然灾害的频繁发生使得其次生灾害影响具有活跃性、多样性和涉及层面广的特征,对社会经济、人类活动和生存环境均造成了巨大的影响。草原雪灾就是典型的一例,草原雪灾受灾范围广、积雪深度厚、积雪层维持时间长,这对当地的交通、通信、输水输电等生命线工程和居民生命财产安全等造成巨大威胁,影响着人们的心理健康、精神状态及基本生活能力,从而导致人们产生过激行为,给经济建设、社会制度、社会秩序带来重大的影响,并在一定程度上严重制约社会稳定、和谐发展。

目前国内有关灾害次生影响的研究较少,对社会在灾害中的双重地位,灾害对社会机体的破坏、社会对自然的适应能力及化害为利、工程建设项目开发、交通类公共项目、退耕还林工程、危机事件对社会影响、雪灾过后社会救援及雪灾保险等研究成果颇为丰富,对灾害社会影响的定量化研究尚属不足。而国外早已有了丰富的著述,对于灾害社会影响的研究始于欧美地区,美国社会学家弗里兹是第一个明确提出了灾害的社会影响的学者,他认为灾害产生的社会影响是灾害的一部分,包括给社会单位带来的物质损失及对其正常职能的破坏。随着国民经济和社会快速发展,灾害的社会影响问题日益受到政府、社会和学术界的高度关注,如何有效开展灾害社会影响评价的工作成为当前研究的热点。目前,国内外对于草原雪灾社会影响评价的研究较少,为草原雪灾社会影响评价带来了很大的难度。本研究初步构建了草原雪灾社会影响评价指标体系,选取典型年份进行评价,旨在为内蒙古锡林郭勒盟雪灾管理提供理论依据。

4.5.2 草原雪灾社会影响评价方法

(1) 熵组合权重法

层次分析法(Analytic Hierarchy Process)是美国匹兹堡大学教授萨泰(Satty)于20世纪70年代提出的一种将定性分析与定量分析相结合的系统分析方法,其本质是一种思维方法,具体原理与计算方法参考文献。层次分析法的主要特点是,把要解决的问题分层系列化,对同一层次的各个要素,以上一层次要素为准则,进行两两判断、比较和计算,以求出这些要素的权重,具体的分析步骤如图4.28所示。

图4.28 层次分析的具体步骤

熵值法是一种客观赋权方法,通过计算指标的信息熵,根据指标的相对变化程度对系统整体的影响来决定指标的权重,相对变化程度大的指标具有较大的权重,此方法广泛应用在统计学等各个领域,具有较强的研究价值。层次分析法具有一定的主观性,而熵权法是一种客观赋权方法,进而熵组合权重法运用最小相对信息熵原理,将层次分析法与熵权法结合,能够较好地减少主客观的影响。评价指标体系中的各项参评因子由于系数间的量纲不统一,因此在评价研究中必须对判断矩阵进行标准化处理,以消除指标间不同单位、不同度量的影响。正向影响指标标准化方法如下:

$$R_{ij} = \frac{X_{ij} - \min_j(X_{ij})}{\max_j(X_{ij}) - \min_j(X_{ij})} \quad (4.25)$$

而对于逆向影响指标而言:

$$R_{ij} = \frac{\max_j(X_{ij}) - X_{ij}}{\max_j(X_{ij}) - \min_j(X_{ij})} \quad (4.26)$$

式中,R_{ij}为标准化之后的指标值;X_{ij}为第j个样本第i个评价因子的实测值;$\max_j(X_{ij})$表示第j个样本第i个指标的最大值,$\min_j(X_{ij})$表示第j个样本第i个指标的最小值。

熵组合权重法计算过程如下:

$$W_i = (W_{1i} \times W_{2i})^{\frac{1}{2}} / \sum (W_{1i} \times W_{2i})^{\frac{1}{2}} \quad (4.27)$$

式中,W_i为指标i的综合权重;W_{1i}为指标i的主观权重;W_{2i}为指标i的客观权重。

(2) 加权综合评价法

在多指标综合评价中,构建出评价指标体系,再确定出各个评价指标的权重及对各指标进行无量纲标准化处理是基础,在此基础上才可建立综合评价模型。加权综合评价法是将多指标的评价值进行合成,即通过一定的算式将多个指标对事物不同方面的评价值综合在一起,得到一个整体性的评价结果,公式如下:

$$P = \sum_{i=1}^{n} R_i \times W_i \tag{4.28}$$

式中,P 表示指标综合影响指数;R_i 表示第 i 评价指标的标准值;W_i 表示第 i 个指标的权重值。

4.5.3 草原雪灾社会影响评价指标体系与模型构建

(1) 草原雪灾社会影响指标体系

草原雪灾社会影响指标体系构建必须与灾害学、社会科学和气象学三大自然科学相结合,应借鉴已有的研究成果,遵循指标的广泛性、针对性、关联性和系统层次性的原则。本研究基于实地调查,考虑各区域降雪的实际情况,综合数据的可获取性,结合内蒙古锡林郭勒盟 12 个旗县的雪灾背景数据,构建了适用范围广、可操作性强的雪灾社会影响评价体系。基于草原雪灾社会影响形成机理和草原雪灾社会影响评价流程,从草原雪灾发生学角度制定了草原雪灾社会影响的概念框架(图 4.29),并在此基础上根据现有资料情况,构建了草原雪灾社会影响评价指标体系(表 4.11)。

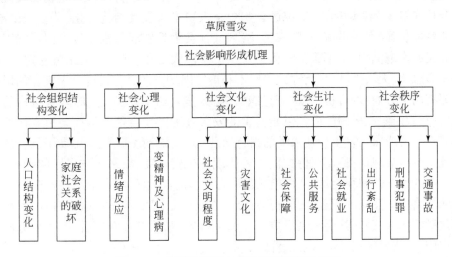

图 4.29　草原雪灾社会影响机理和概念框架

表 4.11　草原雪灾社会影响评价指标体系及权重

目标层	准则层	序号	指标层	综合权重值
草原雪灾对社会影响评价	社会与个体 0.09531	X_1	冻、伤亡比例	0.02098
		X_2	失业人口比例	0.01630
		X_3	务工、经商人数	0.05802
		X_4	收入水平	0.03798
	社会与家庭 0.11137	X_5	家庭的稳定性	0.03684
		X_6	无家可归人数	0.03654
	社会与机构 0.13666	X_7	上访案件	0.09572
		X_8	累计停课天数	0.04094
	社会与秩序 0.21899	X_9	交通事故	0.13720
		X_{10}	运输机构停运天数	0.04392
		X_{11}	物价上涨	0.03787
		X_{12}	刑事案件	0.11937
	社会与稳定 0.26471	X_{13}	当地居民与新来者之间的冲突	0.10149
		X_{14}	劳资冲突	0.04385
	社会与心理 0.17297	X_{15}	心理疾病人数	0.12066
		X_{16}	精神受伤人数	0.05231

　　其中，社会与个体影响评价主要分析降雪或雪灾引起的人口结构变化及对社会、经济造成的影响。受灾区域人口变动主要有人员伤亡、外来人口走动和灾民异地转移安置3个驱动因子，造成的影响包括人口增长及其结构变化、劳动力供给、失业率增长、经商人员流失、特殊群体供养、社会关系破坏与重建等方面。灾害能使灾民的家庭结构、婚姻状况和生活水平产生巨大变化，从而影响家庭稳定性、内部矛盾恶化、无法生计生存，导致家庭不和谐等因素。社会与机构对于灾害的影响主要有两个方面：教育机构、政府组织机构，具体表现在灾害发生时教育机构的应急反应、政府组织部门的应急供给与善后安置处理。社会秩序与社会稳定评价主要分析降雪或雪灾发生后使人类的出行紊乱、交通安全隐患、生活用品不供应从而打乱正常生活规律；稳定评价方面主要体现在劳资冲突、新来者与居民的冲突，影响社会的安全性和稳定性，从而给人带来心理上的巨大波动，焦急、烦躁、恐慌等心理和情绪上的反应，甚至严重的行为错乱、心里病变、心理疾病社会心理评价因素，导致触犯法律、破坏社会和谐等方面。综上所述，草原雪灾发生后，此六个方面综合作用，影响着区域社会影响评价的大小。

　　(2) 草原雪灾社会影响评价模型建立

　　根据上述草原雪灾社会影响概念框架和自然灾害风险形成机理，利用加权综合评价法建立如下草原雪灾社会影响评价模型，模型如下：

$$\text{GSSII} = (\sum_{i=1}^{n} R_{pi} \times W_{pi}) \times W_{P} + (\sum_{i=1}^{n} R_{fi} \times W_{fi}) \times W_{F} + (\sum_{i=1}^{n} R_{ii} \times W_{ii}) \times W_{I}$$
$$+ (\sum_{i=1}^{n} R_{ri} \times W_{ri}) \times W_{R} + (\sum_{i=1}^{n} R_{si} \times W_{si}) \times W_{S} + (\sum_{i=1}^{n} R_{mi} \times W_{mi}) \times W_{M}$$
(4.29)

式中,GSSII 表示各旗县草原雪灾社会影响评价指数,表示草原雪灾社会影响的程度,其值越大,说明该区域社会影响越大。R 为各指标的标准化值,W 为各指标的权重系数,W_P、W_F、W_I、W_R、W_S、W_M 分别代表各旗县社会个体、社会家庭、社会机构、社会秩序、社会稳定和社会心理的权重系数,pi、fi、ii、ri、si、mi 分别代表各项指标的权重系数。

本研究在基于本模型对锡林郭勒盟 12 个旗县雪灾社会影响进行评价的过程中,根据 2010 年各指标的实际值,将 12 个旗县的各指标采用公式(4.25)和公式(4.26)进行标准化,利用公式(4.27)确定出各指标的最终权重值,最后根据公式(4.29)算出 12 个旗县各旗县的草原雪灾社会影响评价指数。

4.5.4 草原雪灾社会影响评价与区划

(1)锡林郭勒盟 2010 年冬季降雪量分析

积雪是引发草原雪灾的重要致灾因子,而积雪是降雪天气导致的,因此对研究区降雪量分析是进行草原雪灾社会影响评价基础且重要的一部分内容。本研究统计了锡林郭勒盟 2010 年各旗县冬季降雪量(图 4.30)。从中看出,东乌珠穆沁旗降雪量最高、大于 30 mm;西乌珠穆沁旗、锡林浩特市、太仆寺旗和正镶白旗为降雪量较高地区、大于 20 mm;苏尼特左旗、镶黄旗、正镶白旗和多伦县降雪量大于并接近 10 mm;而二连浩特市和苏尼特右旗降雪量则小于 10 mm。

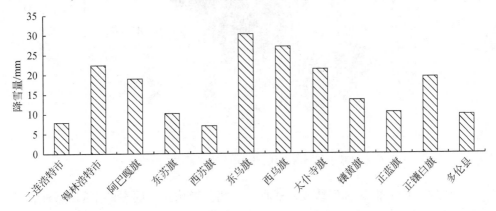

图 4.30 锡林郭勒盟 2010 年冬季降雪量

(2) 草原雪灾社会影响评价与区划

基于草原雪灾社会影响评价模型计算出的锡林郭勒盟12个旗县的雪灾社会影响综合值(表4.12)，在参考实际历史灾情数据、雪灾发生的背景数据和社会经济发展水平，并征求相关专家意见的基础上，应用最佳自然断裂点法，将社会影响综合指数由高到低划分为高影响区、较高影响区、中影响区、较低影响区和低影响区等5个区间(表4.13)。利用ArcGIS空间分析技术，根据草原雪灾社会影响程度区划原则以及评价结果，绘制出12个县域地区的草原雪灾社会影响区划图(图4.31)。

表4.12 锡林郭勒盟草原雪灾社会影响评价综合指数

地区	二连浩特	锡林浩特	阿巴嘎旗	东苏旗	西苏旗	东乌旗	西乌旗	太仆寺旗	镶黄旗	正镶白旗	正蓝旗	多伦县
GSSII	0.268	0.623	0.232	0.175	0.258	0.455	0.450	0.265	0.192	0.185	0.173	0.294

注：GSSII为草原雪灾社会影响评价指数。

表4.13 锡林郭勒盟草原雪灾社会影响区划界限阈值

GSSII	≤0.175	0.176~0.192	0.193~0.268	0.269~0.293	≥0.294
影响程度	低影响	较低影响	中影响	较高影响	高影响

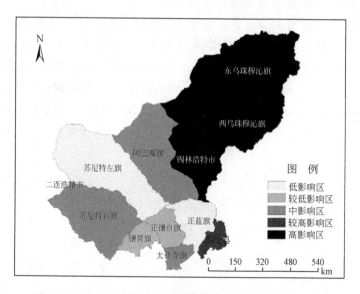

图4.31 基于草原雪灾社会影响值的草原雪灾影响区划图

由图4.31可知，锡林郭勒地区草原雪灾社会影响具有明显的空间差异性，总体特征为中部偏低、两边偏高的特征，区域东部受雪灾的社会影响最为严重。草原雪灾对社会影响最高的地区包括锡林浩特市(0.623)、东乌珠穆沁旗(0.455)和西乌珠穆沁旗(0.450),面积占锡林郭勒盟总面积的 40.928%;而西部和南部的受雪灾社会影响较轻,其中正蓝旗(0.173)和苏尼特左旗(0.175)处于低影响区,面积占总面积的 21.915%;正镶白旗(0.185)和镶黄旗(0.192)为较低影响区,面积占总面积的 5.837%。

结合锡林郭勒草原雪灾影响区划图(图 4.31)和锡林郭勒盟 2010 年冬季降雪量图(图 4.30)可以看出,在社会影响高的东乌珠穆沁旗、西乌珠穆沁旗和锡林浩特市,其降雪量也高。从锡林郭勒盟草原雪灾社会影响评价指标贡献率(图 4.32)可以看出,雪灾对东乌珠穆沁旗和西乌珠穆沁旗社会心理影响大,而对锡林浩特市社会稳定影响大。在发生雪灾后,东乌珠穆沁旗和西乌珠穆沁旗心理疾病人数和精神受伤人数相对高,在锡林浩特市刑事案件和当地居民与新来者之间的冲突事件相对多;草原雪灾社会较高影响地区只有多伦县,该区虽然降雪量不高但雪灾对其社会个体、家庭、机构、心理、秩序和稳定等六个方面均有较大的影响,是综合作用的结果。降雪量是雪灾致灾因子的主要因子,但灾害是致灾因子、孕灾环境和承灾体共同作用的结果,降雪量不高但其承灾体脆弱仍会引发雪灾;中影响地区包括二连浩特市、阿巴嘎旗、苏尼特右旗和太仆寺旗,雪灾对其社会秩序影响较大,这些地区灾后交通事故增加、物价上涨,运输机构停运现象较多;社会影响较低地区包括镶黄旗和正镶白旗。镶黄旗降雪量不高,雪灾对其社会影响也不大,对其社会秩序稍有影响。雪灾对正镶白旗社会稳定方面有一定影响,雪灾发生后该区劳资冲突现象较多;社会低影响地区包括苏尼特左旗和正蓝旗。这些地区降雪量不高,雪灾对苏尼特左旗的社会秩序和社会家庭方面有一定影响,对正蓝旗社会各个方面影响均不大,较为均衡。

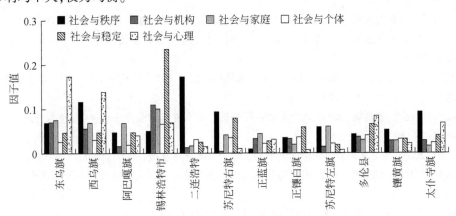

图 4.32 锡林郭勒盟草原雪灾社会影响评价指标贡献率对比图

通过计算确定出草原雪灾社会影响指标的权重值,基于草原雪灾社会影响评价模型计算出锡林郭勒盟 12 个旗县的雪灾社会影响综合值。锡林郭勒地区草原雪灾社会影响具有明显的空间差异性,总体特征为中部偏低、两边偏高的特征,区域东部受雪灾的社会影响最为严重。草原雪灾对社会影响最高的地区包括锡林浩特市(0.623)、东乌珠穆沁旗(0.455)和西乌珠穆沁旗(0.450),面积占锡林郭勒盟总面积的 40.928%;而西部和南部的受雪灾社会影响较轻,其中正蓝旗(0.173)和苏尼特左旗(0.175)处于低影响区,面积占总面积的(21.915%);正镶白旗(0.185)和镶黄旗(0.192)为较低影响区,面积占总面积(5.837%)。综上所述,锡林郭勒地区受草原雪灾社会影响程度较为严重,高社会影响区约占总锡林郭勒盟的41%,有关部门在加大草原雪灾防灾减灾投入的同时,也要对雪灾造成的社会影响给予高度的关注,尤其是区域东部受影响程度高的地区,进而促进区域社会和经济的发展(董振华等,2016)。

参 考 文 献

曹琦,陈兴鹏,师满江. 基于 SD 和 DPSIRM 模型的水资源管理模拟模型——以黑河流域甘州区为例. 经济地理,2013,33(3):36~41.

陈少勇,郭俊瑞,吴超. 2015. 基于降水量距平百分率的中国西南和华南地区的冬旱特征. 自然灾害学报,24(1):23~31.

董磊磊. 2009. 基于贝叶斯网络的突发事件链建模研究. 大连:大连理工大学.

董振华,张继权,佟志军,等. 2016. 锡林郭勒盟草原雪灾社会影响评价. 自然灾害学报,25(2):59~68.

杜青林. 2006. 中国草业可持续发展战略. 北京:中国农业出版社.

李剑锋,张强,陈晓宏,等. 2012. 基于标准降水指标的新疆干旱特征演变. 应用气象学报,23(3):322~330.

刘思峰,郭天榜,党耀国,等. 1999. 灰色系统理论及其应用(第二版). 北京:科学出版社.

马齐云,张继权,王永芳,等. 2016. 内蒙古牧区牧草生长季干旱特征及预测研究. 干旱区资源与环境,30(7):157~163.

彭世彰,魏征,窦超银,等. 2009. 加权马尔科夫模型在区域干旱指标预测中的应用. 系统工程理论与实践,29(9):173~178.

裘江南,刘丽丽,董磊磊. 2012. 基于贝叶斯网络的突发事件链建模方法与应用. 系统工程学报,06:739~750.

史培军. 2005. 四论灾害系统研究的理论与实践. 自然灾害学报,14(6):1~7.

王海梅,李政海,韩经纬. 2012. 锡林郭勒草原区降水量的时空变化规律分析. 干旱区资源与环境,26(6):24~27.

王军,周伟达. 1999. 贝叶斯网络的研究与进展. 电子科技,(8):6~7.

王彦集,刘峻明,王鹏新,等. 2007. 基于加权马尔科夫模型的标准化降水指数干旱预测研究. 干旱地区农业研究,25(5):198~203.

王以彭,李结松,刘立元. 1999. 层次分析法在确定评价指标权重系数中的应用. 第一军医大学学报,19(4):377~399.

温克刚,沈建国等. 2008. 中国气象灾害大典·内蒙古卷. 北京:气象出版社.

武俊红,汪云甲. 2006. 基于Surfer的煤矿等值线空间插值方法有效性评价. 中国矿业,16(1):108~110.
颜峻,左哲. 2014. 建筑物地震次生火灾的贝叶斯网络推理模型研究. 自然灾害学报,03:205~212.
曾志雄,陈慧娴. 2006. 如何使用surfer 8.0画等值线图. 广东气象,8(3):64~65.
张磊. 基于系统动力学模型的区域生态安全仿真与调控. 兰州:西北师范大学,2015.
张养才,何维勋,李世奎. 1991. 中国农业气象灾害概论. 北京:气象出版社.
朱传志,孙旭明,马士友. 2006. 基于三角白化权函数的导弹分队信息作战能力评估. 武器装备自动化,25(6):9~10.
Wang W,Zhu Y,Xu R,et al. 2015. Drought severity change in China during 1961-2012 indicated by SPI and SPEI. Natural Hazards,75(3):2437~2451.
World Meteorological Organization. 1966. Climate change,WMO Tech. Note No. 79,WMO No. 195-TP-100,WMO,Geneva.

第5章　草原雪灾应急救助需求与能力评估研究

草原雪灾是草原牧区常见的一种灾害,一旦发生会给牧民生命、财产等造成严重损失。从草原雪灾应急角度入手,对草原雪灾应急救助需求与能力进行评估,以期为合理分配、调度及协调应急救援力量提供依据。本章分别对草原雪灾应急救助需求与能力进行了评估,筛选草原雪灾应急救助能力评估因子,构建草原雪灾应急救助模型,实现了草原雪灾应急救助能力评价;定量研究草原雪灾应急救助各资源需求量及其变化规律,建立草原雪灾应急救助需求系统动力学模型。对应急救助需求物资量、应急救助人员数量、应急救助医疗人员数量、应急资金需求量及应急医疗药品需求量进行了分析与仿真模拟,并通过研究区实际案例与模拟结果对比进行验证。

5.1　自然灾害应急救助理论

5.1.1　自然灾害应急救助基本概念

自然灾害应急救助是社会救助的一个重要组成部分,是指在自然灾害发生后,迅速搜索与营救由于自然灾害造成的生活环境破坏(建筑物破坏、建筑物被淹、生命财产受到威胁等)而受灾害威胁居民的举动,同时通过提供一系列后勤供给以保障灾后灾民的一切生活需求。自然灾害应急救助不仅较全面的包括了受灾中和受灾后及时且持续的帮助,同时还强调了在切实解决灾民基本生活的前提下,帮助灾民重建生产,脱贫致富,提高抵御灾害的能力。重大自然灾害具有强大的破坏性,它可以摧毁人类的家园,使人们多年积累的财富毁于一旦,使人民生活陷入困境。灾害发生后,灾民的生活需要政府和社会给予救助,灾后的重建也需要政府与社会的帮助和扶持,因此,在自然灾害频发的21世纪,自然灾害应急救助已成为世界各国社会救助制度的一项常规性内容。自然灾害应急救助作为社会救助的重要组成部分,它的本质在于坚持以人为本,其基本特征包括:营救内容的广泛性、手段的多样性、对象的不可控性。自然灾害应急救助的范围相当广泛,不仅包括对人的救助还包括对物、牲畜的救助,对灾区整体或整个灾区,对灾民心理和身体救助;自然灾害应急救助手段主要是物质手段、精神手段和组织手段,通过这些手段对遭受自然灾害的灾民实施救助,是保证自然灾害应急救助目标实现的客观条件和可靠保障;而自然灾害应急救助的主体对象是灾民,在灾害的冲击下,灾民心理和行为各方面的变化以及灾后灾区地理环境的不确定性都给灾害救助带来了挑战。

5.1.2 自然灾害应急救助特征

1. 自然灾害应急救助的对象有特殊要求

自然灾害应急救助因其具有的特点明显不同于其他社会救助。受救助对象往往是突发性的遭遇自然灾害，对其正常生活造成严重影响，甚至生活陷入困境而不能通过自身来解决的社会成员。"自然灾害是指由于自然异常变化造成的人员伤亡、财产损失、社会失稳、资源破坏等现象或一系列事件。"自然灾害直接造成人员伤亡严重，包括生理伤害（死亡、伤残等）、心理和精神伤害（恐慌、忧愁、痛苦等），直接破坏掉了人们生活物质条件和生产资料。在灾害发生前，人们生活在社会结构完善，功能健全，秩序正常的环境中，生产和生活处于相对稳定且有所保障的状态。突如其来的灾害会在瞬间打破这种正常平稳的状态，摧毁了所有生活、生产的保障。因受灾民众享有正常生存和生产的权利，所以国家和社会有义务对这些灾区和灾民进行紧急救助，帮助其恢复正常生活和生产。

2. 自然灾害应急救助属于社会救助的范畴

自然灾害应急救助的救助内容是政府针对于因自然灾害陷入生存危机和生活困难的社会成员给予的物质、资金以及其他相关方面的应急救助。因此，自然灾害应急救助属于社会救助的范畴。

3. 自然灾害应急救助具有紧急性、临时性和持久性

自然灾害应急救助之所以具有紧急性主要取决于自然灾害具有突发性这一特点。台风、滑坡、泥石流、地震、暴雨、森林火灾、热带风暴等自然灾害来势凶猛，突发性强，波及范围广，传播速度快。灾害到来时我们必须在第一时间启动紧急救助预案，没有多余的时间给我们犹豫。虽然自然灾害应急救助是暂时帮助灾民解决最基本的生活保障，只是进行一些临时性的救助工作，但是有些自然灾害应急救助工作则必须是持久的。当救助对象脱离困境，能够维持其基本生活以后，社会救助就不再继续。但是对于比较严重的自然灾害，灾害的强度大、造成的损失巨大、对社会影响程度很深，而且这种影响还会长时间持续的。对一个地区甚至国家的影响可达几十年之久，还会间接地影响社会文化乃至人们的精神生活等方方面面。例如，有些遭受严重灾害的人，在其心理所造成的创伤，要很久才能恢复，也有人这种创伤会一直伴随着他直到死亡。重大灾害之后势必会有妻离子散的情况发生，对于在灾难中成为孤儿的或失去亲人的家庭要进行长时

间的心理疏导以确保他们能够尽快恢复到稳定的日常生活中去。临时性救助显然不能够解决深层次的问题,灾后后遗症会接踵而来,而且影响广泛深刻,甚至难以消除。所以这种情况就要求灾害救助要一直持续,直到对灾后直接危害和潜在危害彻底消除为止。

4. 自然灾害应急救助方式多种多样

自然灾害应急救助的方式多种多样,例如医疗救助、住房救助、实物救助、资金救助、生产资料救助、心理救助以及其他形式的救助。在保障以上救助顺利进行的同时相关救助措施要同时配套的展开,而且尽最大限度得无偿救助。只有根据结合灾害发生的特点和受灾地区的具体情况科学的规划,根据受灾群众的具体需求,进行富有成效的多样化救助,并使之成为一种科学救助体系,才能达到救灾救助的效果。

5.1.3 自然灾害应急救助评估内涵与内容

1. 自然灾害应急救助内涵

关于自然灾害救助的界定,郑功成认为,灾害救助隶属于社会救助,是指国家与社会面向由贫困人口者组成的社会脆弱群体提供款物接济和扶助的一种生活保障政策,目标是帮助社会脆弱群体摆脱生存危机,以维护经济社会的持续、稳定、快速发展,美国作为发达国家的典型代表,其对灾害救助的定义是用于弥补某地个人、家庭或企业未曾参保的资产损失的钱款或直接援助,即给予在其他途径无法报偿的巨额费用,但此项援助并不意味将受损的资产恢复到灾害前的状态。受灾害救助内涵认识发展演化的影响,灾害救助评估的内涵在广度和深度上不断发展扩大,传统的灾害救助评估主要局限于受灾人口基本生活保障,侧重于分析受灾人口的饮食、居住、卫生防疫需求。目前,欧美发达国家灾害救助评估外延进一步扩大,将灾后社会、经济、生态环境恢复和区域开发纳入灾害评估范畴;受灾人口生活保障方面内涵更加丰富,增加了灾民心理抚慰、社交关系修复与重建等内容。根据联合国定义,灾害救助评估主要涵盖4个方面的内容:评估灾害对社会产生的影响;灾害应急抢险需求与方案优化;救助资源可获得性;促进和加速灾后恢复与区域发展的可行性。其中,救助需求与救助资源可获得性是灾害救助评估的核心,灾害救助评估贯穿于紧急救援、灾区秩序恢复、灾后重建、区域开发等灾害救助管理全过程,救助管理决策过程从紧急救援开始一直持续到灾后的恢复重建。

2. 自然灾害应急救助的主要内容

根据自然灾害应急救助的主要内容包括:①紧急救助灾民生命、确保其人身安全;②为灾民提供基本生活保障,如发放食物和水、搭建帐篷以及提供必要的药品等救灾物品,满足灾民的衣、食、住、医等生存需求;③关注灾民的精神心理需求,重视对灾民的心理疏导和情绪安抚,帮助灾民摆脱伴随灾害产生的心理创伤,恢复和重构内心精神世界;④注重灾区的恢复重建,培养和发展灾民自行生存和发展的能力,确保灾区和灾民实现"脱灾"、"脱贫"。总之,通过对因自然灾害遭受损失的社会成员进行基本生活救助,避免或帮助其摆脱生存危机,同时减少遭灾地区的破坏后果并使灾区社会尽快恢复正常秩序,对于维护社会稳定、保持经济发展、促进社会主义和谐社会建设具有十分重要的意义。

随着灾害救助相关理论研究和现实实践的不断发展与进步,灾害救助内容和措施逐步拓展到灾害应急响应、灾民紧急转移安置、灾民生活救助、救灾捐赠、灾后恢复重建、备灾减灾等多个方面,初步建成了以救灾工作分级负责、救灾经费分级负担制度为基础,社会动员机制为补充,应急措施相配套的灾害应急救助体系。

5.1.4 自然灾害应急救助的意义

自然灾害的发生严重影响了我国的发展。它威胁到了人民生命安全、财产安全,阻碍了社会的经济发展和社会进步。2008年,全国自然灾害频发,南方大部分地区发生雨雪冰冻灾害、四川汶川大地震、南方雨灾等等给我们带来了沉重的打击。尤其是四川汶川地震,造成60 560人遇难,35 2290人受伤,紧急转移安置438.564万人,累计受灾人数4550.9241万人。灾害发生后,国家应迅速处理灾情、降低伤害,并合理补助灾民、帮助他们完成复建,使灾民早日脱离灾难的阴霾,这是国家的基本职责,也是一国居民生存权的基本保障的重要方面。而自然灾害应急救助制度的完善就是应对各种自然灾害的需要,是保障受灾人民基本生活的需要,更是维持社会稳定的需要。

近年来,各种自然灾害时有发生,导致人员伤亡、财产损失。在加强自然灾害防灾减灾工作的同时,自然灾害应急救助工作也摆上了各级政府的议事日程,如:××××制定,××××建立,应急救助组织组建、应急救助人员培训和装备准备等内容。从法律上要求各应急单位重视自然灾害应急救助工作。其中在应急保障部分明确了医疗卫生保障和人员防护要求,要求组建医疗卫生应急专业技术队伍,根据需要及时赴灾害现场开展医疗救治、疾病预防控制等卫生应急工作;及时为受灾地区提供药品、器械等卫生和医疗设备;必要时,组织动员红十字会等社会卫生力量参与医疗卫生救助工作;要采取必要的防护措施,严格按照应急程序开展应急救援工作,确保灾民安全。在自然灾害发生后,自然灾害应急救助体系能保证自然灾害应急救助组织的及时出动,并针对性地采取应急救助措施,对防止自然灾害的进一步扩大,减少人员伤亡和财产损失意义重大。

5.1.5 自然灾害应急救助体系

在《国家自然灾害救助应急预案》颁布以后,伴随着地方应急预案的制定,我国的自然灾害救助应急制度逐步健全,一个有中国特色的自然灾害救助应急体系正在初步确立。与外国体系相比,我国的自然灾害救助应急体系还明显存在一定的差距,其主要表现就是:应急指挥和协调机制还不尽完善和规范,许多工作程序还不够细密、不够具体而且操作性不够强,应急物资储备还只是初具规模,先进的装备在救灾中还没有被普遍应用,由于缺乏农村最低生活保障制度因而冬令、春荒的救助标准还过于偏低,社会捐助制度的发育程度也较低,灾害救助工作的立法还相当欠缺。所有这些差距,都会随着国家的全面开放而日益凸现,因而十分有必要采取措施,系统地加快自然灾害的应急体系建设,以确保国家和社会的基本安全和稳定。由于自然灾害无法避免,为了切实保障人民的生命安全和减少经济损失,我们应该在短时期内,建成具有中国特色的自然灾害应急救助体系。这一应急救助体系建设的重点,主要应该包括以下几个方面:

一是要建设发达的灾情监测系统。这一系统,首先是当前已经建成的灾害预警系统,包括气象、地震、洪水、森林和草原防火、农作物和森林病虫害、海洋和环境等方面的预警体系,一定要充分地发挥作用。同时,要加强综合性的灾情监测能力的建设,充分发挥国家减灾中心的作用,经常对重大灾情进行会商,及时地做出判断,从而为灾害紧急救援的决策提供科学的方案。还有,一定要加强遥感技术的应用,特别是要发展减灾卫星系统建设,使高科技能够广泛地应用于救灾工作过程。

二是要建立较为充实的物资储备系统。当前,全国只有为数不多的救灾物资储备仓库,共储备有20多万顶救灾帐篷。这种局面需要改变。首先,救灾物资储备仓库的布点,一定要更便于实用。要根据运输条件和不同地区、不同民族的需要,建立物资储备仓库。同时,还要采购不同品种的物资,以适应不同灾害条件下灾民生活的需求。

三是要进一步健全应急响应制度。灾害的应急响应,是一种准军事化的体制。当前,一旦遇到灾害,救灾的指挥往往显得手忙脚乱。因此,一定要将各类自然灾害应急的预案充分地程序化,不要只是几条干巴巴的职责,还要有行动的方案细节,包括现场指挥部的组建,信号的传递,物资的保障等。还需要进行经常性的演练,使各级救灾的指挥员和普通工作人员能够措置裕如地应对各种复杂的救灾环境。

四是要加强灾后恢复重建工作体制的建设。恢复重建工作,要加强领导。更进一步地明确工作程序,特别要明确灾区重建中的领导责任,使其真正履行责任、组织、协调有关事宜,保证重建工作能够高质量地展开。

五是要切实做好灾民的基本生活救助工作。要从制度上能够保证"不救不活"人口的基本生活,尤其是对于灾后形成的孤儿,要给以特别的救助,使其真正能够维持基本生活。

六是广泛开展社会捐助活动,建立健全社会捐助的工作机制。要开发两种资源,一是社会公益组织的作用,要全面地突出起来,使其发挥更大的作用;二是要广泛地开展义工和志愿者活动,使人力资源的捐助活动得到有效地利用。

七是要制定《救灾法》,使国家的救灾行为法治化。灾害应急救助是国家行政管理能力的一个重要体现。建立健全发达的灾害应急救助体系,具有十分重要的政治和社会意义。应该看到,我国社会对这项工作还比较陌生,因而不可避免地需要一个过程,还需要许多大量细致而艰苦的工作。

5.1.6 自然灾害应急救助评估

1. 自然灾害应急救助评估构成要素

灾害救助评估包括灾害评估规划、数据搜集与调查、数据分析与解读、灾害趋势预测、救助辅助决策及灾害监测。

(1) 灾害评估规划

科学、合理地规划设计评估方案是成功开展评估的前提和基础。评估方案的主要内容包括:评估数据需求;设计灾害调查与数据收集方法;制订数据格式及数据质量控制标准,通过早期的规划设计,确保收集数据能够完整地涵盖灾害影响及灾害救助评估的各个方面,提高评估数据的完整性"准确性"一致性和时效性。

(2) 灾害数据收集与调查

灾害救助评估收集数据主要包括受灾人口规模与结构、生命线系统设施分布与状态、救灾物资分布与规模、受灾区域的灾害应急管理体系等4大类。灾害信息数据收集主要基于数据报送系统来完成;未建立上报系统或上报系统受灾害影响运行中断的区域,需要建立现场灾害信息采集系统来完成数据收集。

(3) 灾害数据分析解读

对灾害数据进行深入地分析和解读,揭示受灾人口面临的各种风险,评估灾害救助需求。与灾害应急救助需求相关的灾害风险分析主要包括5个方面:次生致灾因子,如次生洪灾、火灾、山体滑坡、极端天气、化学污染等;食品短缺;基础生存条件恶化,如饮用水供应、居住条件、废物处理;疾病与健康影响;应急医疗服务短缺。

(4) 灾害趋势预测

基于收集到的灾害数据,根据灾害发生、发展机理,分析灾害发展趋势,评估灾害救助需求与救助资源之间的关系及其变动情况。

(5) 救助辅助决策

制作灾害救助评估信息产品,将灾害分析解读、灾害趋势预测等评估结果提交给灾害救助管理人员,为灾害救助管理决策提供依据。

(6)灾害监测

灾害救助评估是反复评估灾害救助需求与救助服务关系,不断修正灾害救助管理措施,提高救助效果的辅助决策过程。而灾害监测可为灾害评估的不断修正提供有效的数据支持。

2. 自然灾害应急救助评估

灾害救助评估是一种用于决策、规划和控制灾害应急救助活动的管理工具,主要包括分析灾害对社会的影响、灾民救助需求与救助措施、救助资源可获得性、灾后恢复及发展可能性。其中,灾民救助需求与救助资源可获得性是核心,是各类灾害必须要开展的评估内容。作为灾害应急与救助管理决策的有效工具,灾害救助评估的内容主要取决于灾害过程及其救助需求。目前,联合国、美国将灾害救助过程总体划分为三个基本阶段:预警阶段、应急阶段和恢复、重建阶段。灾害救助评估开始于灾害应急阶段,并贯穿于灾后恢复、重建、发展全过程。根据灾害演进阶段特点及其救助需求,灾害救助评估主要分为两大类:应急快速评估和灾后详细评估。其中,灾害应急快速评估主要为灾害应急救助活动提供辅助决策支持,灾后恢复评估主要为灾后恢复、重建、区域发展提供决策支持。

3. 自然灾害应急救助需求与能力评估原理

(1)自然灾害应急救助需求评估

应急救助需求评估是基于灾害对人口、经济、社会、环境等要素造成的损失及影响,结合备灾资源储备及规划,分析保障受灾对象基本生存和维持经济社会正常运行所需的应急救助资源与服务需求,为编制灾害应急救助方案提供信息支持。国际上关于灾害应急救助理论及方法的研究始于1990年,联合国、欧美发达国家提出了相对完整的灾害应急救助评估理论框架,应急救助需求评估的内容主要包括:现场搜救、应急医疗与健康、农业食品需求、住房及避难所需求、生命线公共服务需求、个人与家庭需求、经济需求等方面。其中,应急医疗与健康问题是近年来国际灾害应急救助评估研究热点,在灾害流行病学理论研究和灾害应急医疗救助评估方法等方面取得较大进展;经济救助问题主要针对影响灾区经济整体发展的主导产业和支柱产业,与国际上不同,我国的灾害应急救助需求评估涵盖的内容相对狭窄,主要局限于灾民的基本生活保障安排,具体包括衣被、饮食、临时居住、卫生防疫、临时就学等5个方面;个人与家庭伦理、基础社会公共服务、关键经济产业救援等领域的救助工作目前仍处于探索阶段。

(2)自然灾害应急救助能力评估

灾害救助能力是指为了在未来的破坏性灾害发生后,能够高效有序地开展应急行动,减轻灾害给人们造成的伤亡和经济损失,在组织体制、应急预案、灾害监测和速报、指挥技术、资源保障、社会动员等方面所作的各种准备工作的综合体现。本研究参考国家自然灾害应急救助相关的预案及内容，并借鉴灾害救助相关学者研究成果，在已建立的灾害应急能力评价体系的基础上，综合考虑影响自然灾害救助能力的诸多因素后，运用层次分析法、格网法及加权综合法，建立起包括项一级指标、项二级指标和项三级指标的综合评价体系，具体各指标及其评价模型可参见后面研究内容。

4. 我国自然灾害应急救助制度存在的问题

我国每年都要发生多次重特大自然灾害，受自然灾害影响十分严重。当前，在自然灾害社会救助方面，我国采取了一系列重大措施，自然灾害社会救助能力有了显著的提高，但也必须清醒地认识到，在实施自然灾害社会救助的过程中，也暴露出不少自然灾害社会救助制度存在的问题。

(1) 救助范围不明确

自然灾害除了是一种自然现象以外，还是一种与人类社会生存与发展密切相关的社会事件。它与人类活动的加剧、科学技术的进步、城市化进程的推进、自然资源的过度开发、人口数量的持续递增等密不可分。它对人类社会的影响也是多方面的。频发的自然灾害造成的损失有不断扩大的趋势，而当前的自然灾害社会救助制度存在一个主要问题，即自然灾害社会救助范围不明确，使得很难产生有效的自然灾害社会救助效果。一般来说，自然灾害社会救助的范围应该包括在我国发生的水旱灾害、气象灾害、火山和地震灾害、地质灾害、海洋灾害、森林草原火灾和重大生物灾害等自然灾害。其中，气象灾害包括台风、冰雹、雪、沙尘暴等。地质灾害包括山体崩塌、滑坡、泥石流等。海洋灾害包括风暴潮、海啸等。这些自然灾害会对人民群众的健康和生活质量、受灾地区的经济发展和生态环境造成影响，严重的甚至会造成房屋的倒塌、财产的损失以及人员的伤亡。在实际的自然灾害社会救助过程中，除了上述自然灾害以外，还有很多同样会造成严重破坏的自然灾害并未被给予明确，纳入到自然灾害社会救助的范围内来。

(2) 救助标准不完善

由于我国自然灾害发生频率高，分布地域广，且我国经济社会发展也极不平衡，使得要想制定一个全国统一的自然灾害社会救助标准是很难进行实际操作的。当前，自然灾害社会救助工作的标准仅仅是保障受灾群众的衣、食、住、医等基本生活以及保证不发生大规模的疫情，应该说标准还较低。地区间的差异也使得我国自然灾害社会救助标准存在不同，此外，不同的自然灾害所造成的危害及损失程度不一样，也对自然灾害社会救助标准的逐步规范提出了严峻考验。从当前的自然灾害社会救助标准来看，存在城乡间的救助差别，同时多数情况下仅能满足受灾群众因自然灾害而增加的额外开支和遭受自然灾害后的基本温饱问题，维持较低的生活水平，而对其今后生活水平的恢复方面未给予全面的保障，有时仅具有象征意义。为了使受灾群众能够在自然灾害发生以后尽快恢复正常有序的社会生活,必须在现有基础上着重从制度方面考虑,保障受灾群众基本生活需要的同时,着力解决实际困难,把进一步规范自然灾害社会救助标准作为完善自然灾害社会救助制度的重要方向。

(3) 救助对象不确定

一般来讲,可以简单地把受灾地区的受灾群众以及社会环境看作是自然灾害的救助对象,目前,但缺少能有效监督自然灾害社会救助资金使用情况的相关制度规定。对自然灾害社会救助资金使用情况的监督,应该包括政府内部的监督和来自社会的监督。但实际上,很多情况下,这些监督由于没有进行明确的规定,无法顺利进行。

(4) 全民防灾减灾意识不强

以汶川地震为例,四川汶川数于地震多发地带,有许多房屋建设都没有达到相应的标准,当地政府和群众对灾害的提前防御意识非常薄弱,当地震发生时,政府和民众对灾害的心理承受能力和应变能力及救灾技能受到了极大的限制,主动有效的防灾行为不多,从而影响了整个灾害救助的效果。其实,灾难发生时最有效的救助就是自救,但是这种自救是要靠平时的训练、演练做支撑的,然而这也恰恰是我们经常忽略的。我们只是等着灾难到来后进行补救,而忽略了对防灾减灾意识的培养。

(5) 政府权责不清,负担过重

政府在应对突发自然灾害的救助权限问题上陷入两难的境地。首先,如果政府不下放权利的话,就会出现"大包大揽"现象,政府自身职能必定会负担过重。但政府又是一个多元化职能部门,如果把大部分精力都放在自然灾害救助这一件事上,又会弱化政府其他的职能。其次,如果政府把权利下放,一旦出现意外情况,造成场面失控,又会增加救助风险,反而会增加政府的救助成本。

(6) 政府与非政府组织的合作不够

民政部门是组织灾害救助的职能部门,但灾害救助工作并不是民政部门一家就可以完成的。许许多多的工作需要相关部门的共同努力,需要相关部门的支持和配合,才能顺利完成,综合协调不仅是横向的,也是纵向的。然而我们却经常忽略了一些非政府组织的作用。例如群众志愿者,意识清醒有行为能力的灾民,慈善机构等等。在面对突发的自然灾害,它们没有任何职能行使权利,职能在自身职能范围内从事一些基本的救助工作,力量显得十分微弱。因此,非政府组织在我国救灾活动中的作用应得到进一步发挥,并建立非政府组织同政府的固定联络机制,储备有专门技术的救灾人员。

(7) 灾害救助的法律体系不完善

我国的灾害管理体系中的法律体系建设还处于初级阶段,还有很多方面需要进一步完善,还没有建立完备统一的国家防灾减灾基本法保障。我国出台了一系列有关自然灾害管理的法律法规,如防洪法、防震减灾法、传染病防治法、戒严法等,但都是针对单一灾种防灾法,如果将其放大到建立整个防灾减灾法律体系上来看,即便是将所有单一灾种防灾法全部都建设完成,也不可能完全替代国家综合减灾法的作用。就像是我国所有法律法规都需要建立在宪法的基础之上一样,各种针对的防灾减灾法都必须统一在防灾减灾基本法之上。在国际上,无论是日本、美国、俄罗斯、土耳其,还是新西兰,综合减灾法是第一层面的大法,它起到统领的作用,不仅仅规范社会各阶层的防灾行为,更从一定意义上明确了这些国家可能的灾害性质及频发状态,对整个防灾救灾体系建设和运行都十分重要。

(8) 灾害救助监督制度不规范

对于救灾过程中的各项工作应有相应的监督制度,我国现行的制度主要是以处分、行政处罚为主,打击力度较小,不能对相关工作人员构成有效的权力约束,自然得不到足够重视。对于救灾相关人员进行有效监督的相应机制的不合理、不健全,就会导致有些地方政府及工作人员虚报灾情,以救灾为借口从而得到更多国家财政拨款,在救助款的发放过程中就会存在着贪污挪用和优先发放给亲友等违法乱纪现象,所以亟待合理有效的相应监督制度的建设和相关法律法规的出台。另外,如果对工程性减灾措施监管不力,不仅存在数量问题,还可能会存在更严重的工程质量问题,导致更多潜在的危害。抗灾工程的设计标准或者施工质量较低,与所在地区可能发生的灾害强度不相适应,那么大灾来临非但起不到防灾作用,反而会因工程倒损而酿成更大的人为祸患,也会因此导致的恶劣的社会影响。

造成我国自然灾害社会救助制度存在上述问题的原因是多方社会救助的对象不明确,造成确定明确的应急对象十分复杂,也正是这种复杂性使得自然灾害社会救助的对象难以真正确定。自然灾害社会救助对象一般情况下应包括几种:第一种是因遭受自然灾害需要紧急转移的人员;第二种是因遭受自然灾害缺衣被缺粮食,没有自救能力的人员;第三种是因遭受自然灾害住房倒塌或者严重损坏,无家可归且无力自行解决的人员;第四种是因遭受自然灾害死亡者遗属生活困难或伤病者无力医治的人员。其中受灾五保户、特困户、重点优抚对象等,在同等条件下应予以优先解决,重点照顾。但由于缺少完善的自然灾害社会救助标准,使得在实际的自然灾害社会救助工作中往往不是根据自然灾害所造成的损毁程度来确定救助对象和救助水平的,而是根据可使用的资源的多少来进行安排分配,救助对象的确定存在很大的随意性。

目前,我国实行的是中央统一管理、各级地方政府及其相关部门分工负责的自然灾害社会救助管理体制,但尚欠缺自然灾害社会救助综合协调机构,各部门之间存在着职能分散、职能交叉和职能缺位等问题,从一定程度上影响了自然灾害社会救助资源的整合,造成自然灾害社会救助工作效率低下。一般来讲,自然灾害社会救助的核心主体仍然是政府及其相关部门,此外,军队也在自然灾害社会救助过程中发挥着积极作用。近年来,随着自然灾害社会救助非政府性志愿者组织的蓬勃发展,此类组织对自然灾害社会救助作出的贡献也不容忽视。然而,自然灾害社会救助主体间权责不明晰,未对自然灾害社会救助过程进行明确的分工,政府依然是自然灾害社会救助行为结构的中心,而其他救助主体更多的是发挥着辅助的作用且不够独立,有的甚至是依附于政府部门,在大多数情况下,社会救助主要是根据政府的要求来不断调整自己的反应和行动。

5.2 草原雪灾应急救助能力研究

5.2.1 草原雪灾应急救助能力评价方法

1. 牧区雪灾应急救助内容

从《国家自然灾害救助应急预案》颁布以后,伴随着地方应急预案的制定,我国的自然灾害救助应急制度开始逐步健全,一个有中国特色的自然灾害救助应急体系正在初步确立(廖永丰,2011)。比较国外的经验,我国的自然灾害救助应急体系还明显地存在一定的差距,其主要表现就是(郭剑平,2009):应急指挥和协调机制还不尽完善和规范,许多工作程序还不够细密、不够具体而且操作性不够强,应急物资储备还只是初具规模,先进的装备在救灾中还没有被普遍应用,由于缺乏草原牧区最低生活保障制度,因而冬冷、春荒的救助标准还过于偏低,社会捐助制度的发育程度也较低,草原雪灾灾害救助工作的立法还相当欠缺。所有这些差距,都会随着国家的全面开放而日益凸现,因而十分有必要采取措施,系统地加快草原雪灾的应急体系建设,以确保国家和社会的基本安全和稳定。由于自然灾害无法避免,为了切实保障人民的生命安全和减少经济损失,我们应该在短时期内,建成具有中国特色的草原雪灾应急救助体系。

2. 牧区雪灾应急救助体系框架

草原雪灾应急救助评估能够清楚的了解某个或区域的自然灾害应急救助情况,对应急管理建设起到关键作用。而评估的关键是其评估体系的构建,牧区雪灾应急救助评估是一种用于决策、控制与规划自然灾害应急救助活动管理的重要手段。主要包括了灾害对社会的影响的评估、救助措施、灾害救助需求、救助资源的可获得性与灾后恢复及发展的可能性的评估。其核心是灾民救助需求与救助资源获得,这也是牧区雪灾应急救助评估体系的核心内容。目前,联合国将自然灾害应急救助过程分为四个基本阶段:预警阶段、应急阶段、恢复阶段与重建阶段。因此,牧区雪灾应急救助评估可以从快速评估与灾害详细评估两个大方面入手进行评估。其中,自然灾害应急快速评估为自然灾害应急救助活动提供辅助决策支持,而灾后详细评估主要为自然灾害恢复与重建提供决策支持。

通过对国内外已有相关研究总结,针对牧区雪灾灾害应急救助评估内容提出了概念框架,其中包括2个一级指标,5个二级指标,其中一级指标包括灾害应急快速评估与灾后详细评估;二级指标包括灾情评估、应急救助需求评估、社会影响评估、经济影响评估及环境影响评估5个评估指标。三级指标的选取根据应急救助相关内容进行了详细筛选,最终确定图5.1的应急救助评估概念框架。

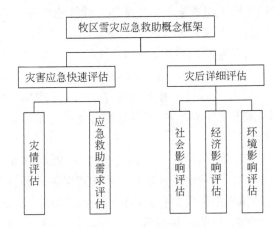

图5.1 牧区雪灾应急救助评估体系概念框架

5.2.2 草原雪灾应急救助能力评价指标体系与模型构建

1. 常用评价方法简介

(1)层次分析法(AHP)

层次分析法是目前较为常用的一种对指标进行定量分析方法。该方法的思路主要是利用相关领域的多位专家的经验,对每个因子进行两两比较、判断并赋值,得到判断矩阵,经过计算得到评价指标中每一个因子的权重值,并进行一致性检验。通过对指标进行一对一的比较,可以连续进行并能随时进行改进,是比较常见的一种计算方法(曾运清,2005)。其步骤如下:

①建立层次结构模型。在深入分析实际问题的基础上,将有关的各个因素按照不同属性自上而下地分解成若干层次同一层的诸因素从属于上一层的因素或对上层因素有影响同时又支配下一层的因素或受到下层因素的作用。最上层为目标层通常只有一个因素最下层通常为方案或对象层中间可以有一个或几个层次通常为准则或指标层。当准则过多时,譬如多于9个应进一步分解出子准则层。

②构造成对比较阵。从层次结构模型的第2层开始,从属于或影响上一层每个因素的同一层诸因素,并用成对比较法和1~9比较尺度构造成对比矩阵直到最

下层。

③计算权向量并做一致性检验。对于每一个成对比较矩阵计算最大特征根及对应特征向量利用一致性指标、随机一致性指标和一致性比率做一致性检验。若检验通过特征向量归一化后,即为权向量,若不通过需重新构建比较矩阵。

④计算组合权向量并做组合一致性检验。计算最下层对目标的组合权向量,并根据公式做组合一致性检验,若检验通过则可按照组合权向量表示的结果进行决策。否则需要重新考虑模型或重新构造那些一致性比率较大的成对比较阵。

建立层次结构模型是将问题包含的因素分层解决,从而实现总目标。具体分为策略层、约束层、准则层等最低层用于解决问题的各种措施、方案等。把各种所要考虑的因素放在适当的层次内,用层次结构图清晰地表达这些因素的关系。具体求解方法可下载 AHP 相关软件对指标权重进行计算,或是采用 EXCEL 进行自编程进行计算。由于该方法较为成熟,具体计算方法此处不再累述。

(2) 加权综合评价法

加权综合评价法是在确定各项试验指标权重存在困难时常用的一种方法(张继权,2004)。目前,已广泛采用的主观赋权法和客观赋权法各自存在缺点,依据优化理论,推导出了一种兼顾主观偏好和客观信息的综合评价法,从而使加权综合评价法的分析结果更趋合理、可靠。加权综合评分法是假设由于指标 i 量化值得不同,而使每个指标 i 对于特定因子 j 的影响程度存在差别,公式为:

$$CV_j = \sum_{i=1}^{m} QV_{ij} WC_i \tag{5.1}$$

式中,CV_j 是评价因子的总值,QV_{ij} 是对于因子 j 的指标 $i(QV_{ij})$,WC_i 是指标 i 的重值($0 \leqslant WC_i \leqslant 1$),通过 AHP 方法计算得出,$m$ 是评价指标个数。

2. 技术流程

依据上述牧区雪灾应急救助评估体系含义及实际情况分析结果,本研究提出了牧区雪灾应急救助评估基本过程。其过程分为六个阶段(图5.2):①数据采集;②数据整理与处理;③自然灾害数据库建立;④指标体系筛选;⑤牧区雪灾应急救助评估;⑥结果显示。

3. 牧区雪灾应急评估指标体系框架与评价模型构建

(1) 评价体系框架构建

依据牧区雪灾应急救助评估内容,综合筛选了一级指标包括灾害应急快速评估与灾后评估;二级指标包括灾情评估、应急救助需求评估、社会影响评估、经济影响评估及环境影响评估5个方面;三级指标则共选取了22个指标(表5.1)。其中指标权重可采用层次分析法进行计算(舒卫萍,2005),而指标体系中有的指标不能直接量化,在具体研究中可以采取专家打分法对其进行打分赋值。

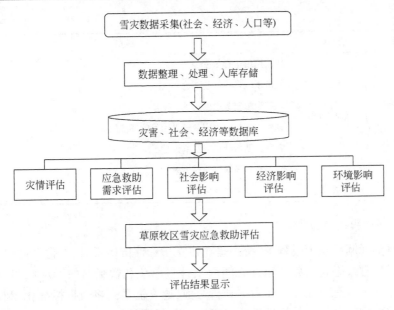

图 5.2　牧区雪灾应急救助评估流程

表 5.1　牧区雪灾应急评估体系

一级指标	二级指标	三级指标
	灾情评估	灾害影响范围
		灾害影响强度
		灾害造成的损失
	应急救助需求评估	人员需求
		资金需求
		伤病员救治需求
		牲畜救助需求
		运输需求
	社会影响评估	人口影响评估(人口变动、劳动力供给、特殊群体供养、婚姻与家庭、社会关系破坏与重建)
		社会心理评估(灾害破坏造成情绪和精神心理病变、社会关系解体、灾民异地转移安置)
		社会生计评估(粮食安全、居住条件、公共服务、社会就业)
		社会管理评估(机构破坏程度、工作环境损毁程度)
	经济影响评估	社会实物资本损失(固定资产、货币资产)
		人力资本存量损失(人员伤亡、人力资本损失)
		区域产业布局与结构

一级指标	二级指标	三级指标
	经济影响评估	经济网络运行效率
		经济系统自我修复能力
		基础设施服务中断程度
		自然灾害与灾害应急救助引发的环境问题
		灾害救助活动环境影响评估
		政府减轻环境风险能力评估
	环境影响评估	环境恢复需求评估

(2) 评价指标量化

在对实际问题建模过程中,特别是在建立指标评价体系时,常常会面临不同类型的数据处理及融合。各个指标之间由于计量单位和数量级的不尽相同,从而使得各指标间不具有可比性。在数据分析之前,通常需要先将数据标准化,利用标准化后的数据进行分析。数据标准化处理主要包括同趋化处理和无量纲化处理两个方面。数据的同趋化处理主要解决不同性质的数据问题,对不同性质指标直接累加不能正确反应不同作用力的综合结果,须先考虑改变逆指标数据性质,使所有指标对评价体系的作用力同趋化。由于牧区雪灾应急救助评估指标体系中各指标单位不同,给实际计算带来不便,因此对每一个指标进行无量纲化处理,采用如下公式:

$$X_{ij} = \frac{x_{ij} - x_{\min}}{x_{\max} - x_{\min}} \quad (5.2)$$

式中,x_{ij} 为第 i 个对象的第 j 项指标值,X_{ij} 为无量纲化处理后的第 i 个对象的第 j 项指标值。$x_{\min}$ 和 $x_{\max}$ 分别为指标的最小与最大值。据式(5.2)处理后的每个指标值域范围为[0,1]。对于指标体系中无法直接量化的指标,可以采取赋值法对该指标进行赋值。

(3) 评价模型构建

草原雪灾应急救助评估可以通过22个三级指标的权重和打分实现,评估过程中,把每个指标分别赋予一定的值 C_i,其中 C_i 的总分为100分,评价时根据具体研究区的实际情况给予赋予一定分值,并确定相应的评价值,把各个指标赋值结果与相应的权重(W_i)相乘,即可求出草原雪灾应急救助的评估结果(R)。具体公式为:

$$R = \sum_{i=1}^{n} (C_i \times W_i) \quad (5.3)$$

式中,R 为牧区雪灾应急救助能力的评价值;C_i 为各评价指标的定量打分值;W_i 为各评价指标的权重,采用层次分析法计算。

5.2.3 草原雪灾应急救助能力评价结果分析

为了弥补行政区尺度的自然灾害应急救援能力评价精度不足问题,提出了基于网格尺度的牧区雪灾应急救助能力评价方法。网格具有栅格数据的显示形式,同时又有矢量数据的属性信息,通过对数据网格化使矢量数据更加详细化,从而提高评价精度。实现了基于网格尺度的牧区雪灾应急救助能力评价,以期为牧区雪灾应急救助工作提供服务。

应急救援能力评价方面多数集中在行政区尺度,而此方面的研究从行政区尺度进行单个行政区内的详细应急能力情况不能清晰了解。因此,需采用基于网格尺度的牧区雪灾应急救助能力评价,能够清晰的表达各行政单元内部的应急救援能力的差异性,提高评价结果的精度及可信度,以更好的为牧区应急管理部门提供决策依据。

本节着重对牧区雪灾应急救助能力小尺度评估热点问题进行了探讨,选择了牧区雪灾应急救助能力为研究对象,结合实证研究,提出了基于小尺度的牧区雪灾应急救助能力评价方法与思路,构建了基于 GIS 网格技术的牧区雪灾应急救助能力评价指标体系,以充实、完善草原雪灾应急救援理论与方法,为我国制订牧区雪灾应急管理提供参考依据。

1. 研究方法

(1)加权综合评价法模型

加权综合评价法对于各指标的一些计算则使用线性加权模型计算指标层对准则层的贡献度。用公式表达为:

$$C_{Vj} = \sum_{i}^{m} Q_{Vij} W_{ci} \qquad (5.4)$$

式中,C_{Vj} 是评价因子的总值,Q_{Vij} 是对于因子 j 的指标 i($Q_{Vij} \geq 0$),W_{ci} 是指标 i 的权重值($0 \leq W_{ci} \leq 1$),通过 AHP 方法计算得出,m 是评价指标个数。

(2)GIS 网格技术

网格(Grid)是使网格网络上地理分布的各种资源聚合为一体,是近些年发展起来的一种新型的 GIS 技术,通过对研究区网格的划分可以对小尺度区域进行高精度研究。在总结以往的研究基础上,采用克里格插值法和数据空间展布法实现了研究区指挥系统与救援队组织结构、救援队行动能力、救援队支持能力、救援保障能力数据展布到网格中,实现了牧区雪灾应急救助能力各指标数据网格化(陈鹏,2014)。

矢量网格与栅格不同,矢量网格具备与矢量数据相同的数据类型,可以方便的操作属性与空间分析,是小尺度研究的常用方法。利用 ArcGIS 软件的 GENERATE

命令实现了研究区矢量网格划分,划分结果为648个矢量网格,网格大小为2km×2km(图5.3)。生成的矢量图层除了FID、Shape、ID等3个属性外,还自动生成了每个矢量网格坐标的最大值(X_{max}、Y_{max}),最小值(X_{min}、Y_{min})(图5.3)。

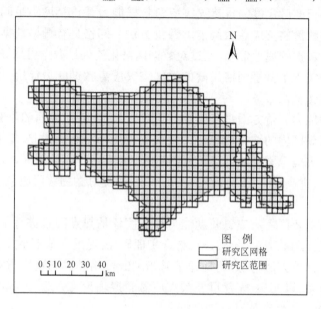

图5.3 研究区数据网格化

(3)空间插值法

空间插值常用于将离散点的测量数据转换为连续的数据曲面,以便与其他空间现象的分布模式进行比较。把离散点的数据与空间数据关联后,每个离散点数据就代表了一定空间的数据,然后选择一种点插值方法把离散点的数据插值生成网格数据,由于插值后的网格远远小于原始的空间单元,这样就可以很好地表示空间上属性数据的分布。但是,数据插值后的精确度取决于插值点的位置以及插值的方法。

(4)遥感反演法

遥感的本质是获取遥感数据,并利用遥感数据重建地面模型,也就是反演的过程。遥感反演法进行数据空间化的一般方法是:首先提取与展布数据相关的信息,建立反演模型,通过模型反演每个网格的社会经济数据。

(5)多因素综合分析法

多因素综合分析法就是综合、定量分析各种因素对要展布的社会经济数据的影响,进而建立关系模型,再通过模型反演,将要展布的社会经济数据计算到每一个网格当中。如对于人口数据的网格展布,通过研究发现,人口数量的空间分布情况和高程、植被覆盖率、路网密度等有很大关系,那么建立它们之间的关系函数。由于网格化后每一个网格的高程、植被覆盖率、路网密度等是可知的,则可以利用这个函数关系反演出每一个网格的人口数量。

本研究的社会经济数据的网格展布是通过已有空间数据间接实现的,采取的方法是多因素综合分析法,即先通过多元相关分析、回归分析等确定要展布的社会经济数据和已网格化的数据之间的关系,建立模型,进一步展布。本研究首先对人口进行了网格展布,然后对经济、房屋数量进行网格展布。

依据县一级的资料对研究区的人口数量和高程、路网密度、土地利用类型、河网密度等在 DPS 中进行相关性分析,关联度分别见表 5.2。

表 5.2　人口与各因素相关关系

	高程	路网密度	居民地比例	林地比例	草地比例	河网密度
人口	0.809	0.896	0.833	0.650	0.627	0.581

根据相关性最大原则,选择高程 E、路网密度 R、居民地比例 I 与人口 PD 建立回归方程:

$$PD = 242.75 - 0.13E + 2.01R + 3.09I \tag{5.5}$$

经验证,回归方程预测的人口密度与实际人口密度的相关度为 8.532,可以认为该方程基本满足应用需要。但是,依据县一级的资料做出的回归方程并没有考虑到镇和乡村人口密度的差别,因此,有必要根据居民地类型对回归方程做一些调整:

$$PD = 242.75 - 0.13E + 2.01R + 3.09I + 300S + \theta \tag{5.6}$$

式中,S 是居民地类型代表的值。根据镇人口密度和乡村人口密度的比例,对 S 进行取值,当居民点为乡村时取值为 0,为镇时取值为 1.5,为城市时取值为 2.5。θ 是根据总人口数对回归方程的调整值。

同时,对房屋密度和人口密度进行相关性分析,它们的相关系数达到 0.943,远远高于其他因素,并且人口密度也是通过其他因素展布而来,因此,仅依据人口密度对房屋密度进行展布。通过回归分析得到以下方程:

$$HD = 1.24PD - 4.16 + \theta \tag{5.7}$$

2. 评价指标体系与模型构建

(1)指标体系

依据牧区雪灾应急救助能力构成,从研究区的指挥系统与救援队组织结构、救援队行动能力、救援队支持能力、救援保障能力四个方面综合选取了 16 个评价指标,并赋予相应的权重(罗江波,2011)。其中有的指标不能直接进行量化,本研究则采用了专家打分法对其进行了打分赋值,结果见表 5.3。

表 5.3 牧区雪灾应急救助能力权重

一级指标	二级指标	权重
指挥系统与救援队组织结构(Z)	组织结构构成	0.41
	人员数量	0.17
	救援指挥	0.21
	救援任务管理	0.28
	通信协调与决策	0.15
救援队行动能力(Y)	搜救系统	0.36
	反应时间	0.36
	医疗资源	0.14
	行动支持	0.06
	工作程序	0.45
救援队支援能力(N)	人力支援	0.28
	物力支援	0.12
	技术支援	0.20
救援保障能力(B)	装备保障	0.38
	生活保障	0.19
	技术保障	0.45

(一级指标另含:牧区雪灾应急求助能力)

(2) 评价模型

根据加权综合计算公式,结合牧区雪灾应急救助能力评价体系,建立如下牧区雪灾应急救助能力评价指数模型。

$$JYNL = (Z)(Y)(N)(B) \tag{5.8}$$

$$Z(x) = W_{Z1}X_{Z1} + W_{Z2}X_{Z2} + W_{Z3}X_{Z3} + W_{Z4}X_{Z4} + W_{Z5}X_{Z5} \tag{5.9}$$

$$Y(x) = W_{Y1}X_{Y1} + W_{Y2}X_{Y2} + W_{Y3}X_{Y3} + W_{Y4}X_{Y4} + W_{Y5}X_{Y5} \tag{5.10}$$

$$N(x) = W_{N1}X_{N1} + W_{N2}X_{N2} + W_{N3}X_{N3} \tag{5.11}$$

$$B(x) = W_{B1}X_{B1} + W_{B2}X_{B2} + W_{B3}X_{B3} \tag{5.12}$$

式中,JYNL 是牧区雪灾应急救助能力,用于表示牧区雪灾应急救助能力大小程度,其值越大,则牧区雪灾应急救助能力越大,反之越小;Z、Y、N、B 的值相应地表示根据加权综合评价法建立的指挥系统与救援队组织结构、救援队行动能力、救援队支持能力、救援保障能力指数。W_i 为各指标权重;在式(5.10)~(5.12)中,X_i 是指标 i 量化后的值。

3. 指标数据网格化处理

(1) 指挥系统与救援队组织结构数据网格化

指挥系统是指在救援过程中的指挥者指挥救援的相关过程(罗文芳,2008)。其主要影响因素是指挥者的经验、体力、知识、技能及所受协调能力等方面。救援队组织结构是应急救援能力的重要组成部分,主要救援队组织结构与人员数量强调救援队应具有相应合理的组织结构、保证一定数量的救援人员。因此,将此指标利用GIS技术中的网格技术将数据进行网格化(图5.4),以下指标数据网格化都使用此方法。

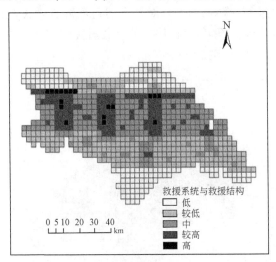

图5.4 指挥系统与救援结构数据网格化

(2)救援行动能力

救援行动能力具体包括搜救系统、反应时间、医疗资源、行动支持及工作程序。其反映了牧区雪灾应救援过程及行动过程,救援行动能力大的区域在自然灾害发生时,采取的救援也就十分及时,并能减少灾害所造成的损失。反之,救援行动过程较缓慢,灾害所造成的损失较大(图5.5)。

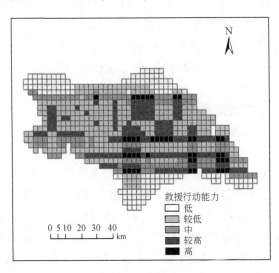

图5.5 救援行动能力数据网格化

(3) 救援队支援能力

救援队支援能力指对外部的支援,包括国家救援队对其他国家的支援能力,以及各级救援队对研究区及以外地区的支援能力。主要包括人力支援、物力支援及技术支援。在救援过程中缺一不可。对外支援可锻炼其救援队的实际快速反应、指挥、协调等能力;对内支援可及时、快速的挽救居民的灾害损失,是牧区雪灾应急救助能力的重要组成部分(图5.6)。

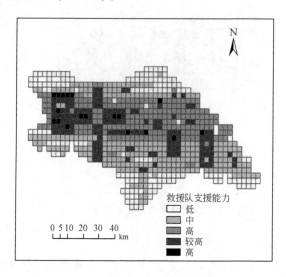

图5.6 救援队支援能力数据网格化

(4) 救援保障能力

救援保障能力是指牧区雪灾发生时各相关部门的自我支持能力,也就是救援队的后勤保障。当自然灾害发生时,救援队的后勤保障不应给草原牧区应急救援队带来任何负担,包括装备、生活及技术方面的保障(图5.7)。救援保障能力越高的区域,救援队的救援工作就越顺利,因此,保障对于整个救援对的能力来说起到举足轻重的作用。

由于牧区雪灾应急救助能力包括指挥系统与救援队组织结构、救援队行动能力、救援队支持能力、救援保障能力,因此,利用式(5.7)~(5.9)进行加权综合计算得到应急救援能力,将得到的评价结果利用ArcGIS中的字段计算器并进行叠加,得出最终的研究区应急救援能力评价结果(图5.8)。从总体评价结果来看,研究区中心区域的应急救援能力相对较好,原因在于区域的各项资源相对较多,在发生灾害时能够及时、快速的调运应急资源。而在研究区周边区域相对应急资源分布较少,因此救援能力也相对较弱。以网格尺度进行应急救援能力评价,可更为详细的了解应急救援能力分布情况,为实际自然灾害应急救援救助提供可参考依据。

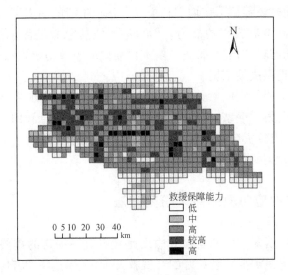

图 5.7 救援保障能力数据网格化

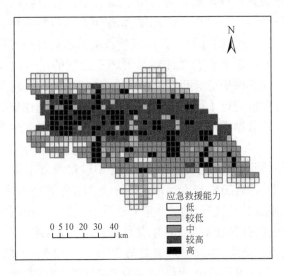

图 5.8 应急救助能力评价

5.3 草原雪灾应急救助需求研究

草原雪灾应急救助是社会救助的一个重要组成部分,是指草原雪灾发生后,迅速搜索与营救由雪灾造成的生活环境破坏(建筑物破坏、建筑物被淹、生命财产受到威胁等)而受灾害威胁居民的举动,同时通过提供一系列后勤供给以保障灾后灾民的一切生活需求。草原雪灾应急救助不仅较全面的包括了受灾中和受灾后及时且持续的帮助,同时还强调了在切实解决灾民基本生活的前提下,帮助灾民重建生产,脱贫致富,提高抵御灾害的能力。而草原雪灾应急救助需求是应急救助的前提,通过应急救助需求的预测,事先了解灾民需要应急救助物资数量、种类等,为草原雪灾应急救助提供决策依据。

为定量研究草原雪灾应急救助各资源需求量及其变化规律,建立草原雪灾应急救助需求系统动力学模型。对应急救助需求物资量、应急救助人员数量、应急救助医疗人员数量、应急资金需求量及应急医疗药品需求量进行了分析与仿真模拟,并利用研究区实际案例与模拟结果进行验证。

5.3.1 草原雪灾应急救助需求研究方法

草原雪灾发生后对灾区的支援和救助是减轻灾民损伤的重要措施,但人们往往需要逐渐了解灾民需要才能更好的开展救灾工作(徐选华,2011)。因此,草原雪灾应急救助需求相关研究就成为研究的重点(包玉海,2010)。目前,针对草原雪灾应急救助需求一方面只针对地震灾害进行了震灾居民应急救助需求研究,从地震地点、震级、灾区范围、死亡人数、受伤人数、无家可归人数等方面,设计了震灾应急救助需求概念模型,定量化的计算了灾民应急救助需求。另一方面,主要是采用工程方法,从建筑物倒塌、断水和电梯停运 3 种因素造成的需求出发,利用系统动力学方法构建了综合的灾民应急救助需求模型。总结已有的研究发现,灾民应急救助需求仅针对地震灾害进行了研究,以及从工程角度出发构建应急救助需求模型。从工程角度进行应急救助需求研究,发现电梯修复、房屋抗震性等参数参差不齐,很难统一量化。

总结国内外相关研究发现已有的一些研究中以避难需求研究为主,主要从建筑学角度、经验数据、综合工程与人为因素三个方面着手进行研究。三个方面研究都各有利弊,如从建筑学角度进行的研究中并没有包含人为因素所产生的避难需求;经验数据为主的研究则较简单,但并没有体现动态性;综合工程与人为因素研究较为综合,研究较为全面,但此方法需要与实际情况相结合。然而上述已有研究中都是从避难需求方面进行研究,而在应急救助需求方面研究并不多见,尤其在草原雪灾应急救助需求方面研究目前则属于空白阶段。

综上所述,本节从应急救助需求物资量、应急救助人员数量、应急救助医疗人员数量、应急资金需求量及应急医疗药品需求量进行了系统动力学分析与仿真模拟,并利用锡林郭勒盟为实际案例,并与模拟结果进行验证。结果表明:通过系统动力学仿真模拟可以准确预测应急救助过程中所需资源量及其变化规律,并得出在雪灾发生第 10 天对应急救助资源需求量发生明显变化。研究结果可为救援部门对草原雪灾应急救助需求资源量准确掌握起到关键作用(孙滢悦等,2016)。

1. 系统动力学

系统动力学是一门分析研究信息反馈系统的学科,其强调内因与外因的辩证关系,内因是系统存在、变化、发展的依据,外因是系统存在、变化、发展的客观条件。在一定条件下,外部的干扰起着重要作用,但外因也只有通过系统的内因才能起作用。它能够分析多种因素的综合效应,其仿真过程不仅可以随着时间的变化而变化,而且可以包含社会、经济及人为因素等不易量化的因素。因此,本研究利用系统动力学原理,通过对草原牧区应急救助过程中牧民所需资金、物资、救助人员、运输工具及应急药品等关键因素进行筛选,并对各因子间的反馈关系进行了分析,综合构建了牧区雪灾系统动力学模型,实现了牧民人群应急救助需求分析及其变化规律,为制定适应草原牧区的应急救助政策提供理论依据。其一般形式为:

$$L.K = L.J + DT(IR.JK - OR.JK) \qquad (5.13)$$

式中,L.K、L.J 为状态变量,IR.JK、OR.JK 为速率变量,K 为现在时刻,J 为与 K 相邻的前一时刻,JK 为 J 时刻到 K 时刻的时间段,DT 为系统仿真步长且 DT=JK。为了更好的了解系统动力学,将相关概念予以介绍:

(1) 系统:一个由相互区别、相互作用的各部分(即单元或要素)有机地联结在一起,为同一目的完成某种功能的集合体。

(2) 反馈:系统内同一单元或同一子块其输出与输入间的关系。对整个系统而言,"反馈"则指系统输出与来自外部环境的输入的关系。

(3) 反馈系统:反馈系统就是包含反馈环节与其作用的系统。它要受系统本身的历史行为的影响,把历史行为的后果回授给系统本身,以影响未来的行为。

(4) 反馈回路:反馈回路就是由一系列的因果与相互作用链组成的闭合回路或者说是由信息与动作构成的闭合路径。

(5) 因果回路图(CLD):表示系统反馈结构的重要工具,因果图包含多个变量,变量之间由标出因果关系的箭头所连接。变量是由因果链所联系,因果链由箭头所表示。

(6) 因果链极性:每条因果链都具有极性,或者为正(+)或者为负(-)。极性是指当箭尾端变量变化时,箭头端变量会如何变化。极性为正是指两个变量的变化趋势相同,极性为负指两个变量的变化趋势相反。

(7) 反馈回路的极性:反馈回路的极性取决于回路中各因果链符号。回路极性也分为正反馈和负反馈,正反馈回路的作用是使回路中变量的偏离增强,而负反馈回路则力图控制回路的变量趋于稳定。

(8) 确定回路极性的方法

若反馈回路包含偶数个负的因果链,则其极性为正;若反馈回路包含奇数个负的因果链,则其极性为负。

(9) 系统流图:表示反馈回路中的各水平变量和各速率变量相互联系形式及

反馈系统中各回路之间互连关系的图示模型。

（10）水平变量：也被称作状态变量或流量，代表事物（包括物质和非物质的）的积累。其数值大小是表示某一系统变量在某一特定时刻的状况。可以说是系统过去累积的结果，它是流入率与流出率的净差额。它必须由速率变量的作用才能由某一个数值状态改变另一数值状态。

（11）速率变量：又称变化率，随着时间的推移，使水平变量的值增加或减少。速率变量表示某个水平变量变化的快慢。

因系统动力学能够分析多种因素的综合效应，其仿真过程不仅可以随着时间的变化而变化，而且可以包含社会、经济及人为因素等不易量化的因素。因此，本研究利用系统动力学原理，通过对草原牧区应急救助过程中牧民所需资金、物资、救助人员、运输工具及应急药品等关键因素进行筛选，并对各因子间的反馈关系进行了分析，综合构建了牧区雪灾系统动力学模型，实现了牧民人群应急救助需求分析及其变化规律，为制定适应草原牧区的应急救助政策提供理论依据。

2. 数据来源

研究数据主要来源于锡林郭勒盟统计局的统计年鉴、雪灾历史数据与《综合自然灾害信息共享》网站中的雪灾数据。

5.3.2 草原雪灾应急救助需求模型的构建

1. 概念模型构建

在雪灾发生后，对草原牧区的影响主要表现在牧户、牲畜、草场、棚圈等承灾体，因此牧区应急救助需求因素应从以上影响因素中选取。总结以往草原牧区发生雪灾的影响情况，以及调研过程中实际了解的牧民应急救助需求，得出以下牧区雪灾应急救助需求概念模型（图5.9）。

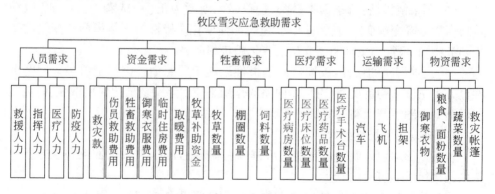

图5.9　牧区雪灾应急救助需求概念模型

根据这一思路,并参考已有研究(聂高众等,2001),设计如下表达式:
$$Y = K_x Q_x F_x - \delta C_y \tag{5.14}$$
式中,Y 表示某种救灾物资或救灾队伍的实际最小需求量;K_x 表示灾区本身的地区系数;Q_x 表示气候系数;F_x 表示根据灾区总人口、伤亡人口、倒塌房屋等实际情况计算出的某种救灾物资或是救灾队伍的理论统计需求量;且 $F_x = f(\alpha、死、伤人数) + f(\beta、总人口) + f(\gamma、需避难人数) + f(\theta、其他)$;$\alpha、\beta、\gamma、\theta$ 为应急救助需求系数,根据雪灾实例统计得出;C_y 表示灾区本身该类救灾物资或是救灾队伍等的现有数量,δ 为雪灾发生后的保全率。

2. 因果反馈关系模型构建

(1) 牧民与牲畜运输工具需求子系统

雪灾发生时,会对牧民、牲畜及草场会造成直接影响,政府部门采取应急救助时应先考虑应急救助物资、应急救助人员及医疗药品等应急资源如何运输到灾区,对灾区实施正确、有效、快速的救助。因此就需要政府部门在明确灾民应急救助需求后,及时调配运输工具,将应急救助物资及时运往灾区(汪建,赵来军,2013)。经上述分析得出该子系统包括受灾牧民对运输工具需求与受灾牲畜对运输工具需求两个反馈关系,具体为:

①需避难人口数→前往避难人口数量→避难需求→需救助运输工具→实际投入运输工具数量→救援能力→需避难人口数。

②需救助牲畜数量→实际救助牲畜数量→牲畜救助需求→需救助运输工具→实际投入运输工具数量→救援能力→需救助牲畜数量。

(2) 牧民与牲畜救援物资需求子系统

受灾牧民与牲畜应急救助需求中,另外要考虑的是救援物资需求,救援物资主要包括受灾牧民的防寒衣物、食物及帐篷等,灾民通过获取救援物资可以减少牧民受灾率。在对牲畜实施应急物资需求分析时,应考虑的包括牧草量、饲草量及棚圈数量等,只有满足牲畜应急救助物资需求,才能保证灾区牲畜安全。该子系统包括灾民应急救助物资需求与牲畜应急救助需求两个因果反馈关系,具体为:

①需避难人口数→前往避难人口数量→避难需求→需救援物资量→实际物资量→救援能力→需避难人口数。

②需救助牲畜数量→实际救助牲畜数量→牲畜救助需求→需救援物资量→实际需物资量→救援能力→需救助牲畜数量。

(3) 牧民与牲畜医疗人员需求子系统

雪灾对牧民造成的影响包括灾民冻伤、死亡或是受房屋损毁砸伤等,因此需大量的医疗救助人员参与救援。同时由于雪层维持时间长,影响正常放牧活动,故需要大量的医疗人员,使灾区牧民的牲畜得到及时救助。该子系统中包含灾民医疗

人员需求与牲畜医疗需求两个因果反馈关系,具体为:

①需避难人口数→前往避难人口数量→避难需求→需医疗人员数量→实际投入医疗人员数量→救援能力→需避难人口数。

②需救助牲畜数量→实际救助牲畜数量→牲畜救助需求→需医疗人员数量→实际投入医疗人员数量→救援能力→需救助牲畜数量。

(4) 牧民与牲畜医疗药品需求子系统

由牧民与牲畜医疗人员反馈关系分析得知,受灾牧民与牲畜在医疗救治过程中需大量的医疗药品,包括绷带、纱布、注射药品及牲畜救治药品等。药品数量决定着灾区牧民与牲畜医疗救治能力,是确保应急医疗救助成功的关键。此子系统中包括灾民医疗药品与牲畜救助两个因果反馈关系,具体为:

①需避难人口数→前往避难人口数量→避难需求→需医疗药品数量→实际投入药品数量→救援能力→需避难人口数。

②需救助牲畜数量→实际救助牲畜数量→牲畜救助需求→需医疗药品数量→实际投入药品数量→救援能力→需救助牲畜数量。

(5) 牧民与牲畜资金需求子系统

草原雪灾对牧民影响较大,主要包括长时间积雪使牧民房屋与牲畜棚圈损坏、生命安全受到威胁,同时由于地面积雪较厚,造成大批牲畜无法进食,从而导致死亡。因此,在进行应急救助过程中需大量的应急救助资金来确保牧民的灾中应急救助、灾后房屋修建及牲畜棚圈建设等。此系统中包含牧民资金需求与牲畜资金需求两个因果反馈关系,具体为:

①需避难人口数→前往避难人口数量→避难需求→需救助资金数→实际投入救助资金总额→救援能力→需避难人口数。

②需救助牲畜数量→实际救助牲畜数量→牲畜救助需求→需救助资金数→实际救助资金总额→救援能力→需救助牲畜数量。

综上所述,草原雪灾应急救助需求因果反馈关系包括10个回路(图5.10),各因果反馈关系清晰的表明该系统动力学中各要素之间的联系,为草原雪灾应急救助需求系统动力学模型构建提供依据。

3. 系统模型流图

锡林郭勒盟位于内蒙古自治区中部偏东,常年降水不均,全年降水主要依赖于冬季降雪,由于此不稳定的孕灾环境,导致该区时常发生雪灾。因此,选取锡林郭勒盟为研究区,并设定仿真模型(图5.11)。

系统模型中的应急救助需求相关系数[式(5.14)中的 α、β、γ、θ]的提取主要根据《综合自然灾害信息共享》网站中的数据和其他雪灾案例材料通过相关分析得到的,本节中地区系数为1.63。系统中计算公式如下:

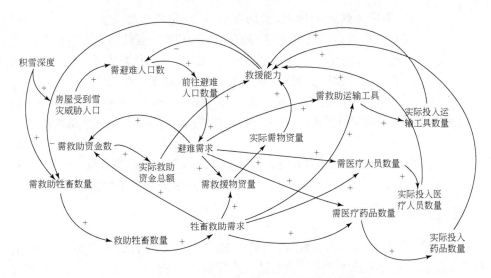

图 5.10　草原雪灾应急救助需求因果反馈关系

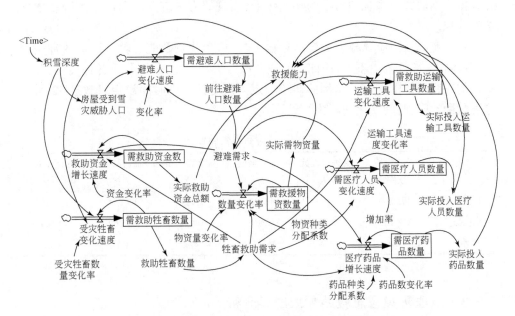

图 5.11　草原雪灾应急救助需求系统动力学模型

$$需灾区救助人员 = 地区系数 \times (0.0037 \times 需救助人数 + 0.0056 \times 灾区总人口) \quad (5.15)$$

$$需救助医疗人员 = 地区系数 \times 0.0052 \times 需救助 \quad (5.16)$$

$$需救助物资数量 = 地区系数 \times 0.54 \times 需救助人数 + 0.15 \times 灾区总人数 \quad (5.17)$$

$$需救助药品数量 = 地区系数 \times 0.158 \times 需救助人数 \quad (5.18)$$

需资金数量=100×需救助人数+4.5×灾区总人口数 (5.19)
受灾人员需运输工具数量=地区系数×0.025×需救助人数 (5.20)
牲畜需救助人员=地区系数×0.0025×灾区总牲畜数量 (5.21)
牲畜需救助资金数=地区系数×150×需救助牲畜数量 (5.22)
牲畜需医疗人员数=地区系数×0.006×需救助牲畜数量 (5.23)
牲畜需救助物资数=地区系数×0.354×需救助牲畜数量+0.85×灾区总牲畜数
(5.24)
牲畜需救助药品数=地区系数×0.0231×需救助牲畜数量 (5.25)
牲畜需运输工具数=地区系数×0.042×需救助牲畜数量 (5.26)

4. 模型的有效性验证

为了检验系统仿真结果有效,以内蒙古 2013 年 1 月 4 日的雪灾为实证案例,对雪灾应急救助需求系统动力学仿真结果进行验证(表 5.4)。此次雪灾的积雪厚度超过了 25cm(锡林郭勒盟),造成受灾人口 26 万人,需救助牲畜 18 万头(只),以此数据为本研究中系统动力学的初始参数,实现研究区应急救助需求系统动力学仿真模拟。

由于实际牧民应急救助需求对运输工具、应急物资及应急救助人员的种类较多,具体相关数据收集不全,因此本研究并没有进行细化,分别归于各种类中,并在各自的一级指标中进行了比例的初步设定。模型计算中时间设定以救援 72 天为应急救助时间,时间变化间隔为 1 天。

表 5.4 模型有效性验证

方法	需物资量/件	需医疗人员/人	需资金量/万元	需救助人员/人	需药品数/个	运输工具/台
数值计算	402 365	2353	3226	11 237	69 854	11 598
模型仿真	378 852	2203	3050	10 696	66 960	10 595
误差/%	5.8	6.4	5.5	4.8	4.1	8.6

5.3.3 草原雪灾应急救助需求结果分析

1. 避难人口数量与牲畜数量变化分析

模拟结果表明,当雪灾发生时,受雪灾影响造成需避难的人数呈不断上升趋势,当第 9 天时需避难人数与需避难牲畜数量达到最大值[避难人数 23.16 万人,避难牲畜数 14.51 万头(只)],分别占研究区总人口和牲畜数量的 23%、2.29%;之后会不断下降,在 24 天后接近于零。该变化趋势是由于牧民一般在 10 天左右开始走场,之后需避难人口与牲畜数量呈不断下降趋势,受雪灾影响持续一个月左右下降到零(图 5.12)。

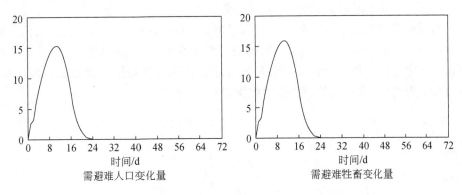

图 5.12　需避难人口变化量与受灾牲畜数量变化情况

2. 需应急救助资金量变化分析

雪灾发生时,造成牧民的衣、食、住等方面都受到严重影响,需大量的资金进行补给。当灾害发生之初由于受灾人口与牲畜数量都不断呈增加趋势,需要大量的应急救助资金,在第 16 天左右时由于受灾人口与牲畜数量增长基本趋于稳定,因此需应急救助资金数量呈图 5.13 的变化趋势。

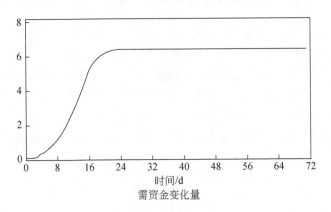

图 5.13　需应急救助资金量变化情况

3. 需应急救助物资与运输工具量变化分析

由于应急救助物资种类较多,本研究收集到的数据有限,并没有进行单独分类,而是归为一类。在雪灾应急救助开始之前,救援中心决策者很难第一时间获知灾区具体伤亡情况,且雪灾的影响强度与其他突发灾害相比所造成的损失速度相对较慢,因此在雪灾发生之初对应急救助物资数量呈缓慢增加趋势,随着影响的牧民与牲畜数量不断增加,则需要的应急救助物资数量呈逐渐上升趋势,在第16天左右所需物资量到达顶点,随后呈水平趋势发展。

对运输工具的需求量是随着运输物资量变化而变化的,灾害发生之初,原有的应急物资库备有一定应急救助车辆,随时可参与救援救助,除此之外,其他救援车辆也会随之赶到。需应急救助资源量随需应急救助牧民与牲畜数量变化而变化,呈逐步上升趋势,会一直持续到整个灾害过程(图5.14)。

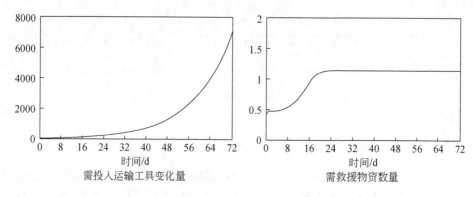

图5.14 需应急救助运输工具与应急救助物资量变化情况

4. 需应急救助医疗人员与药品数量变化分析

雪灾对牧民与牲畜造成的影响及损失较大,需各级卫生行政部门结合当地实际情况,组建救灾防病卫生应急队伍及大量医疗药品。在灾害发生之初由于受灾牧民人数较少,需要的医疗人员数量较少,而随着受灾牧民不断增加需要的医疗救助人员也不断增加,呈逐渐上升趋势,一直持续到雪灾结束。而需要的药品则呈快速增长趋势,主要由于受伤牧民与牲畜数量不断增加,需要的应急救助药品也不断增加,增加趋势一直持续到3个月左右后呈水平趋势发展,一直持续到雪灾结束(图5.15)。

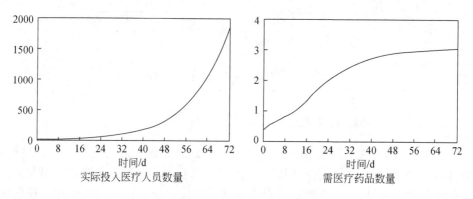

图5.15 需应急救助人员数量与药品数量变化情况

本研究重在考虑牧区雪灾应急救助需求中各应急资源的配置问题,目的是为牧区雪灾应急物资救助需求与配置提供概念性、初始性的方案。现实中牧区雪灾应急救助需求受人员、资金、牲畜救助、医疗救助、物资救助及运输需求影响,故考虑多因素影响的雪灾应急救助需求模型构建及求解应是本研究的一个拓展方向。其次,本研究的工作仅是雪灾资料应用的一次尝试,在分析应急需求时,一是可采用纯理论的方法,如医疗救助需求,可通过医患关系来确定,但这种关系与实际雪灾紧急救治会有偏差,因在雪灾发生时灾民与医生对应关系可能是多对一的关系,造成理论分析得到的要比实际救援数量要多,本节并未采用此方法;二是纯经验的方法,即本节的方法为利用典型雪灾资料,此种方法也存在不足,即计算物资的需求量结果明显偏小,造成此原因是由于牧民的生活水平提高,进行雪灾应急救助时所需的应急物资量远高于前些年物资需求量,因此本研究结果可作为最低需求;三是理论分析与实际资料结合的综合性应急需求,该方法的缺点是一旦理论分析的需求量同雪灾灾例资料提供的需求量之间偏差较大时,难于找到平衡点,但从未来发展角度来看,应值得深入研究。

本研究结合研究区背景建立了雪灾应急救助需求系统动力学模型,实现了雪灾应急救助需求过程中灾民对物资、人员、资金及药品等方面的动态模拟,在模拟过程中可以看出在应急救助需求过程中所需物资、人员、资金及药品等受灾民与需救助牲畜的数量变化影响,而灾民与需救助牲畜又受积雪深度所影响。本研究中的积雪深度变化设定是以历史雪灾积雪深度随时间变化而设定,若对未来积雪深度进行预测,还需构建积雪深度预测模型,对未来不同时段积雪深度进行预测,并设定系统的初始参数。同时,由于收集数据有限,导致系统在仿真模拟过程中没有细化应急救助物资及医疗药品种类及数量,而是归为一类,随着研究深入及资料数据不断完善,将细化应急救助物资与医疗药品种类。

参 考 文 献

包玉海,乌兰,额尔德木图,等. 2010. 草原牧区雪灾风险管理信息系统的研究. 长春:第二届中国灾害风险防御年会,451~455.

陈鹏,张立峰,孙滢悦,等. 2014. 哈尔滨市道里区基于GIS网格尺度的城市暴雨积涝灾害风险评价. 浙江农业科学,(10):1610~1614.

郭剑平,邵国栋. 2009. 完善我国自然灾害救助体系的对策探究. 科技管理,9:85~87.

黎健. 2006. 美国的灾害应急管理及其对我国相关工作的启示. 自然灾害学报,(8):33~38.

廖永丰,聂承静,胡俊锋,等. 2011. 灾害救助评估理论方法研究与展望. 灾害学,26(3):126~131.

罗江波,唐旭丹. 2011. 自然灾害应急救援管理体系的探讨. 理论探讨,3:303.

罗文芳,刘贵玲. 2008. 提高应对气象灾害应急服务能力的探讨与思考. 防灾科技学院学报,(6):77~80.

舒卫萍,崔远来. 2005. 层次分析法在灌区综合评价中的应用. 中国农村水利水电,(6):109~111.

孙滢悦,杨青山,陈鹏,等.2016.草原牧区雪灾应急救助需求系统动力学模型与实证研究.干旱区资源与环境,30(6):108~114.

汪建,赵来军,顾彩云.2013.地震应急避难需求的系统动力学研究.中国安全科学学报,1(23):122~127.

徐选华,李芳.2011.重大冰雪灾害应急管理能力的评价——以湖南省为例.灾害学,26(2):130~137.

曾运清,等.2005.层次分析法(AHP)在民船动员征用中的应用.武汉理工大学学报,27(3):195~199.

Zhang J, Okada N, Tatano H, et al. 2004. Damage evaluation of agro-meteorological hazards in the maize-growing region of Songliao Plain, China: Case Study of Lishu County of Jilin Province. Natural Hazards, 31(1):209~232.

第 6 章　草原雪灾应急救助物资库及避难所优化布局研究

应急物资库与应急避难所的建设是重要的防灾减灾手段,如何科学地规划、建设和管理应急物资库与应急避难场所,使其发挥着社会价值,逐渐成为政府部门、研究人员和普通民众关心的话题。为此,本章基于草原雪灾风险评价与区划研究,分别对行政尺度和格网尺度的草原雪灾进行风险评价与区划研究,然后基于评价结果,以草原雪灾应急物资库与应急避难所优化为研究对象,以内蒙古锡林郭勒盟为研究区,以草原雪灾为研究对象,利用研究区气候、社会经济及基础地理信息数据为基础,结合 GIS 技术与集合覆盖理论综合构建草原雪灾应急物资库与应急避难所优化布局模型,针对性的提出了研究区草原雪灾应急物资库与应急避难所建设数量、服务范围与服务对象。

6.1　草原雪灾风险评价与区划研究

6.1.1　研究区域与数据来源

1. 研究区域

锡林郭勒盟位于内蒙古自治区中部偏东,111°03′~120°00′E,41°35′~46°46′N。北接蒙古共和国浩瀚戈壁,东屏大兴安岭,西邻乌兰察布盟,南与河北省张家口、承德地区毗邻(图 6.1)。面积 20.3 万 km²,人口 96.5 万人。盟辖 9 个旗、1 个县、2 个市 12 个旗县市(区)分别是锡林浩特市、二连浩特市、东乌珠穆沁旗、西乌珠穆沁旗、阿巴嘎旗、苏尼特左旗、苏尼特右旗、镶黄旗、正镶白旗、太仆寺旗、正蓝旗、多伦县。

锡林郭勒盟属中温带干旱半干旱大陆性季风气候,风大、少雨、寒冷。年平均气温 0~3℃,结冰期长达 5 个月,寒冷期长达 7 个月,1 月气温最低,平均–20℃,为华北最冷的地区之一。这样的气候条件使得锡林郭勒盟的降雪不易融化而形成积雪,持续时间较长,进而致使雪灾频发。

内蒙古地区是我国四大牧区之一,其中锡林郭勒盟草原面积辽阔,草原类型包括草甸草原、典型草原和半荒漠草原(图 6.2)。天然草原面积为 $19.2 \times 10^4 \text{km}^2$,占总面积的 97.8%。草原面积中可利用草场面积 $17.6 \times 10^4 \text{km}^2$,占草原面积的 90%。

水草肥美,风光秀丽,是世界文明的大草原之一,也是我国四大草原内蒙古草原的主要天然草场。这里不仅植被类型繁多,而且植物种类也十分丰富,为发展畜牧业提供了良好的生态环境。锡林郭勒盟拥有 18 万 km^2 可利用草场,但是由于经济发展水平较低,基础设施投入不足,加上牧民无危险意识的超载放牧,使得草原严重遭到灾害的影响。

图 6.1　内蒙古锡林郭勒盟各旗县行政图

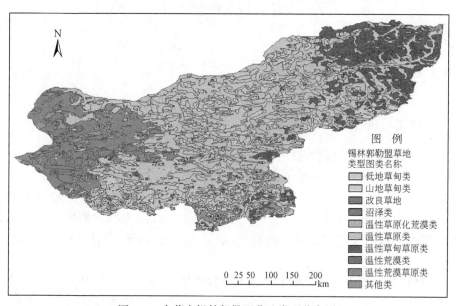

图 6.2　内蒙古锡林郭勒盟草地类型分布图

2. 数据来源

本文所用的多年气象资料来自《内蒙古锡林郭勒盟地面气候资料 1951～1980》,社会经济数据来自《锡林郭勒盟统计年鉴 1995～2007》,而草地类型资料是经过实地调查获得。

6.1.2 理论依据与研究方法

1. 理论依据

(1) 草原雪灾风险的形成机理

自然灾害风险是指未来若干年内可能达到的灾害程度及其发生的可能性。草原雪灾是草原牧区放牧业的一种冬、春季雪灾。主要是指依靠天然草场放牧的畜牧业地区,冬半年由于降雪量过多和积雪过厚,雪层维持时间长,积雪掩埋牧场,影响家畜放牧采食或不能采食,造成冻饿或因而染病,甚至发生大量死亡。

根据自然灾害风险形成机理(图 6.3),草原雪灾风险的形成及其大小,是由致灾因子的危险性、承灾体的暴露性和脆弱性及防灾减灾能力综合影响决定的,危险性表示引发草原雪灾的致灾因子;暴露性表示当草原雪灾发生时受灾区的人口、牲畜、基础设施等,脆弱性表示易受致灾因子影响的人口、牲畜、基础设施等;防灾减灾能力表示受灾区在长期和短期内能够从生态灾害中恢复的程度(Liu et al., 2011)。

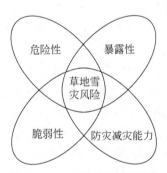

图 6.3 草原雪灾形成原理

(2) 草原雪灾风险的形成机制

从灾害学角度出发,根据草原雪灾形成的机理和成灾环境的区域特点,草原雪灾的产生应该具备以下条件:首先,必须存在一定量的降雪;其次,在温度、风力、高程、坡度等自然条件的影响下作用于草原牧区以及草原牧区上的生命和基础设施;再次,经过草原牧区上脆弱的生命、社会经济等的加剧风险与人为的物资投入、政策法规等的降低风险的综合作用下,造成了一定的损失,即草原雪灾。草原雪灾风险形成机制参见图 6.4。

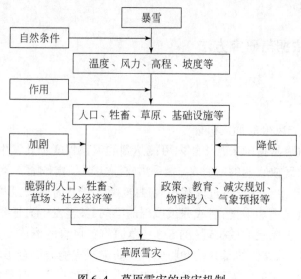

图 6.4　草原雪灾的成灾机制

2. 草原雪灾风险评价的方法与技术路线

（1）草原雪灾风险评价方法

在对草原雪灾进行风险评价中主要采用了如下几种方法。

①自然灾害风险指数法

自然灾害风险指未来若干年内可能达到的灾害程度及其发生的可能性。某一地区的自然灾害风险是危险性、暴露性、脆弱性和防灾减灾能力四个因素共同作用的结果,四者缺一不可。自然灾害风险的数学公式可以表示为:

$$自然灾害风险 = 危险性(H) \times 暴露性(E) \times 脆弱性(V) \times 防灾减灾能力(R)$$

式中,危险性、暴露性和脆弱性与自然灾害风险成正相关,防灾减灾能力与自然灾害风险成反相关。当危险性与脆弱性在时间上和空间上结合在一起的时候就很可能形成草原雪灾。

②层次分析法

层次分析法是一种定性与定量分析相结合的多因素决策分析方法。这种方法将决策者的经验判断给予数量化,在目标因素结构复杂且缺乏必要数据的情况下使用更为方便。

层次分析法确定指标权重系数的基本思路是:先把评价指标体系进行定性分析,根据指标的相互关系,分成若干级别,如目标层、准则层、指标层等。先计算各层指标单排序的权重,然后再计算各层指标相对总目标的组合权重。

③加权综合评分法

加权综合评分法是考虑到每个评价指标对于评价总目标的影响的重要程度不

同，预先分配一个相应的权重系数，然后再与相应的被评价对象的各指标的量化值相乘后，再相加。计算式为：

$$P = \sum_{i=1}^{n} A_i W_i \quad (6.1)$$

且有 $A_i > 0$，$\sum_{i=1}^{n} A_i = 1$

式中，W 为某个评价对象所得的总分；A_i 为某系统第 i 项指标的权重系数；W_i 为某系统第 i 项指标的量化值；n 为某系统评价指标个数。

④网格 GIS 分析方法

网格 GIS 是 GIS 与网格技术的有机结合，是 GIS 在网格环境下的一种应用。根据具体的研究内容确定网格的大小，用 GIS 技术来实现网格的生成；运用一定的数学模型将搜集到的以行政区为单位的各种属性数据进行网格化，并与网格相对应建立空间数据库。

(2) 草原雪灾风险评价技术路线

基于网格 GIS 技术，以自然灾害风险形成原理和自然灾害风险评价理论为理论依据，对锡林郭勒盟草原雪灾风险进行评价(Zhang et al.，2008)。具体步骤为相关数据收集与处理；利用相关方法和 GIS 技术对各种数据进行分析；构建草原雪灾风险评价的概念框架、风险评价模型和指标体系；对锡林郭勒盟草原雪灾风险进行评价。

研究流程如图 6.5 所示。

6.1.3 草原雪灾风险因素辨识

1. 锡林郭勒草原雪灾概况

锡林郭勒草原牧区从有记录以来发生了多次草原雪灾，现仅对四次影响比较大的草原雪灾进行简要介绍。

1977 年 10 月，内蒙古锡林郭勒盟降特大暴雪，平均雪深 15~30cm。局部 50cm 以上，雪后降温，积雪不化，牲畜觅食困难，全盟牲畜损失 2/3，达 215 万头。

2000 年 12 月，历史罕见的沙尘暴夹带暴风雪的双重灾难袭击内蒙古锡林郭勒盟。受灾的人口达 10 多万人，各旗县共死亡 27 人，失踪 14 人。受灾牲畜达 300 多万头，已有大量牲畜被冻死，盟内主要交通干线中断。

2001 年 1 月，锡林郭勒草原牧区遭遇雪暴，全盟在这次沙尘暴风雪中，严重冻伤 14 人，死亡 13 人，失踪 14 人，至少有 3 万多头(只)牲畜死亡，近万头(只)牲畜走失。

2010 年 1 月，锡林郭勒盟出现大范围降雪、降温天气，降雪量为 5.8~7.2mm，

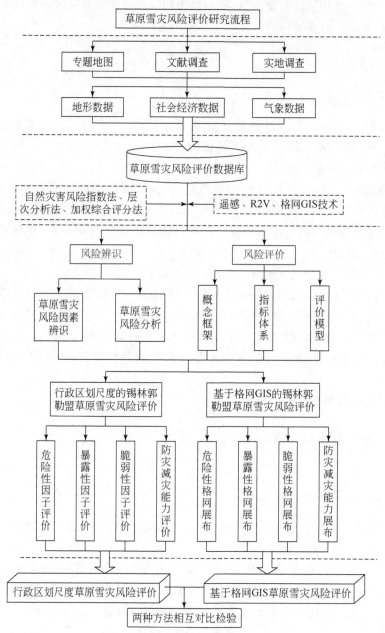

图 6.5 草原雪灾风险评价基本程式

最大积雪深度达 21cm,最低温度下降 14～16℃,伴有较强雪尘暴,对农牧民和农牧业造成严重影响。截至 1 月 12 日,正蓝旗降雪平均积雪厚度达 29cm,死亡大小畜 413 头只,其中牛 156 头、羊 225 只,丢失马 30 多匹,因灾倒塌棚圈 150m²,造成直接经济损失 60 万元。全旗今冬明春饲草缺口 3990 万公斤,饲料缺口 600 万公斤。

2. 草原雪灾风险因素识别

(1) 气象因素

造成锡林郭勒盟草原雪灾的直接因素是降雪,但是低温日数、风吹雪日数、积雪日数等也对草原雪灾的形成具有一定的推动作用,属于间接因素。

锡林郭勒盟年平均降雪量47mm,自东南向西北递减。高值区主要分布在太仆寺旗和正镶白旗,低值区分布在二连浩特市。锡林郭勒盟年平均降雪日数各旗县从 15~41d 不等,东南多而西北少,年平均降雪日数最多的是西乌珠穆沁旗和太仆寺旗。年平均积雪日数东多西少,高值区也分布在西乌珠穆沁旗和太仆寺旗。锡林郭勒盟年平均风速 4~5m/s,大风日数在 50~80d,风吹雪日数有两个高值中心,同样是太仆寺旗和西乌珠穆沁旗。

(2) 地形因素

锡林郭勒盟地势由东南向西北方向倾斜,东南部多低山丘陵,盆地错落,西北部地形平坦,一些低山丘陵和熔岩台地零星分布其间。东北部为乌珠穆沁盆地,河网密布,水源丰富。西南部为浑善达克沙地,由一系列垄岗沙带组成,多为固定和半固定沙丘,海拔在 800~1200m 之间。

从高程和坡度分析,高程较高且坡度大时温度较低,积雪不易融化,持续时间较长,容易形成雪灾。锡林郭勒盟东南部地势较高,加上气象因素的严重影响,发生雪灾的危险性很大。

(3) 人为因素

促进草原雪灾发生的自然因素固然重要,但是人为因素也不容忽视。近些年来,由于牧民盲目地放牧,只重视牲畜的数量,不顾草原牧区的承载能力,过度放牧使得草原牧区退化,沙地面积增多,使得原本就处于内陆地区的锡林郭勒盟的干旱半干旱气候的干旱程度加剧,降水变率增大,极端天气,如沙尘暴、雪灾等极端天气频繁出现。

6.1.4 草原雪灾风险评价指标体系与模型的建立

1. 草原雪灾风险评价指标体系

根据草原雪灾风险的形成机制与概念框架,借鉴自然灾害风险评价理论,本着代表性和可操作性原则建立了草原雪灾风险评价指标体系。分为目标层、因子层、子因子层和指标层,并选取了 24 个指标来描述草原雪灾风险(表 6.1)。

表 6.1 草原雪灾风险评价指标体系

目标层	因子层	子因子层	指标层	权重
锡林郭勒盟草原雪灾风险指数 SDRI	危险性(H)(0.5403)	气象因素	X_{H1} 降雪日数(天)	0.0727
			X_{H2} 低温持续天数(天)	0.0379
			X_{H3} 大风吹雪日数(天)	0.0346
			X_{H4} 积雪深度(cm)	0.1961
			X_{H5} 积雪持续日数(天)	0.1528
		地形因素	X_{H6} 高程(m)	0.0268
			X_{H7} 坡向	0.0194
	暴露性(E)(0.1228)	生命暴露性	X_{E1} 牧区人口数量(人)	0.0577
			X_{E2} 牲畜数量(头)	0.0336
		草场暴露性	X_{E3} 草场面积(cm)	0.0085
		经济暴露性	X_{E4} 牲畜棚、圈面积(万 m²)	0.0169
			X_{E5} 公路里程数(km)	0.0061
	脆弱性(V)(0.2745)	生命脆弱性	X_{V1} 0~6 岁和>60 岁人口(%)	0.1290
			X_{V2} 老、幼畜数量(头)	0.0751
		草场脆弱性	X_{V3} 草高<7cm 的草场面积(km²)	0.0191
		经济脆弱性	X_{V4} 牲畜棚面积(万 m²)	0.0377
			X_{V5} 草原牧区内公路里程数(km)	0.0137
	防灾减灾能力(R)(0.0624)	政策法规	X_{R1} 预防雪灾的资金投入(万元)	0.0142
			X_{R2} 草原雪灾防灾减灾预案的制定	0.0142
		科学教育水平	X_{R3} 完成九年义务教育人数(人)	0.0033
		草原牧区减灾规划	X_{R4} 休牧草场面积(km²)	0.0029
		预防雪灾物资	X_{R5} 铲雪设备数量(台)	0.0078
			X_{R6} 牧草储存量(kg)	0.0144
		气象预报	X_{R7} 准确率(%)	0.0056

2. 草原雪灾风险指标的量化方法

由于所选取的评价草原牧区风险程度指标的单位不同,为了便于计算,选取以下直线缩放公式,把各指标量化成可计算的 0~10 之间的无向量指标来表示所有指标:

$$X'_{ij} = \frac{X_{ij} \times 10}{X_{imaxj}} \quad (6.2)$$

式中,X'_{ij} 与 X_{ij} 相应表示旗县 j 中指数 i 的量化值和原始值,X_{imaxj} 表示指数 i 在所有旗县中的最大值。

3. 草原雪灾风险评价模型

根据标准自然灾害风险数学公式,结合草原雪灾风险概念框架,利用加权综合评分法和层次分析法,建立如下草原雪灾风险指数模型:

$$SDRI = (H^{WH})(E^{WE})(V^{WV})[0.1(1-a)R+a] \quad (6.3)$$

$$H = W_{H1}X_{H1} + W_{H2}X_{H2} + W_{H3}X_{H3} + W_{H4}X_{H4} + W_{H5}X_{H5} + W_{H6}X_{H6} + W_{H7}X_{H7} \quad (6.4)$$

$$E = W_{E1}X_{E1} + W_{E2}X_{E2} + W_{E3}X_{E3} + W_{E4}X_{E4} + W_{E5}X_{E5} \quad (6.5)$$

$$R = W_{R1}X_{R1} + W_{R2}X_{R2} + W_{R3}X_{R3} + W_{R4}X_{R4} + W_{R5}X_{R5} + W_{R6}X_{R6} + W_{R7}X_{R7} \quad (6.6)$$

$$V = W_{V1}X_{V1} + W_{V2}X_{V2} + W_{V3}X_{V3} + W_{V4}X_{V4} + W_{V5}X_{V5} \quad (6.7)$$

式中,SDRI 是草原雪灾风险指数,用于表示草原雪灾风险程度,其值越大,表示草原雪灾风险程度越大;H、E、V、R 分别表示草原雪灾的危险性、暴露性、脆弱性和防灾减灾能力因子指数,在式(6.4)~(6.7)中,X_i 表示 i 量化后的权重,W_i 为指标 i 的权重,表示各指标对形成草原雪灾风险的主要因子的相对重要性。变量 a 是常数($0 \leqslant a \leqslant 1$),用来描述防灾减灾能力对于减少的总的 SDRI 所起的作用。

6.1.5 基于行政尺度与格网尺度的草原雪灾风险评价

1. 基于行政区尺度的草原雪灾风险评价与区划

(1) 单因子风险评价

①危险性因子评价

二连浩特除外,整体而言,锡林郭勒盟的草原雪灾危险性是从东向西递减的(图6.6)。也就是说,二连浩特市、东乌珠穆沁旗和西乌珠穆沁旗的危险性较高,

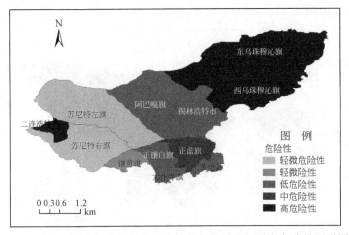

图 6.6 基于行政区尺度的内蒙古锡林郭勒盟草原雪灾危险性因子图

而锡林浩特市、阿巴嘎旗等锡林郭勒盟中部的 7 个旗县处于中等危险水平,苏尼特左旗和苏尼特右旗的危险性水平较低。

②暴露性因子评价

锡林郭勒盟大部分处于中等风险水平,其暴露性因子值总体上东部地区高于西部地区,其中以东乌珠穆沁旗和西乌珠穆沁旗为代表,暴露性因子值较高(图 6.7)。中部地区暴露性因子值处于中等水平,而多伦县处于较高的风险水平。锡林郭勒盟西部地区基本上都处于轻风险水平。

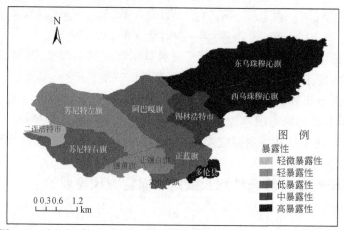

图 6.7　基于行政区尺度的内蒙古锡林郭勒盟草原雪灾暴露性因子图

③脆弱性因子评价

锡林郭勒盟草原雪灾风险的脆弱性因子值大体上从东南向西北降低。锡林浩特市、西乌珠穆沁旗、正蓝旗和太仆寺旗的脆弱性处于高等水平(图 6.8)。多伦县和东乌珠穆沁旗的脆弱性处于中等风险水平,而锡林郭勒盟的中西部地区脆弱性都处于较低的风险水平。

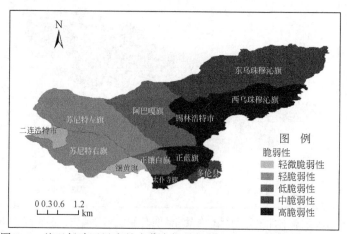

图 6.8　基于行政区尺度的内蒙古锡林郭勒盟草原雪灾脆弱性因子图

④防灾减灾能力因子评价

整体上看,锡林郭勒盟各个旗县的防灾减灾能力没有规律性,彼此之间存在一定的差距(图6.9)。其中,锡林郭勒盟政府所在地锡林浩特市和东乌珠穆沁旗的防灾减灾能力较高。苏尼特右旗、太仆寺旗和西乌珠穆沁旗的防灾减灾能力处于中等水平。苏尼特左旗、阿巴嘎旗和多伦县的防灾减灾能力较低,其他旗县的防灾减灾能力更低。

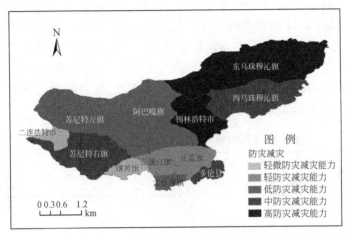

图6.9 基于行政区尺度的内蒙古锡林郭勒盟草原雪灾防灾减灾能力因子图

(2)综合因子的风险评价

对草原雪灾风险进行综合分析则需要考虑组成风险的四个因子,即危险性、暴露性、脆弱性和防灾减灾能力。由图6.10不仅可以比较单一风险因子对不同地区的贡献程度,如锡林郭勒盟各旗县中二连浩特市危险性最高,苏尼特右旗的危险性最低;多伦县的暴露性高,而二连浩特市的暴露性最低;正蓝旗的脆弱性高,二连浩

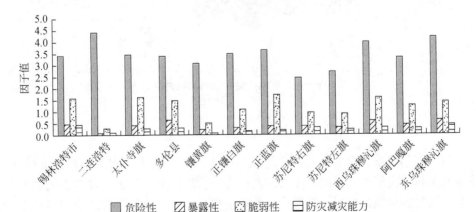

图6.10 基于行政区尺度的内蒙古锡林郭勒盟草原雪灾风险因子分析结果图

特市的脆弱性最低;而锡林浩特市的防灾减灾能力最高,镶黄旗的防灾减灾能力最低。而且可以比较不同的风险因子对同一地区总体风险的贡献程度,如锡林浩特市草原雪灾风险主要受危险性和脆弱性制约,而二连浩特市草原雪灾风险主要受危险性因子的制约。

为了评价草原雪灾风险程度,首先根据研究区域草原雪灾的实际状态,并考虑到草原雪灾风险的最大值与最小值,采用5级分级法对风险进行分级,其结果如表6.2所示。基于公式(6.3),运用GIS技术生成了锡林郭勒盟草原雪灾风险图(图6.11)。从图6.11可以看出属于高风险水平旗、县都位于锡林郭勒盟的东部地区,分别为东乌珠穆沁旗和西乌珠穆沁旗;属于中等风险水平的4个旗县分别位于锡林郭勒盟的中南部地区,有锡林浩特市、正蓝旗、太仆寺旗和多伦县;锡林郭勒盟的中西部地区均属于低等风险水平。从总体上看,锡林郭勒盟草原雪灾风险水平空间格局大致是东部高、中部较高、西部低。

表6.2 内蒙古锡林郭勒盟草原雪灾风险评价标准

SDRI	3.71~3.91	3.92~4.75	4.76~4.93	4.94~5.74	5.72~6.2
等级	轻微	轻	低	中	高

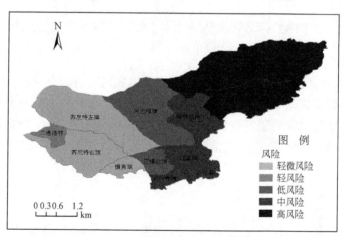

图6.11 基于行政区尺度的内蒙古锡林郭勒盟草原雪灾风险图

2. 基于格网尺度的草原雪灾风险评价

锡林郭勒盟草原雪灾风险评价研究是在格网 GIS 技术和相关数据的支持下,依据有关数学模型来实现的。生成的网格大小主要考虑计算机处理数据的耗时和所生成网格的可视化效果。对所选择的影响锡林郭勒盟草原雪灾风险的各项指标进行综合考虑,作者将锡林郭勒盟这个地级市的行政单元以 $4.4'×4.32'$ 的网格大小分割,把它分割成为多个格点单元,假设这个格网共有 m 行、n 列,则其中的每个格点单元可以用其行坐标($i=1,2,\cdots,m$)和列坐标($j=1,2,\cdots,n$)来引用。

(1)危险性因子格网展布

锡林郭勒草原地势大体上由东南向西北方向倾斜,如图 6.12 所示,中部、南部和北部多低山丘陵,盆地错落,北部朝克乌拉山主峰海拔 1277.7m,而西北部地形比较平坦,总体起伏不大,平均海拔 900~1200m。具体来说,阿巴嘎旗北部、西乌珠穆沁旗南部、镶黄旗南部、正镶白旗南部、太仆寺旗和多伦县高程较高;锡林浩特市、苏尼特左旗北部和苏尼特尤其南部高程居中;东乌珠穆沁旗、二连浩特市、苏尼特左旗南部和苏尼特右旗北部高程较低。

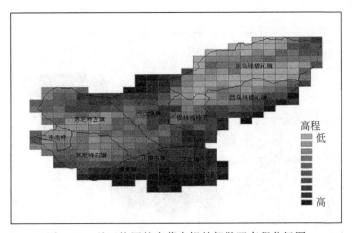

图 6.12　基于格网的内蒙古锡林郭勒盟高程分级图

锡林郭勒盟坡度变化如图 6.13 所示,可以看出该地区地势高低不平,不具有一定的规律性,这就与该盟以高原为主体,山地丘陵起伏,中部戈壁滩和盆地交错,沙丘连绵,海拔在 800~1800m 之间的实际情况相吻合。

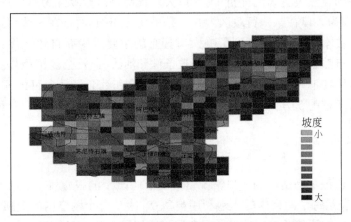

图 6.13　基于格网的内蒙古锡林郭勒盟坡度分级图

对于锡林郭勒草原危险性中气象要素的展布是根据 24 个气象站点的 1960~1980 年的气象观测数据,建立气象资料数据库,利用 ArcGIS 技术,采用空间插值方法对所获取的气象资料进行网格展布。锡林郭勒草原位于内蒙古高原中部,地势比较平坦,坡度变化不大,所以在对气象要素进行插值展布时考虑了经度、纬度和高程的影响。从图 6.14 可以看出,锡林郭勒盟草原雪灾西部的二连浩特大部分地区和东北部东乌珠穆沁旗中部地区危险性值高;东乌珠穆沁旗南部和北部、西乌珠穆沁旗和正蓝旗危险性值偏高;锡林浩特市、正镶白旗、太仆寺旗、多伦县和阿巴嘎旗北部危险性值居中;苏尼特左旗、镶黄旗、阿巴嘎旗中南部地区、苏尼特右旗和二连浩特市西南部地区危险性值偏低,其中,苏尼特右旗和二连浩特市西南部地区危险性值最低。

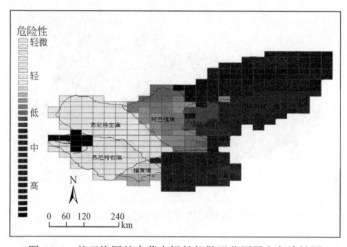

图 6.14 基于格网的内蒙古锡林郭勒盟草原雪灾危险性图

(2) 暴露性因子格网展布

在以往的自然灾害风险评价中,人口大多数都是以行政区为单位进行展布,缺乏科学性,因为人口在某一行政区内并不是平均分布的,而是在一些因素影响下的点状分布。在本研究中,考虑到影响人口分布的主要因素有自然条件和社会经济条件,其中,自然条件包括地形条件、植被条件和河流,而社会经济条件主要考虑路网和行政区所在地。根据锡林郭勒盟的自然条件和社会经济条件的实际情况,作者将以上所考虑的 5 方面因素分别赋予权重(表 6.3),进行网格展布,得出人口分布计算模型:

$$P_{ij} = \sum_{k=1}^{5} W_k (E_{ij} + V_{ij} + S_{ij} + K_{ij} + H_{ij}) \tag{6.8}$$

式中,P_{ij} 表示每个网格内的人口情况;W_k 表示所赋予的权重;E_{ij} 表示每个网格内的高程;V_{ij} 表示每个网格内的土地利用类型;S_{ij} 表示每个网格内的道路长度;K_{ij} 表示每个网格内的河流长度;H_{ij} 表示每个网格内居民点的人口数量(图 6.15)。

表 6.3 人口分布影响因素权重表

	居民点	格网长度	土地利用类型	河流	高程
权重	0.4	0.2	0.2	0.1	0.1

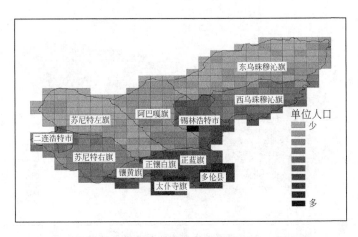

图 6.15 基于格网的内蒙古锡林郭勒盟人口展布图

由图 6.16 可以看出,锡林郭勒盟牲畜的表面上并没有遵循一定的规律,但是总体来看,牲畜的分布主要受居民点分布和草地分布的影响,基本上人口密集且牧草长势良好的地区牲畜数量较多,反之则较少。

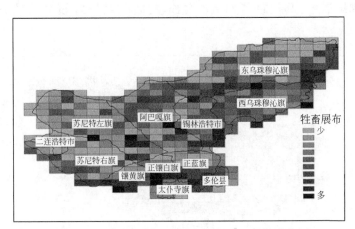

图 6.16 基于格网的内蒙古锡林郭勒盟牲畜展布图

总体上看,锡林郭勒盟主要受温带大陆性气候的影响,比较干燥,加上人为因素的影响,草地长势情况并不乐观(图6.17)。具体来说,苏尼特左旗、东乌珠穆沁旗、西乌珠穆沁旗、阿巴嘎旗和锡林浩特市少部分地区的草地长势较好;大部分地区如苏尼特右旗、镶黄旗太仆寺旗和多伦县等草地长势较差。

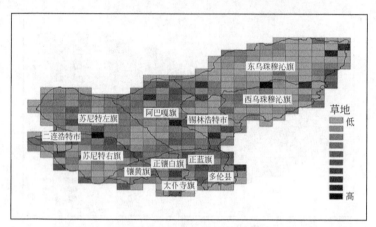

图6.17　基于格网的内蒙古锡林郭勒盟草地展布图

由图6.18可以看出,锡林郭勒盟牲畜棚圈的分布在该地区南部较密集,而中部和北部牲畜棚圈的数量较少。总体上看,牲畜棚圈的分布主要受人口密度和当地经济发展状况的影响。具体来讲,太仆寺旗、多伦县、镶黄旗南部、正镶白旗南部和正蓝旗南部的牲畜棚圈数量较多;锡林浩特市、东乌珠穆沁旗和西乌珠穆沁旗的牲畜棚圈数量居中;其他旗县如阿巴嘎旗、二连浩特市等旗县的牲畜棚圈数量偏少。

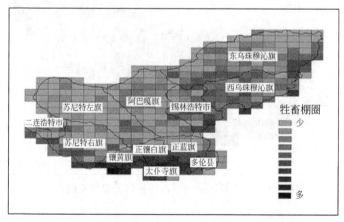

图6.18　基于格网的内蒙古锡林郭勒盟牲畜棚圈展布图

经过格网化展布后,由图 6.19 可以看出,总体上锡林郭勒盟南部和中部的草原雪灾暴露性较高,而东西部偏北的地区暴露性值较低。具体来说,锡林浩特市、正蓝旗、正镶白旗、太仆寺旗和多伦县的大部分地区草原雪灾暴露性值高;阿巴嘎旗、西乌珠穆沁旗、二连浩特市、苏尼特右旗的部分地区暴露性值较高;苏尼特左旗、镶黄旗和东乌珠穆沁旗大部分地区的暴露性值偏低。

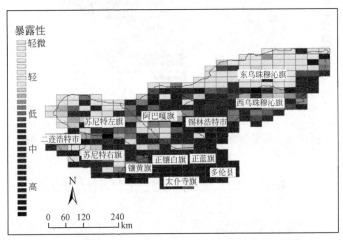

图 6.19 基于格网的内蒙古锡林郭勒盟草原雪灾暴露性图

(3) 草原雪灾风险格网展布

由于对于脆弱性指标的统计只存在以行政区为单位的统计数据,而不存在相关的统计图,所以不能得到与脆弱性指标相关的数字化图以便利用 GIS 进行格网化分析。因此,在本研究中,作者只对锡林郭勒盟草原雪灾风险的危险性、暴露性以及与它们相关的指标进行了格网化,最终得出锡林郭勒盟草原雪灾风险格网化图(图 6.20)。

为了评价草原雪灾风险程度,首先根据研究区域草原雪灾的实际状态,并考虑到草原雪灾风险的最大值与最小值,采用 5 级分级法对风险进行分级,其结果如表 6.4 所示。相对来讲,锡林郭勒盟东部和南部的草原雪灾风险要大一些,中部和西部的风险较小。具体来讲,东乌珠穆沁旗、西乌珠穆沁旗、正蓝旗、太仆寺旗和多伦县既存在高风险的地区也存在中等风险的地区;锡林浩特市和二连浩特市大部分地区的雪灾风险较低,而阿巴嘎旗、苏尼特左旗、苏尼特右旗和镶黄旗大部分地区的草原雪灾风险很轻。

表 6.4 内蒙古锡林郭勒盟草原雪灾风险评价标准

等级	轻微	轻	低	中	高
SDRI	3.60~3.96	3.97~4.47	4.48~5.43	5.44~7.07	7.08~9.84

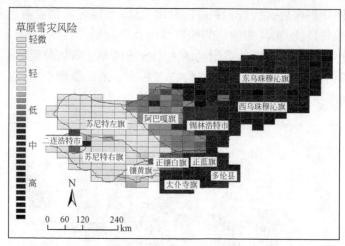

图 6.20　内蒙古锡林郭勒盟草原雪灾风险综合评价等级图

6.2　草原雪灾应急物资库优化布局研究

目前,我国中央级救灾物资储备库建设较少。由于我国国土面积大、灾害类型不一,灾害发生时,有的区域由于距离中央级救灾物资储备库较远,无法及时调运救灾物资到受灾点,从而影响救援效果(邹铭,李保俊,2004)。因此,在各个区域应合理建设一定数量的灾害物资库以备灾害救援需要。应急物资库是用于存储应急物资,为应对严重自然灾害、突发性公共卫生事件、公共安全事件及军事冲突等突发公共事件提供应急物资,如衣服、药品、救援设备等(陈达强,2010)。应急物资库优化布局是应急管理中的重要环节,研究内容主要为如何进行资源高效调度、使用和应急方案的制定。如何合理分配有限的应急资源,及时有效地进行应急救援活动,尽可能地减少事故所造成的人员伤亡和财产损失。目前,国外研究热点主要集中在应急资源优化配置上,其应用主要在自然灾害方面。国内在此方面的研究与国外相比并不是很具体(Lin Y. H,2012),主要有覆盖问题(coveringproblems)、中位问题(p-median problems,或称为中值)(周愉峰,马祖军,2015)、中心问题(p-center problems)和覆盖问题又分为集合覆盖(set covering)问题和最大覆盖(maximalcovering)问题(陈鹏,张继权,2015)。其研究方式多数以数学模型为基础,并通过相应算法进行求解,从中得到最优方案(刘浪,2010)。目前,国内针对救援物资库优化布局研究尚属起步阶段,多数研究集中在如何确定应急出救点的数量,对救援人员数量与救援设备数量调度上考虑不足。

6.2.1　草原雪灾物资库布局影响因子分析

草原雪灾物资库布局影响因素较多,针对草原雪灾的特点,从草原雪灾灾情等级、交通因素、承灾体分布及灾害救援损失、草原雪灾风险等级五个方面出发,寻求符合草原雪灾物资库布局影响因子(董芳蕾,2008),以期为草原雪灾物资库优化布局提供依据。应急物资库布局影响因素如下(陈鹏,张继权,2015)。

1. 草原雪灾灾情等级

草原雪灾灾情评价是草原雪灾应急管理工作中的一项重要内容,也是应急物资库布局的重要影响因素,即在一定的时间和空间范围内雪灾造成的损失包括草场的(牧草)损失、受灾区域内的设施如房屋、帐篷、牲畜棚舍、通信设备、交通设备、电力设备等毁损、人畜伤亡、救援疏散及恢复建设费用支出、生态环境经济损失等进行评估。通过损失评价可以确定灾情状况并结合其他雪灾实况的调查和分析,能够提供准确可靠的灾情数据和指标,草原雪灾灾情评价也可按照雪灾发生的时间划分为灾害发生之前的预评估、灾害发生过程的监测性评估和灾害发生之后的实测性评估三种,对草原雪灾进行灾后的实测性评价可为政府决策部门提供减灾救灾依据。对雪灾灾情等级评价,各研究者取的指标也不尽相同,至今没有统一的指标体系,主要是基于灾害形成机制对其进行评价。本研究中的草原雪灾灾情评价是利用本研究团队(东北师范大学自然灾害研究所)的研究成果,从草原损失、人口损失、牲畜损失、基础设施损失、经济损失及灾害救援损失 6 个方面出发,选取 12 个因子对草原雪灾灾情进行评价,评价结果见图 6.21。

图 6.21 锡林郭勒盟雪灾灾情评价结果

2. 交通因素

交通运输是影响应急物资库空间选址的主要因素之一。对外交通运输的发达程度对应急救灾物资是否能及时调运到灾害现场开展救援具有直接影响,同时也标志着此应急物资库的有效辐射范围。交通发达,通常来说可保证应急物资的有效流通,及时赶到灾害现场。现代化交通运输工具的应用,往往可以改变人们的距离观念,使应急物资库有更大的服务范围,进而影响应急物资库在空间上的分布。在不考虑其他因素的情况下,应急物资库距离等级高的公路的距离越小越好。对于交通因素,一般主要考虑主干交通路线,因此,进行应急物资库选址时只考虑国道、省道、一级、二级、三级、四级和等外公路,其他等级公路忽略不计。

3. 承灾体分布

草原雪灾的主要作用对象即为承灾体。研究区是我国重要的畜牧业生产基地,雪灾对畜牧业的经济结构影响较大。通过对已有的经济、人口及牲畜分布的等级划分了解研究区承灾体分布情况。如果某旗县地区生产总值、牧业比重和人口密度较大,畜均面积越小,则暴露性越大,其受雪灾影响所造成的损失就越大,反之较小。在进行应急物资库布局时,应依据承灾体分布情况进行,承灾体分布较多区域,则需要应急救助物资相对也较多。因此,承灾体分布较多区域应多布局些应急物资库,反之则少布局些,见图6.22。

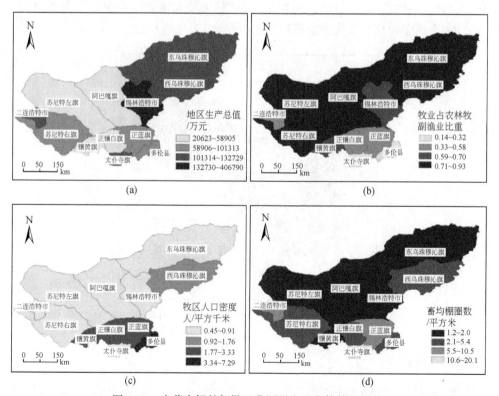

图6.22 内蒙古锡林郭勒盟草原雪灾承灾体等级划分

4. 草原雪灾救援损失

灾害救援损失是应急物资库布局的主要依据,其计算方法主要是各承灾体分布与灾情加权得出。利用 AHP 方法,分别对承灾体分布情况(地区生产总值、牧业占农林牧副渔也的比重、牧区人口密度、畜均棚圈数)进行权重赋值:0.2033、0.3105、0.4856、0.4369,将这 4 个指标进行加权叠加,利用历史灾情与加权叠加图相乘,得到研究区灾害救援损失区划图(图 6.23)。从结果看出灾害救援损失东部高于西部地区,西部除了镶黄旗处于重灾水平外,其余均处于轻灾和中灾水平。处于特大灾水平的有东乌珠穆沁旗和锡林浩特市,处于轻灾水平的有二连浩特市、正蓝旗和多伦县。通过对研究区灾害救援损失等级划分,确定应急物资库建设的重点为灾害救援损失较大区域,在此区域应急物资库建设应较多些,灾害救援损失较小区域应相对布局较少些。

图 6.23　内蒙古锡林郭勒盟草原雪灾灾害救援损失区划

5. 草原雪灾风险等级

灾害风险是指未来若干年内可能达到的灾害程度及其发生的可能性,是制定灾害应急决策、应急救援、应急物资库与物资优化布局的基础和科学依据。因此,草原雪灾风险等级是草原雪灾应急管理工作中的一项重要内容,也是应急物资库布局的重要影响因素。基于行政尺度和格网尺度的草原雪灾进行风险等级与区划结果(参见图 6.11、图 6.20),作为草原雪灾物资库优化布局的主要指标之一。

6.2.2　草原雪灾物资库优化布局与服务区划分

选址适宜区确定方法是利用 GIS 制图法实现，主要方法为利用 ArcGIS 强大的空间分析功能，对栅格数据进行距离制图、密度制图和表面生成与分析等。通过距离制图法可以获得很多相关信息，以进行资源的合理规划和利用。采用直线制图法中的直线距离、区域分配、重分类的方法建立草原雪灾物资库的优化布局模型。其中数据重分类用新的值取代输入的单元值并输出，使数据标准化。

1. 物资库布局适宜区确定

依据研究区草原雪灾救援损失区划图，将不同等级的损失区赋予不同权重。将不同级别的道路、承灾体分别进行直线距离制图和重分类，并赋予权重，其中权重赋予方法为专家打分法（表6.5）。利用 ArcGIS 中的栅格计算器进行重分类后的数据按照权重合并，实现加权计算，公式为：

$$S = \sum_{i=2}^{n} A_i \times W_i \tag{6.9}$$

式中，S 是合并后的栅格数据集；A_i 为重分类数据集；W_i 为选址因素的权重，i 为选址因素编号。利用此方法得到研究区的应急物资库建设的适宜位置并进行分级，为高适宜区、中适宜区、低适宜区（图6.24）。

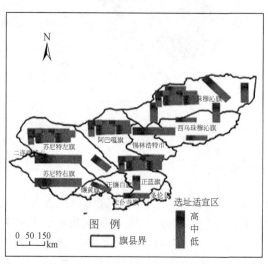

图 6.24　应急物资选址适宜区

表 6.5　应急物资库选址权重

目标层	准则层	子准则层	权重
应急物资库选址	雪灾灾情 0.4	特大灾害	0.35
		重大灾害	0.25
		中等灾害	0.20
		轻度灾害	0.15
	交通因素 0.3	国家级公路	0.25
		省级级公路	0.25
		二级公路	0.20
		三级公路	0.15
		四级公路	0.10
		等外公路	0.05
	灾害救援损失 0.3	特大灾害	0.65
		重大灾害	0.45
		中等灾害	0.25
		轻度灾害	0.05

2. 物资库优化模型构建

应急物资库建设数量不宜过多,过多建设则费用较高,所以建设的数量应保证满足所有服务点的最小数量,但要满足建立的应急物资库的服务范围能够涵盖所有服务的居民点(王炜,刘茂,2009)。利用集合覆盖理论建立如下规划模型,确定以最小数目的应急物资库来满足所有受灾点需求,即受灾区域。本研究模型分为两部分,第一部分为确定应急物资库建设的最小数量;第二部分为确定建设的最佳位置。具体模型为:

$$\min P = \sum_{j \in J} X_{ij} \quad (6.10)$$

$$\text{s.t.} \sum_{j \in N_i} X_{ij} \geq 1 \quad (i \in I, i = 1,2,3,\cdots,n) \quad (6.11)$$

$$X_j \in (0,1) \quad (j \in J, j = 1,2,3,\cdots,m) \quad (6.12)$$

式中,X_j 为二元决策变量,当候选位置 j 被选中时 $X_j = 1$;否则 $X_j = 0$。记所有能覆盖需求点 i 的候选位置的集合为 $N_i = \{j \mid d_{ij} \leq s\}$ 或 $N_i = \{j \mid t_{ij} \leq R\}$,其中目标函数是使应急物资库数量为最小,约束条件(6.11)是保证每个需求点至少被一个应急物资库覆盖。约束条件(6.12)限制决策变量 X_j 为 0 或 1 整数变量。根据最大覆盖理论,建立研究区应急物资库优化布局模型为:

$$f(x) = \max \sum_{i \in I} \sum_{j \in J} \omega_{ij} y_{ij} \quad (6.13)$$

$$\text{s.t.} \quad y_{ij} - x_j \leq 0 (i \in I, j \in J) \tag{6.14}$$

$$\sum_{j \in J} x_j = p \tag{6.15}$$

$$\sum_{j \in J} y_{ij} = 1 \quad (i \in I) \tag{6.16}$$

$$x_j \in \{0,1\} \quad (j \in J) \tag{6.17}$$

$$y_{ij} \in \{0,1\} \quad (i \in I, j \in J) \tag{6.18}$$

式中,i 表示居民点编号,I 为居民点集合;j 为应急物资库编号,J 为应急物资库集合;p 表示所需应急物资库数量;ω_{ij} 为应急物资库选址影响因素的权重,其值在上述应急物资库布局影响因素中确定;x_j、y_{ij} 均为二元值,其中:

$$x_j = \begin{cases} 1, \text{为备选应急物资库} j \\ 0, \text{否则} \end{cases}, \quad y_{ij} = \begin{cases} 1, \text{覆盖居民点} i \\ 0, \text{否则} \end{cases}$$

目标函数式(6.13)可使覆盖的需求点的加权和最大;约束条件式(6.14)表明只有当候选应急物资库 j 被选中时,居民点 i 才可能被候选应急物资库 j 覆盖;约束条件式(6.15)表示所需应急物资库数量;约束条件式(6.16)主要为指定居民点对应一个应急物资库;约束条件式(6.17)、式(6.18)保证 x_j、y_{ij} 为二元决策变量值且只能取 0 或 1。

3. 算法选择

最大覆盖问题,是 NP-hard 问题。针对该类问题精确求解方法并不多,一般的商业化软件很难精确的求解。目前,解决该类问题最好的算法为蚁群算法(ant colony optimization,ACO)。该算法是意大利学者 M. Dorigo、V. Maniezzo、A. Colorni 首先提出来的,是一种新型的模拟进化算法,对于离散优化问题特别适用。因此,本研究中应急物资点优化布局模型求解过程采用该算法求解。其步骤如下:

(1)对该模型参数进行初始化;

(2)确定蚂蚁对应变量初始组合关系;并确定其最小组合关系与各组合差异;计算转移概率组合是否需交换,若需交换,则 i 代替 j,增加 j 变量信息素;

(3)计算各蚂蚁目标值,找到初步最优解;

(4)进一步进行程序迭代运算;

(5)若迭代计算过程没有出现退化行为且小于预订迭代次数,则转向(2);

(6)经过以上步骤往复迭代运算,最终得到最优解。

4. 草原雪灾物资库优化布局结果与服务区划分

(1)应急物资库数量与服务范围确定

通过实地调查发现锡林郭勒盟已建设的物资库数量为 16 个,都为火灾应急物资库(图 6.25),但火灾应急物资库的服务范围过大,不能满足雪灾应急救援的需要,同时为了避免重复建设导致资源浪费,在火灾应急物资库建设的基础上重新进行了雪灾应急物资库的布局。为了使雪灾应急物资库建设后能够覆盖整个研究区。经过多次试验与分析，需要增加 32 个雪灾应急物资库，才能使雪灾应急物资库覆盖整个研究区(图 6.26)。

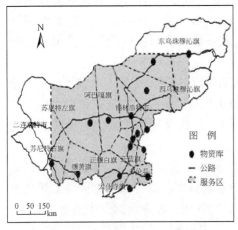

图 6.25　研究区已有应急物资库

图 6.26　研究区草原雪灾物资库服务范围

(2) 应急物资库服务居民点确定

为了更好的确定研究区雪灾应急物资库对居民点的服务情况，确定应急物资库与居民点的服务关系，将搜集到的居民点先生成点集合，与建设好的应急物资库之间利用 GIS 技术中的 OD 距离成本法，确定各应急物资库服务的居民点，并生成二者之间的服务对应关系(图 6.27)。

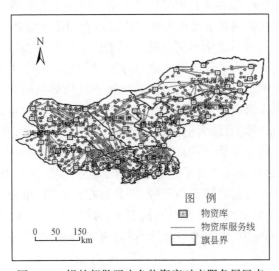

图 6.27　锡林郭勒盟应急物资库对应服务居民点

基于GIS技术与集合覆盖理论对草原雪灾物资库进行优化布局,以历史灾情评估结果、承灾体分布、救援损失为基础,综合确定草原雪灾应急物资库选址适宜区;同时利用集合覆盖理论确定各适宜区内建设应急物资库的数量及位置,完成应急物资库优化布局;最后利用GIS技术中OD距离成本法,求出各应急物资库服务的居民点对象,即点对点的服务关系。研究结果对正确认识草原雪灾应急物资库的分布现状及为相关部门提供科学的减灾、救灾依据具有实际指导性意义。通过本研究得到以下结论:

(1)依据研究区的气候、社会经济、基础地理信息数据,利用GIS技术与集合覆盖理论对研究区进行了应急物资库的选址与优化布局研究。布局的依据是应急物资库救援服务范围应满足其服务范围内的居民点,以保证雪灾发生时能够满足应急救援需要。

(2)研究结果表明:首先,依据雪灾灾情、承灾体及救援损失,确定了研究区的选址位置与服务范围;其次,确定了研究区应急物资库在服务范围内服务的居民点对象。最终确定研究区需建设48个雪灾应急物资库才能满足雪灾应急救援需要。

(3)依据各旗县的应急物资库分布情况,可采取相应的防御与救灾措施,以减少雪灾造成的损失,同时为各部门应急救援提供决策依据。

6.3 社区应急避难所优化布局技术研究

应急避难所是指利用公园、绿地、广场、学校操场等场地,经过科学的规划、建设与规范化管理,为社区居民提供安全避难、基本生活保障及救援、指挥的场所。最初在1964年的时候,Hakimi首先提出了网络上的p-中心问题与p-中位问题。p-中位数问题是研究如何选择p个服务站使得需求点和服务站之间的距离与需求量的乘积之和最小。避难所优化布局与选址问题属于公共设施区位问题中的一种,即给定一个地区内公共服务设施可能分布的地点,考虑公众公共服务设施的需求,确定公共服务设施的最优布局。上述问题均属于区位科学研究领域中的一部分,经过众多学者的深入研究已经出现了多种方法与模型。其中包括区位覆盖模型、p-中位数(p-median)模型、最大覆盖模型及极大熵法(李发文,张行南,2005)。国外对于避难所建设研究较早,最初的避难所优化布局研究主要为设置地址和如何使用,根据突发公共事件具体情况而建设不同功能避难所,一般都在灾害发生前建设完成。如美国针对应急避难所划分较细,并且在众多州、市、县都建立了各类避难场所,其避难所划分根据灾害类型不同划分为飓风避难场所、生物、化学灾难避难场所、核辐射避难场所、地震避难场所、爆炸避难场所、火灾避难场所、暴风雨避难场所等。

我国在牧区草原雪灾应急避难所优化布局研究较少,主要集中在台风、地震灾害。潘安平利用遗传算法和p-中位数模型对台风避难场所的选址进行研究,为台风避难场所的选址提供了参考(潘安平,2009)。周晓猛、刘茂等利用网络优化模型对紧急避难场所优化布局的理论进行了研究,并对其算法进行了探讨(周晓猛等,2006);李开兵等基于优先度对城市各个区域的投资优先度进行排序,并对避难所最优选址进行规划(李开兵等,2007)。周亚飞等利用多目标规划方法,从成本最小化、需求导向、利益最大化和环境因素四个方面建立城市灾害避难所优化选址布局模型(李超杰,宫辉力,2007)(周亚飞等,2010;李超杰,宫辉力,2007)。从国内外研究可以看出,目前对城市灾害避难场所的布局规划研究明显不足,且多为一些原则性内容,主要用于地震和台风等避难所优化布局较多,但对于草原雪灾应急避难场所优化布局研究较少。

6.3.1 社区应急避难场所区位选址模型构建

1. 社区应急避难所 L-A 理论

(1) L-A 模型的概念

L-A 模型主要用于优化某种设施在空间上的配置,为设施布局提供解决方案。20 世纪 60 年代,Cooper 把韦伯工业区位论扩展应用到多个设施的区位求解模型中,并把这类模型称为 L-A 模型。自此以后,L-A 模型得到了广泛的研究,并被推广应用到设施布局或项目评价中。

该模型既可用于新建设施的最优区位选址,也可用于现有设施布局的评价和改进。它最显著的工作特性在于可以根据各种实际需要,得到不同的解决途径。人们可以预先根据特定的工作目标、数据特征、外部计算机设备以及决策环境来选择最合适的备选方案。

(2) L-A 模型的类型

Church 对 L-A 模型做过归纳,见表 6.6。

表 6.6 L-A 模型类型

类型名称	功能
p-种植模型(p-median model)	在一定地域范围内为固定数量的设施点寻求最优区位,使需求点到设施点的总移动距离最小化
最大覆盖模型(maximum coverage location model)	在一定地域范围内对设施布局,使设施在最大服务距离内尽可能多的覆盖绝大多数需求点
容量限制模型(capacity-constrained model)	在考虑了资源配置点所能提供资源量的能力,以及需求点的需求能力这些限制条件下的最优化求解模型,是覆盖模型和中值模型的改进
竞争模型(competition model)	在有竞争的条件下,模拟某投资者针对其他竞争对手做出选址决定或服务对策

p-中值模型、最大覆盖模型和容量限制模型通常被看作传统的优化模型,容量限制模型目前还不成熟,竞争模型更具有特殊性。具体应用中都需要考虑上述4种模型,目前有关容量限制模型和竞争模型的相关研究与实践应用几乎还是空白,应用最为广泛的是 p-中值模型和最大覆盖模型,并已有将其应用于医院、消防站、城市公园等公共设施选址和布局的实践研究。

2. 社区应急避难场所区位选址模型

(1)社区应急避难所选址原则

社区应急避难场所作为城市最基层的防灾单元,首先应满足安全性、就近避难、平灾结合、家喻户晓等应急避难场所的一般选址原则;其次,社区应急避难场所作为一项公共服务设施,应能覆盖所有的需求区域,即具有公平性;另外,社区应急避难场所作为依托社区环境而存在的特殊场所,应保证所有服务区域内的居民都能以最短的步行距离到达,即可达性;最后,社区应急避难场所应能容纳所服务区域内的所有居民,即容纳性。

(2)社区应急避难场所选址模型的构建

社区应急避难场所选址模型构建的目的是规划社区居民的疏散分配,以及对社区应急避难场所的布局进行优化,使社区居民在灾害发生时能以最快速度逃生到事先规划的应急避难场所安全避难(侯燕和贾艾晨,2009)。

依据前面所述的,p-中值模型及社区应急避难场所选址原则,再结合运筹学中运输和分配问题的数学建模,提出社区应急避难场所的选址模型:

$$\min z = \sum_{i=1}^{n} \sum_{j=1}^{m} w_i d_{ij} x_{ij} \quad (6.19)$$

$$\sum_{j=1}^{m} x_{ij} \geq 1, i \in n \quad (6.20)$$

$$x_{ij} \leq y_j, i \in n, j \in m \quad (6.21)$$

$$\sum_{j=1}^{m} y_i = P, i \in n \quad (6.22)$$

$$x_{ij}, y_j \in \{i \in n, j \in m\} \quad (6.23)$$

式中,i 为社区居民点;j 为社区应急避难场所;P 为将要选址的社区应急避难场所数量;w_i 为权重,该模型将其取值为社区居民点 i 的人口数值;d_{ij} 为社区居民点 i 到社区应急避难场所 j 的距离,m;设置二元值变量 x_{ij},y_j 分别表示居民点 i 分配给社区应急避难场所 j 的情况和社区应急避难场所的选择情况。当社区居民点 i 被社区应急避难场所 j 服务时 $x_{ij}=1$,否则为0;当第 j 个社区应急避难场所被选中时 $y_j=1$,否则为0。

其中,式(6.19)是目标函数,式(6.20)~式(6.23)是约束条件。式(6.19)表示最小化社区居民点与社区应急避难场所之间的最大加权距离,以实现"可达性"

原则;式(6.20)表示每个社区居民点都能被唯一的社区应急避难场所服务,以实现"就近避难"原则;式(6.21)表示社区居民点只去被选中的社区应急避难场所;式(6.22)表示共有 P 个社区应急避难场所;式(6.23)保证 x_{ij}, y_j 只取 0 或 1 值。

3. 社区应急避难场所区位选址模型的求解

LINGO 是可用于求解非线性规划以及一些线性和非线性方程组的软件,功能十分强大,是求解优化模型的最佳选择。其特色在于其内置建模语言,提供十几个内部函数,方便灵活,准确快速。同时提供与 Excel、文本文档及数据库等其他文件的接口,能够方便地输入、分析和求解优化问题。一般地,使用 LINGO 求解运筹学问题可以分为以下 2 个步骤来完成:

(1)根据实际问题,建立数学模型,即使用数学建模的方法建立优化模型。
(2)根据优化模型,利用 LINGO 来求解模型,即利用 LINGO 软件,将数学模型转译成计算机语言,借助于计算机来求解。

6.3.2 实证案例

1. 研究社区现状描述

以呼市茂源小区为例,数字化了 10 栋居民小区楼、7 快绿地、6 块空地及小区道路。其中,绿地与空地可作为临时避难所,该区的遥感影像与矢量图如图 6.28 所示。

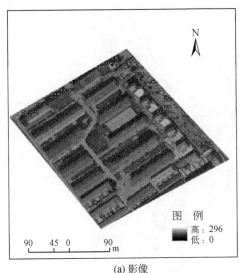
(a) 影像

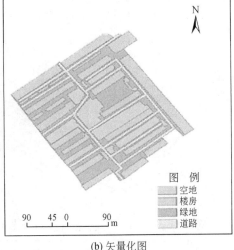
(b) 矢量化图

图 6.28 研究区示意图

2. 社区应急避难场所的重新选址

(1) 目标函数的建立与数据处理

对该社区现有应急避难场所的布局进行实例验证，用目标函数式(6.19)计算得出该社区所有居民点居民到达现有应急避难场所的总距离。首先对目标函数中各项数据进行如下处理：

① 居民点的人口权重 w_i，通过实地调查得到该社区每一栋居民楼人口数量，取总人口数值将其定义为 w，即 $w = (200, 180, 300, 160, 350, 260, 300, 280, 300)$。

② 居民点 i 到社区应急避难所 j 的距离 d_{ij}(m)。首先在地图上获取每一栋居民楼和应急避难所中心点的经纬度坐标，然后利用坐标转换软件将其经纬度转换成平面坐标，将居民点 (a, b) 与社区应急避难所 (x, y) 两点平面坐标的距离定义为 d_{ij}，即

$$d_{ij} = \sqrt{(x_j - a_i)^2 + (y_j - b_i)^2} \tag{6.24}$$

③ 因该小区有一个现状避难所，因此取约束条件 $x_{ij} = 1$。

3. 选址结果分析

利用上述构建的模型及计算步骤对茂源小区应急避难所优化，由于新布局的应急避难所范围不能超出现有的小区建设范围，因此，取小区4个地理位置边界点的平面坐标值作为应急避难所的选址范围约束。

利用LINGO求解，结果为 $z = 185.354$，即该社区所有居民到新建应急避难所的总距离为178 488.2m。因此，得到该小区的最优应急避难所建设位置为D处(图6.29)。

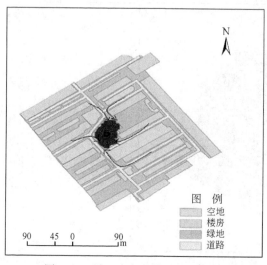

图6.29　社区应急避难所优化布局

利用 LINGO 软件求解 L-A 模型,具有逻辑清晰、编程语言简单、程序可读性强等优点。LINGO 为 L-A 模型的求解提供了一个很好的途径与方法。但是,在对设施布局优化前先要建立数学优化模型,因此,建立合适、正确的优化模型是应用 LINGO 判断结果合理与否的关键。从数学、运筹学角度所建立的优化模型中的目标函数和约束条件都较为简化,并未考虑实际的路网交通、灾害状态下人员的反应速度及行为、避难场所的容量和服务范围,以及社区周围环境等实际因素,可能导致由 LINGO 求解出的最优解无法满足实际需求。但是,LINGO 求出的最优解可为实际设施的选址提供计算依据,仍有理论参考价值。

6.4 区级应急避难所优化布局研究

6.4.1 应急避难所选址影响因素分析

区级应急避难所优化布局与社区级应急避难所优化布局方法相似,但也存在差异。社区级应急避难所涉及的范围较小,且社区应急避难所布局要求居民避难快速可达、众所周知及公平合理、安全等(李超杰,2007)。而对于区级避难所一般多为长期避难所,在优化布局时与社区应急避难所考虑的影响因素有所不同(陈志芬,顾林生,2010)。本节从地形因素、路网密度、人口因素3个方面考虑区级应急避难所优化布局影响因素,以期达到合理的对区级应急避难所布局进行优化的目的。

1. 地形因素

应急避难所选址涉及多方面影响因素,地形因素是应急避难所选址的重要影响因素之一。按照国家规定的应急避难所选址原则应为地势相对较高,但不是越高越好,地势太高对于居民避难通行较困难且建设费用较大。一般情况下,应选择坡度不大于25度的地势相对平坦地区。

2. 路网密度

路网密度是影响应急避难所空间选址的又一个主要因素。路网密度大小对居民避难能否及时、快速到达避难所起着至关重要的作用,同时也影响着应急避难所有效辐射范围。交通发达、路网密度大,通常来说可保证应急救援物资的有效流通,以及居民及时到达避难所。现代化交通运输工具的应用,往往可以改变人们的距离观念,使居民避难及救援有更大的服务范围,进而影响应急避难所在空间上的分布。在不考虑其他因素的情况下,应急避难所距离等级高的公路的距离越小越好。对于交通因素,一般主要考虑主干交通路线,因此,进行应急避难所选址时只考虑国道、省道、一级、二级、三级、四级和等外公路,其他等级公路忽略不计。

3. 人口因素

由于市级、区级及以下的居民地人口分布密度、人口素质等都存在显著差异,不同人口分布密度、数量对应急避难所的规模、位置选择起着重要作用。因此不同等级的人口聚居地应急避难所选址的影响不同。在人口较稠密的居民聚居区应选择地域开阔地带建立应急避难所,在人口密度较小、数量较少区域应急选择小区域建设应急避难所,因此应急避难所选择与人口因素有重要关系。此外,在人口密度大、人口数量多的区域往往受到灾害影响也较大,应重点考虑避难所选址区域。因此,在不考虑其他因素的情况下,人口越密集,应急避难建设的数量越多,规模越好。这样在一定程度上可以使受灾居民都能及时、快速找到避难所进行避难,以减少人员伤亡或者财产损失。

6.4.2 应急避难所优化布局原则

我国在布局原则理论研究方面主要是针对地震避难所开展的。其中,诸多学者研究了地震应急避难场所的安全性及环境评价的指标、原则、方法等,提出应急避难场所规划、选址的优化方法(苏幼坡,2006)。在已有的应急避难所优化布局原则基础上,本研究中草原雪灾应急避难所优化布局遵循以下原则。

1. 安全性原则

应急避难所的第一个原则就是安全,根据《国家应急避难所建设标准》中对应急避难所的选址安全要求做了强制规定:"应避开地震断裂带、洪涝、山体滑坡、泥石流等自然灾害易发生地段;应选择地势较为平坦空旷且地势略高,易于排水,适宜搭建帐篷的地形;应选择有毒气体储放地、易燃易爆物或核放射物储放地、高压输变电线路等设施对人身安全可能产生影响范围之外;应选择在高层建筑物、高耸构筑物的塌垮范围距离之外。"除上述内容外,交通的便捷性也是应急避难所布局的重要考虑因素之一。

2. 适用性原则

草原牧区应急避难所的建设必须以草原牧区需求为目标,确定应急避难所建设的数量和等级,以及避难所布局的空间位置,制定合理的进度安排。合理利用现有资源,避免重复性建设。另外,我国草原牧区应急避难所建设方面还缺乏经验,需因地制宜,不定期地修订和完善应急避难场所规划。

3. 就近避难原则

就近避难并不意味着应急避难所离受灾点最近,而是考虑应急避难所容量有限的情况下,合理确定应急避难所空间布局,在不超过应急避难所容量的同时,避难者能够在相对较近的距离或者可接受的避难距离范围内避难。就近避难对于居民来说,对周围环境比较熟悉,相互间可以照顾,也有利于关照住宅内的财物。而企事业单位的工作人员就近避难,有利于增强组织观念,更易有组织、有秩序地指挥避难疏散。

4. 平灾结合原则

从资源集约化利用的角度出发,一方面,应急避难所建设应充分利用草原牧区已有的绿地、公园、广场、体育场等现有的空间,以免占用其他资源。另一方面,在建设应急避难所时既要满足居民应急避难需要,也要满足居民的公共安全教育、休闲娱乐、体育健身等需要;一旦发生灾害,由管理者迅速启动应急预案转换为应急避难所,为居民提供避难场地。未来的应急避难所建设应向着综合化、多功能化方向发展。

6.4.3 避难所选址适宜性分析

应急避难所是灾时为受灾群众提供安全避难和灾后安置的重要场所,是城市防灾减灾工作最主要的内容。国内外众多灾害发生表明,应急避难所在灾时收容大量灾民同时避难,能在很大程度上降低灾害的损失。因此,如何科学合理地布局和建设应急避难所,提高防灾减灾能力,完善防灾减灾体系,一直是政府和社会关注的焦点(王炜,刘茂,2009)。对于已建成的应急避难所进行适宜性评价可检验应急避难所布局的合理性,而对于新建的应急避难所进行适宜性分析,亦可为应急避难所合理布局与规划提供决策依据。本研究从危险源、均衡性及地形因素3个方面出发(Zhang Jing,2008),对研究应急避难所选址适宜性进行了分析,并找出适合建立应急避难所的区域。

1. 远离危险源

应急避难场所建设首先应考虑到研究区的危险源,危险源的分布对避难所影响较大,如河流、历史灾害点、地势低洼区等。所以,应根据不同危险源的避难距离与避让因素(表6.7)布局避难所。对于研究区地震带、高大建筑物(大厦、烟囱等)对应急避难所布局也有所影响;由于研究区所处的地形影响,在布局避难所时应尽量远离危险源,并且选择地势相对较高、坡度较缓地区进行建设。

表 6.7　避难所选址影响因素及避让距离

序号	危险源	避让距离/m	备注
1	河流	800	距离河流越近越危险
2	历史灾害点	500	通过调查结果找出历史灾害点位置
3	地势低洼区	500	地势低洼区不易建设应急避难所
4	其他危险	750	可能对应急避难所产生影响的危险

2. 均衡性

应急避难所布局应根据研究区的人口分布和区域划分，合理分配。在人口密集的地区多设置应急避难所，以保证灾民可以迅速转移、避难，并且可以避免不必要的资源浪费。牧区人口较少的地区，可主要设置临时应急避难所，灾民在灾害过后再转移到大型避难所。因此，综合规划应作为应急避难所优化布局的重要基础条件。

3. 地形要素分析

地形因素是避难所选址的重要影响因素之一，一般避难所选址区域应地势相对较平坦，且为开放区域。如果在城市建设应急避难所，则城市中的学校、公园、广场、绿地、体育场、空旷地带等公共场所都可选作应急避难所。避难所在选址与布局时还需考虑避难所的数量、规模、服务半径及功能。由于研究区属平原地区，地势相对较平坦，因此，在进行地形要素分析时仅考虑避让一些危险源即可。

另外避难所位置选择对于高程和坡度都有所要求，避难所位置选择应选择坡度和高程都较小的区域来设置避难所，避难所的等级设定应根据灾害的不同来进行设定，一般分为市级避难所、区级避难所、社区级避难所。通常把坡度小于 25 度的区域作为避难所设置区域（施晓斌，2006）。按照上述内容采用 ArcGIS 软件对研究区适宜区进行了分析，得到图 6.30。

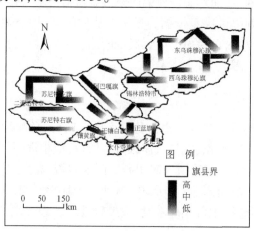

图 6.30　研究区应急避难所适宜性

6.4.4 避难所优化布局模型构建及应用

1. 模型构建

草原牧区避难所建设数量不宜过多,过多建设则费用较高,所以建设的数量应保证满足所有服务点的最小数量,但要满足建立的避难所的服务范围能够涵盖所有服务的居民点(陆相林和侯云先,2010)。利用集合覆盖理论建立如下规划模型,确定以最小数目的避难所来满足所有受灾点需求,即受灾区域。模型如下:

$$\min P = \sum_{j \in J} X_{ij} \quad (6.25)$$

$$\text{s.t.} \sum_{j \in N_i} X_{ij} \geqslant 1 \quad (i \in I, i = 1,2,3,\cdots,n) \quad (6.26)$$

$$X_j \in (0,1) \quad (j \in J, j = 1,2,3,\cdots,m) \quad (6.27)$$

式中,X_j 为二元决策变量,当候选位置 j 被选中时 $X_j = 1$;否则 $X_j = 0$。记所有能覆盖需求点 i 的候选位置的集合为 $N_i = \{j \mid d_{ij} \leqslant s\}$ 或 $N_i = \{j \mid t_{ij} \leqslant R\}$,其中目标函数是使避难所数量为最小,约束条件(6.26)是保证每个需求点至少被一个避难所覆盖。约束条件(6.27)限制决策变量 X_j 为 0 或 1 整数变量。根据最大覆盖理论,建立草原牧区避难所优化布局模型:

$$f(x) = \max \sum_{i \in I} \sum_{j \in J} \omega_{ij} y_{ij} \quad (6.28)$$

$$\text{s.t.} \quad y_{ij} - x_j \leqslant 0 (i \in I, j \in J) \quad (6.29)$$

$$\sum_{j \in J} x_j = p \quad (6.30)$$

$$\sum_{j \in J} y_{ij} = 1 \quad (i \in I) \quad (6.31)$$

$$x_j \in \{0,1\} \quad (j \in J) \quad (6.32)$$

$$y_{ij} \in \{0,1\} \quad (i \in I, j \in J) \quad (6.33)$$

式中,i 表示居民点编号,I 为居民点集合;j 为避难所编号,J 为避难所集合;p 表示所需避难所数量;ω_{ij} 为避难所选址影响因素的权重,其值在上述避难所布局影响因素中确定;x_j、y_{ij} 均为二元值,其中:

$$x_j = \begin{cases} 1, \text{避难所为备选避难所} j \\ 0, \text{否则} \end{cases}, \quad y_{ij} = \begin{cases} 1, \text{覆盖居民点} i \\ 0, \text{否则} \end{cases}$$

目标函数式(6.28)可使覆盖的需求点的加权和最大;约束条件式(6.29)表明只有当候选避难所 j 被选中时,居民点 i 才可能被候选避难所 j 覆盖;约束条件式(6.30)表示所需避难所数量;约束条件式(6.31)主要为指定居民点对应一个避难所;约束条件式(6.32)、式(6.33)保证 x_j、y_{ij} 为二元决策变量值且只能取 0 或 1。

2. 模型求解

求解一个集合覆盖模型需要解决两方面的问题:
(1)选择合适的设施位置(数学模型中的 x 变量)。
(2)指引/指导灾民到相应的应急避难所中去(表达式中的 y 变量)。

求解一个集合覆盖模型的应急避难所选址问题,主要有两大类方法:精确算法和启发式算法。由于集合覆盖模型是 NP-hard 问题,所以精确算法(如分支定界法等)一般只能求解规模较小的集合覆盖问题。而在实际问题中,往往需求点数 n 和可供选择的候选点数 m 较大(也可能 $m=n$),一般需要设计启发式算法,如遗传算法、蚁群算法等来对模型进行求解。本研究采用 6.2.2 小节介绍的蚁群算法求解步骤,对应急避难所优化布局的最大集合覆盖问题进行求解。最终得到锡林郭勒盟草原雪灾应急避难所优化布局结果,见图 6.31~图 6.32。

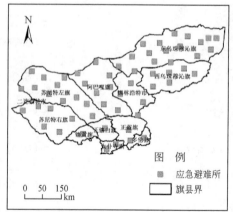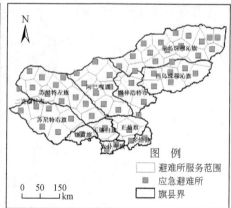

图 6.31 应急避难所优化布局(见彩图)

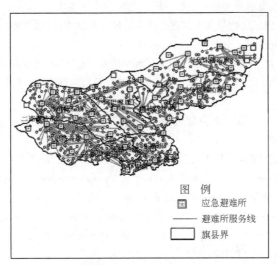

图 6.32　居民点对应应急避难所(见彩图)

参 考 文 献

陈达强,刘南. 2010. 带时变供应约束的多出救点选择多目标决策模型. 自然灾害学报,19(3):94~99.
陈鹏,张继权,孙滢悦,等. 2015. 城市火灾应急物资库优化布局. 消防科学与技术,34(1):110~113.
陈志芬,顾林生,陈晋等. 2010. 城市应急避难场所层次布局研究(Ⅰ)——层次分析. 自然灾害学报,19(3):153~155.
董芳蕾. 2008. 内蒙古锡林郭勒盟草原雪灾灾情评价与等级区划研究. 长春:东北师范大学,22~32.
侯燕,贾艾晨. 2009. 基于 ArcEngine 洪灾避难路径选择可视化方法研究. 水利与建筑工程学报,7(4):61~63.
李超杰,宫辉力. 2007. 洪灾避难迁移模型研究与应用. 地理空间信息,5(2):40~42.
李超杰. 2007. 洪灾避难迁移决策支持系统关键技术研究与应用. 北京:首都师范大学.
李发文,张行南等. 2005. 洪水灾害避难系统研究. 灌溉排水学报,12(6):64~67.
李开兵,钱红波,李素艳. 2007. 基于优先度的城市避难场所最优投资规划. 自然灾害学报,16(5):111~115.
刘浪. 2010. 基于集合覆盖理论的航空应急物资储备点选址方法. 南昌航空大学学报,12(2):19~26.
陆相林,侯云先. 2010. 基于设施选址理论的中国国家级应急物资库储备库配置. 经济地理,30(7):1091~1093.
潘安平. 2009. 基于遗传算法的台风避难所选址模型研究. 网络财富,(8):218~219.
施晓斌. 2006. 城市防灾空间效能分析及优化选址研究. 西安:西安建筑科技大学,37~55.

苏幼坡.2006.城市应急避难与避难疏散场所.北京:中国科学技术出版社,50~53.
王炜,刘茂.2009.多阶段优化规划模型在天津应急资源基站优化规划中的应用.安全与环境学报,9(1):164~168.
周晓猛,刘茂,王阳.2006.紧急避难场所优化布局理论研究.安全与环境学报,6(s1):118~121.
周亚飞,刘茂,王丽.2010.基于多目标规划的城市避难场所选址研究.安全与环境学报,10(3):205~209.
周愉峰,马祖军,王恪铭.2015.应急物资储备库的可靠性p-中位选址模型.物流与供应链管理,27(5):198~208.
邹铭,李保俊,王静爱,等.2004.中国救灾物资代储点优化布局研究.自然灾害学报,13(4):136~137.
Lin Y. H. Batta R, Rogerson P. , et al. 2012. Location of temporary depots to facilitate relief operations after an earthquake. Socio-Economic Planning Sciences,46(2):112~123.
Liu Xingpeng, Jiquan Zhang, Tong Zhijun, et al. 2011. Grid-based multi-attribute risk assessment of snow disasters in the grasslands of Xilingol, Inner Mongolia. Human and Ecological Risk Assessment: An International Journal,17(3):712~731.
Wang Yajun. An Ying, et al. 2008. Progress in safay science and technology. Beijing: Science Press, 455~460.
Zhang Danhong, Zhang Jiquan. 2008. Indicator system and conceptual model of risk assessment of grassland snow disaster. Theory and Peactice of Risk Ananlysis and Crisi Response-Proceedings of the 3rd Annual Meeting of Risk Analysis Council of China Association for Disaster Prevention, Atlantis press,109~114.
Zhang Jing. Wang Li, Liu Mao. 2008. Permanent emergency shelter location-allocation based maximal covering model//the 2008 international symposium on safety science and technology.

第 7 章 草原旱灾、雪灾应急救助管理系统构建与决策研究

采用灾害系统和应急管理的理论和方法,利用地基、空基、天基综合观测站网数据,借助卫星通信、卫星遥感和北斗导航技术手段、物联网技术、多源数据挖掘与融合技术、灾害模拟评估技术、预警预报技术以及数值天气预报、区域气象和气候模式等"数值-动力"模式技术,从历史资料统计规律的经典统计学分析和非传统预测技术分析来预测、分析和评价具有不确定性的草原旱灾、雪灾重点脆弱区域生态和经济社会系统可能造成的损失,通过与牧区旱灾、雪灾损失指标体系的分析,实现精细化干旱、雪灾动态监测,进而达到对旱灾、雪灾损失快速评估的目的。建立集实时损失评估—应急救助于一体的多灾种、多尺度、多属性的应急管理技术体系和综合信息管理平台。开发了北方草原旱灾、雪灾识别与损失评估软件平台,本软件系统的开发是针对中国北方草原旱灾、雪灾识别和损失快速评估而构建的,主要功能有草原旱灾、雪灾数据管理、干旱识别、GIS 浏览与图层管理功能、旱灾、雪灾识别结果可视化、空间位置与属性互查、数据统计与分析和旱灾、雪灾损失快速评估等。其结果可为草原灾害管理与决策提供先进科学的技术支持。并且结合干旱灾害的特点,从灾前、灾中、灾后三方面全面考虑,构建了干旱风险管理框架体系和模型,并利用干旱灾害风险动态评价及区划和费率厘定的区划结果开展干旱灾害的风险管理研究,为地方政府开展防灾减灾和应急服务提供决策参考。

7.1 北方牧区草原旱灾、雪灾应急救助技术整体框架与技术平台构建

7.1.1 基于"3S"技术的草原牧区旱灾损失快速评估系统概念框架的构建

本研究在综合考虑牧区干旱灾害频繁发生,其旱灾损失较难准确定量评估的基础上,对如何利用"3S"技术及相关技术对草原牧区进行旱灾损失快速评估进行探讨,以期能对牧区草原旱灾损失研究有所裨益,同时为草原牧区防旱减灾预案与牧区防旱减灾决策系统建立提供科学可行的参考方法,为草原牧区主动防范干旱风险,合理布局规划水资源提供相应的技术手段。

草原牧区干旱灾害的发生发展,可归纳为以下几个特点:①普遍性。干旱灾害

普遍发生在我国各大牧区境内,据文献资料统计,近40年,仅甘肃、宁夏、青海、内蒙古等牧区发生各类干旱的就有13年。②连续性。牧区干旱灾害的主要特点就是旱灾的发生容易产生连年干旱和连季干旱,且此情况较为普遍。③周期性。干旱的发生具有一定的周期性,如内蒙古干旱的发生就存在"十年七春旱,五年一特大春旱"的规律。④滞后性。干旱对畜牧业产生的危害,是经过一定的时间累积延后表现出来的,总是落后于干旱开始的时间。⑤波及范围广。旱灾的发生并不只是小范围内部的损失,区别于地震等自然灾害,干旱在草原牧区的发生,常常会造成大范围的损失。

(1)系统总体设计

草原牧区旱灾损失快速评估系统建立的核心,在于快速评定草原旱灾发生发展对草原牧区造成的损失,为牧区抗旱减灾、物资调配提供科学的参考依据。核心在于一个"快"字,本系统建立以地理信息系统、遥感和全球定位系统("3S"技术)为主要技术平台,在实时高时空分辨率遥感数据的支持下,通过遥感数据的定量研究,提取与旱灾形成发展相关的空间因子与属性因子,包括牧区草地资源受灾范围,通过与牧区旱灾损失指标体系的分析,实现精细化干旱动态监测,进而达到对干旱损失快速评估的目的(图7.1)。

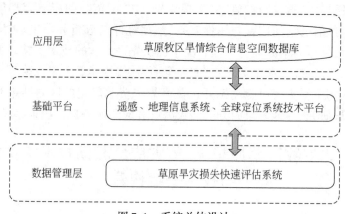

图7.1 系统总体设计

(2)系统设计的旱灾损失快速评估路线

根据草原牧区旱灾损失快速评估系统建设目标和应用功能,建立系统技术路线参见图7.2。建设旱灾损失快速评估系统的首要任务是建立区域旱情空间数据库,该数据库是整个系统的基础,可以为灾前的风险识别和分析提供基础数据,灾害发生后也可以实现及时更新和补充最新的数据。

①草原牧区旱情综合信息空间数据库

旱情综合信息空间数据库包括各类草原牧区的基础数据,主要包括各级行政区划图、全要素地形图数据、DEM、土壤类型、植被类型、土地利用、水文数据、居民

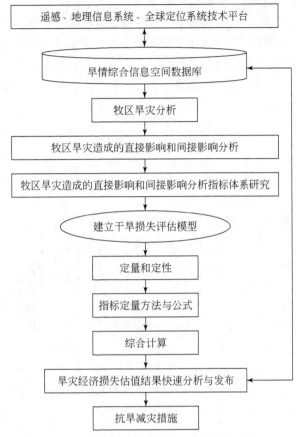

图 7.2　牧区旱灾损失快速评估运行路线图

点数据、道路交通数据、经济社会数据、草地资源数据、气象数据、草地资源权属数据、人口数据、历史草原灾害损失数据、遥感影像数据等。此外,为了达到实时快速评估干旱发生发展情况的目的,还须包括实时的遥感影像数据(地表温度、植被冠层温度、NPP 数据等)、气象台站提供的实时气象基础资料、草原牧区土壤墒情实时监测数据、牧草生长发育期观测数据。通过该基础数据数据库与"3S"技术结合,可实现受灾牧区范围的及时预警,快速识别并提取出牧区受灾范围。

② 牧区旱灾损失快速评估指标体系构建

旱灾损失对牧区造成的影响是多方面的,既有经济方面的影响,又有生态方面的影响,还有社会方面的影响,可分为直接损失与间接损失两种。由于干旱对牧区产生的影响具有滞后性,所以相关间接损失较难估量。本研究综合考虑干旱灾害对牧区造成的牧草损失、畜产品损失、水资源损失及生态环境损失,根据数据的可获取程度,构建干旱损失快速评估指标体系,如图 7.3 所示。根据本书提出的牧区旱灾损失快速评估指标体系,可以在灾前初步评价出灾害受损范围,同时预估出损失程度,进而采取相应的抗旱减灾政策;在旱灾发生过程中,也可根据灾害发生情况,进行灾害损失的快速评估;在灾害发生后,既可以评估本次旱灾造成的实时损失,又可以加入草原牧区旱情综合信息数据库中,为今后灾害损失评定提供详实的数据支撑。需要指出的是,该损失指标体系中,定量计算的指标均可根据先关现有方法,转换成实际市场价值,进行经济估值,而损失定性分析中需要根据灾害发生的实际情况进行评定。

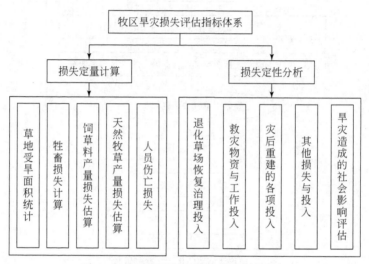

图 7.3　草原牧区旱灾损失快速评估指标

7.1.2　北方牧区草原旱灾、雪灾应急救助可视化系统

1. 系统研发背景

我国是一个草原大国,拥有天然草原近 4 亿公顷,占国土总面积的 41.7%,居世界第二位。草原旱灾和雪灾是突发性强、危害大的重要自然灾害,其原因复杂,涉及天气、气候、社会以及自然界各种有关的因素,其发生具有一定的随机性和不确定性,对草原地区人民生命财产的威胁很大,给经济建设、社会安定带来巨大影响,严重制约着我国畜牧业生产稳定发展,同时也对人民的生存环境乃至国土安全构成严重威胁。由于北方牧区草原防灾抗灾能力相对脆弱,公共设施、基础设施相对薄弱,承灾能力低,牧民的防灾避灾知识缺乏,是受灾害影响最大的群体,尤其是近年来,全球气候变暖、生态环境的恶化导致牧业的脆弱性日趋加剧,已对我国牧业可持续发展构成严重威胁。然而,我国对于牧区草原自然灾害的系统研究,尤其灾害风险与应急减灾的研究起步较晚,有关成果还不成熟,已成为制约我国牧区防灾减灾工作深入开展的瓶颈。

地理信息系统是构建北方牧区草原旱灾、雪灾应急救助可视化系统的的框架，强大的空间数据管理与分析功能为系统的实现提供了技术支持。草原旱灾、雪灾数据信息量大，类型多，既包括具有空间分布特征的地理空间数据，又包括历史灾情数据、社会经济数据等，并且这些数据具有动态性和变化性的特征，只有结合 GIS 的空间数据管理技术，才能实现灾情信息的有效管理。应急救助可视化系统的关键在于准确性与及时性，灾情发生前需要进行预警，灾情发生时需要进行准确的评估与提供应急救助所需要的信息，这就需要结合卫星遥感资料。随着空间技术的发展，卫星遥感资料的分辨率和观测频次有了显著的提高，为更准确的预测评估灾情信息提供了可能。

2. 系统目标与总体设计

1) 系统目标

以我国北方草原为研究对象，利用 GIS 技术对草原雪灾及草原旱灾进行决策辅助及应救助等相关研究，实现对草原雪灾、干旱的监测预警、风险评价和灾情评价，以及实现草原雪灾应急避难所与物资库的优化布局，建立基于 GIS 的草原灾害管理可视化系统，以期为草地管理部门提供即时性强、实用化的辅助决策工具。系统整体结构采用以数据库为中心的系统架构，草原灾害的决策辅助和应急救助等功能通过监测数据及空间数据的耦合，将监测数据输入相应功能的子模块，然后基于格网 GIS 方法进行评价。系统应具备以下的功能。

(1) 地图浏览及信息查询

作为可视化系统的基础功能，系统需要完成地图浏览、历史灾情的查询、新监测数据的录入、要素选择、历史干旱、雪灾数据查询等功能，已有避难所及物资库的资料查询、以及利用 GIS 表现各类资源信息的综合展示、统计、对比分析。

(2) 灾害识别与损失评估

草原灾害的识别与损失评估是系统的核心，在草原灾害综合数据库的基础上，根据草原不同灾害的特征，利用相关模型对研究区的灾害情况进行识别，再依据识别结果和承灾体的暴露性、脆弱性、危险性评价进行损失评估。在最大限度上降低草原自然灾害对生态平衡的影响，减少对区域生产生活造成的损失，为各级政府在最短时间做出决策响应提供科学、系统、全面的数据准备和技术支持，增强各级政府的风险管理水平与应急反应能力。

(3) 应急救助

结合草原灾害的特点，从灾前、灾中、灾后三方面全面考虑，构建了灾害风险管理框架体系和模型，利用灾害风险动态评价及区划结果开展灾害的风险管理研究，同时应具备专题图出图功能，实现草原重大自然灾害损失评估结果的可视化，更加直观具体的显示研究区的受灾与损失情况，为地方政府开展防灾减灾和应急服务提供决策参考。

2) 系统总体结构

北方牧区草原旱灾、雪灾应急救助可视化系统作为一个整体，主要由四个子系统组成，分别是北方牧区草原干旱识别与损失评估可视化系统、北方牧区草原雪灾损失快速评估可视化系统、北方牧区草原雪灾应急物资库优化布局可视化系统和北方牧区草原雪灾应急避难所优化布局可视化系统。四个子系统各自独立，完成相应功能，共同构成北方牧区草原旱灾、雪灾应急救助可视化系统。各子系统之间功能不同，但是整体的结构是相同的，即采用模型驱动决策支持系统概念，系统主要分为三个层次：最底端是基础数据层，中间是业务模型层，上端是用户交互界面层。结构清晰垂直，易于编写维护。各子系统均采用 C/S 架构，最大程度的提高模型的运算性能，且可以方便的安装迁移。

3) 数据库设计

本系统所涉及信息包括气候数据、自然地理数据、社会经济数据、模型数据和成果数据等。

(1) 气候数据

包括研究区的逐日降雨量、逐日平均气温等气象信息数据，以及研究区的历史灾害数据等。

(2) 自然地理数据

自然地理数据包括研究区地理位置信息、土地利用类型信息、地形信息（包括地理空间数据、地理属性数据、数字高程图等，如研究区区域分级地形图等）。

(3) 社会经济数据

社会经济数据包括基本信息（面积、人口、GDP、工农业总产值）、城镇及重要设施信息（已有避难所、物资库的信息）、生产信息（工业生产信息）、资产信息等。

(4) 模型数据

调度运行系统模型生成的数据，主要包括参数数据、条件数据、检验数据集、中间结果和最终计算结果。

(5) 成果数据

调度运行系统生成的计算结果和布局方案。

数据库建设的目的是将整个研究区地理信息及干旱、雪灾识别与损失计算需要的一切相关数据，例如地理信息数据、历史灾情数据、人文经济数据、气象数据、模型数据等资料进行科学地组织分类，并将其存储在服务器相应的数据库中，以便在对草原干旱、雪灾的损失评估与应急救助决策中可以更加快速灵活的调用。

数据按数据类型分为四类：空间地理数据库、人文经济数据库、模型计算支持数据库、气候数据库；按照数据属性可以分为两类：空间数据库和模型数据库。数据库结构如图 7.4 所示。

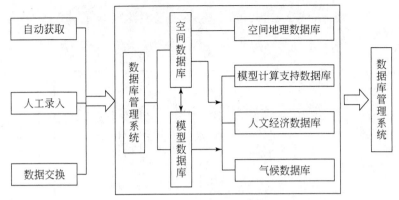

图 7.4 数据库逻辑结构图

4) 系统平台构建

本系统采用 C#作为编程语言，使用 Visual Studio 2010 进行相关编程操作，借助 .NET 平台和面向对象编程的优势和 ArcGIS Engine 10.2 采用组件式开发技术进行系统的搭建。数据库方面采用了 SQL Server 2008 关系型数据库和空间数据引擎 ArcSDE 相结合来进行属性表数据和地理信息数据的储存管理与调用。

根据上述目标及设计要求，设计开发了北方牧区草原旱灾、雪灾应急救助可视化系统，下面分别对其包含的四个子系统进行说明。

7.1.3 北方牧区草原干旱识别与损失评估可视化系统

1. 系统总体结构

本软件系统的开发是针对城北方草原干旱问题进行识别和损失评估，主要功能有草原干旱数据管理、干旱识别、GIS 浏览与图层管理功能、干旱识别结果可视化、空间位置与属性互查和数据统计与分析等，为高层管理决策提供先进性、科学性、有效的技术支持。

北方牧区草原干旱识别与损失评估可视化系统总体结构如图 7.5 所示。

2. 系统子模块分类与功能

以系统实际运行的需要与功能间的逻辑关系为出发点，北方草原干旱识别与损失评估可视化系统分为三个子模块，分别是 GIS 浏览及历史灾情查询子模块、干旱识别及损失评估子模块与干旱识别结果与损失评估专题图制作子模块。

1) GIS 浏览及历史灾情查询子模块

该子模块总体功能是实现 GIS 的基本功能，包括地图的浏览、地图的放大缩

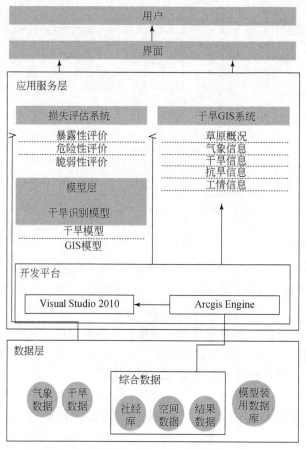

图 7.5 北方牧区草原干旱识别与损失评估可视化系统总体结构图

小、数据的加载、要素选择、鹰眼地图、图层的选择、删除、更新等操作,还包括对已经录入系统的历史灾情数据的查询,分为按地理位置查询、按时间查询、模糊查询等功能,是整个系统的基础功能。

(1) 地图浏览

提供基础性的 GIS 浏览功能,主要通过加载 ArcGIS Engine 中的组件来实现,包括 MapControl、LayoutControl、TOCControl、ToolbarControl、LicenseControl 等。也有通过二次开发实现的功能,如鹰眼地图,右键菜单等(图 7.6、图 7.7)。

(2) 数据查询

主要是对数据库中的历史干旱数据进行检索的模块,可以按日期或地点对历史干旱数据进行检索,也可对计算得出的 SPEI 数值和干旱识别结果进行检索,方便用户查询校对信息,使用 ArcSDE 实现数据库与系统的连接(图 7.8)。

第7章 草原旱灾、雪灾应急救助管理系统构建与决策研究 ·267·

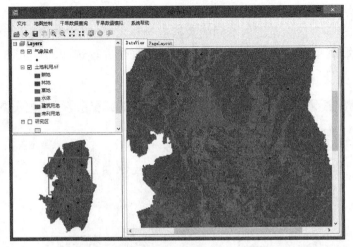

图 7.6 地图放大

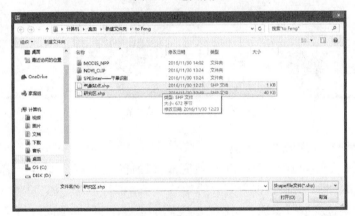

图 7.7 加载 shp 数据

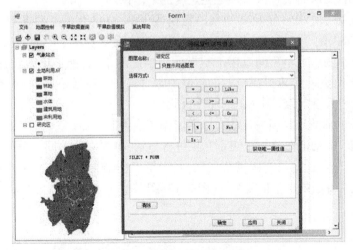

图 7.8 根据属性进行查询

(3)图层管理

可以加载研究区域范围内不同的数据进行显示,如降水数据、干旱识别数据、SPEI 数值数据等,也可通过右键菜单对加载的数据进行选中、删除、图层可见、图层不可见等操作(图 7.9)。

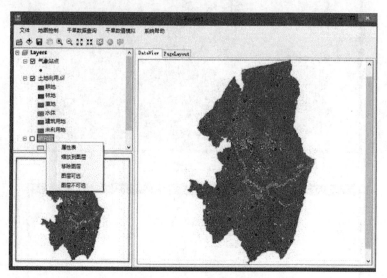

图 7.9　图层选项菜单

2)干旱识别及损失评估子模块

本系统中干旱识别基于 SPEI 指数完成,以研究区 1960—2014 年各气象站点的气象监测数据为基础,根据研究区的月平均降水和月平均气温,对各气象站不同时间尺度干旱程度进行识别。利用 GIS 空间插值技术,形成空间分辨率为1 km×1 km 的栅格图像,从而实现区域逐像元尺度的干旱识别。

SPEI 指数从水分亏缺及其积累出发描述干旱,既能反映多种事件尺度,又能反映温度升高对干旱的影响,相较于传统只以降水强度表征干旱的方法,考虑了蒸散作用对干旱的影响与不同温度下蒸散作用强度的不同,能够反映北方草原地区近年由于降水减少、温度升高导致的干旱的时空特征。然后根据不同 SPEI 指数划分研究区干旱程度等级(图 7.10、图 7.11)。

3)干旱识别结果与损失评估专题图制作子模块

该子模块的功能是将干旱识别结果进行显示,实现根据不同干旱等级、损失类型、损失程度的属性对研究区进行区划,对干旱识别结果可以进行发布演示,发布文件类型包括 jpg 文件、pdf 文件等(图 7.12、图 7.13)。

第7章 草原旱灾、雪灾应急救助管理系统构建与决策研究

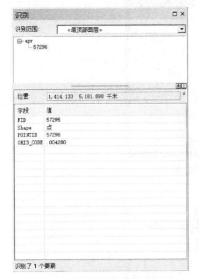

图 7.10 模型计算网格及属性

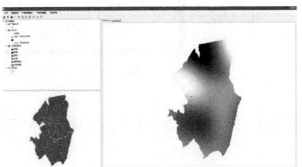

图 7.11 识别结果可视化

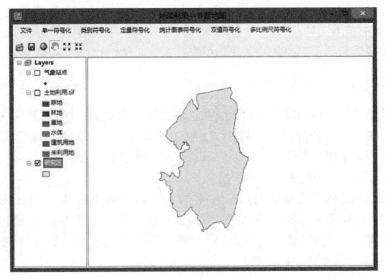

图 7.12 专题图制作主界面

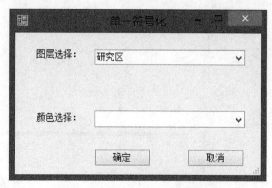

图 7.13 单一符号化专题图菜单

7.1.4 北方牧区草原雪灾损失快速评估可视化系统

1. 系统总体结构

本系统的开发以解决北方牧区草原雪灾损失快速评估问题为目的,主要功能有草原雪灾数据管理、损失计算、GIS 浏览与图层管理功能、雪灾损失评估结果可视化、空间位置与属性互查和数据统计与分析等,为高层管理决策提供先进性、科学性、有效的技术支持。

北方牧区草原雪灾损失快速评估可视化系统总体结构如图 7.14 所示。

2. 系统子模块分类与功能

以系统实际运行的需要与功能间的逻辑关系为出发点,北方草原雪灾损失快速评估可视化系统分为三个子模块,分别是 GIS 浏览及历史灾情查询子模块、雪灾损失快速评估子模块与雪灾损失评估结果专题图制作子模块。

1) GIS 浏览及历史灾情查询子模块

该模块统总体功能是实现 GIS 的基本功能,包括地图的浏览、地图的放大缩小、数据的加载、要素选择、鹰眼地图、图层的选择、删除、更新等操作,还包括对已经录入系统的历史灾情数据的查询,分为按地理位置查询、按时间查询、模糊查询等功能,是整个系统的基础功能。

(1) 地图浏览

提供基础性的 GIS 浏览功能,主要通过加载 ArcGIS Engine 中的组件来实现,包括 MapControl、LayoutControl、TOCControl、ToolbarControl、LicenseControl 等。也有通过二次开发实现的功能,如鹰眼地图,右键菜单等(图 7.15、图 7.16)。

第7章 草原旱灾、雪灾应急救助管理系统构建与决策研究

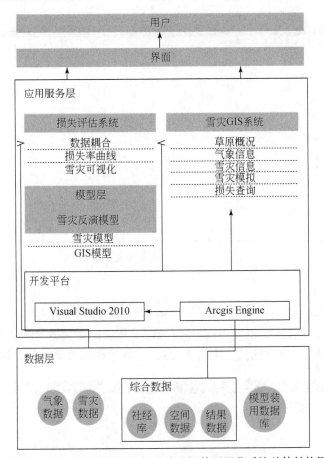

图 7.14　北方牧区草原雪灾损失快速评估可视化系统总体结构图

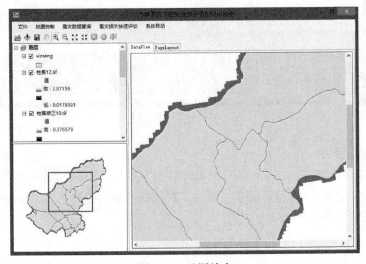

图 7.15　地图放大

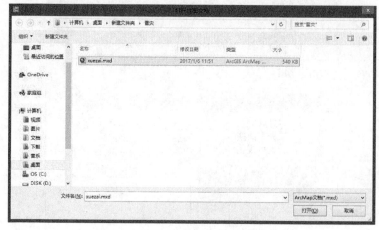

图 7.16　加载 mxd 文档

(2)数据查询

主要是对数据库中的历史雪灾旱数据进行检索的模块,可以按日期或地点对历史降雪数据进行检索,也可对棚户损失数据、畜牧损失数据等经济损失数据进行检索,方便用户查询校对信息,使用 ArcSDE 实现数据库与系统的连接(图 7.17)。

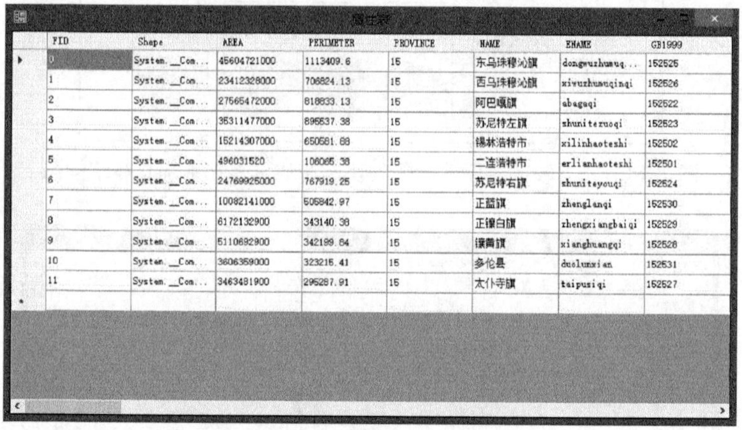

FID	Shape	AREA	PERIMETER	PROVINCE	NAME	ENAME	GB1999
0	System.__Com...	45604721000	1113409.6	15	东乌珠穆沁旗	dongwuzhumuq...	152525
1	System.__Com...	23412328000	706824.13	15	西乌珠穆沁旗	xiwuzhumuqinqi	152526
2	System.__Com...	27565472000	818833.13	15	阿巴嘎旗	abagaqi	152522
3	System.__Com...	35311477000	895537.38	15	苏尼特左旗	shuniteruoqi	152523
4	System.__Com...	15214307000	650581.88	15	锡林浩特市	xilinhaoteshi	152502
5	System.__Com...	496031520	106065.38	15	二连浩特市	erlianhaoteshi	152501
6	System.__Com...	24769925000	767919.25	15	苏尼特右旗	shuniteyouqi	152524
7	System.__Com...	10082141000	505842.97	15	正蓝旗	zhenglanqi	152530
8	System.__Com...	6172132900	343140.38	15	正镶白旗	zhengxiangbaiqi	152529
9	System.__Com...	5110692900	342199.84	15	镶黄旗	xianghuangqi	152528
10	System.__Com...	3606359000	323216.41	15	多伦县	duolunxian	152531
11	System.__Com...	3463481900	295287.91	15	太仆寺旗	taipusiqi	152527

图 7.17　属性查询结果

(3)图层管理

可以加载研究区域范围内不同的数据进行显示,如降雪数据、各类经济损失数据、观测站位置数据等,也可通过右键菜单对加载的数据进行选中、删除图层可见/图层不可见等操作(图 7.18)。

图 7.18　图层删除

2) 雪灾损失快速评估子模块

本系统根据灾害损失形成机理,以"3S"技术为技术支撑,利用国产卫星风云三号微波辐射计的微波亮温数据,结合地面气象台站观测数据与野外现场实测雪深数据,构建更为精确的积雪深度微波辐射经验模型,实现雪深快速反演,提高雪灾研究的精细化水平;同时,耦合野外试验数据、历史灾情数据与遥感实时反演数据,利用承灾体损失率曲线,构建区域雪深—承灾体损失率曲线,增加草原雪灾损失评估的实时性,提高草原雪灾损失评估的精确性,实现了损失快速评估的目的(图 7.19)。

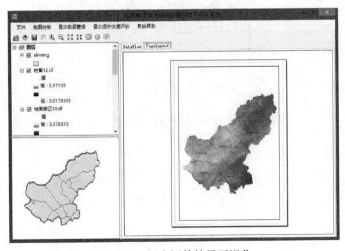

图 7.19　损失评估结果可视化

3)雪灾损失快速评估结果专题图制作子模块

该子模块的功能是将各类损失更直观的进行显示,实现根据不同承灾体类型、损失程度的属性对研究区进行区划,对雪灾损失快速评估计算的结果可以进行发布演示,发布文件类型包括 jpg 文件、pdf 文件等(图7.20、图7.21)。

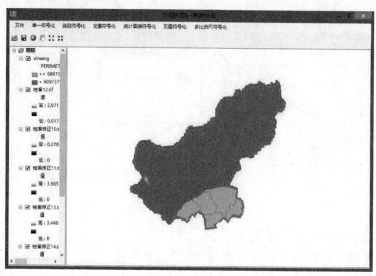

图 7.20　专题图制作主界面

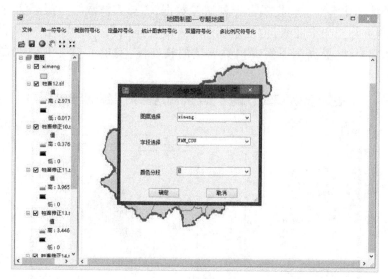

图 7.21　专题图菜单

7.1.5 北方牧区草原雪灾应急物资库优化布局系统

1. 系统总体结构

本软件系统的开发是针对草原雪灾问题进行风险评价与应急物资库优化布局,主要功能有 GIS 浏览与图层管理功能、草原雪灾数据管理、物资库优化布局、布局结果可视化、空间位置与属性互查和数据统计与分析等。

北方牧区草原雪灾应急物资库优化布局系统总体结构如图 7.22 所示。

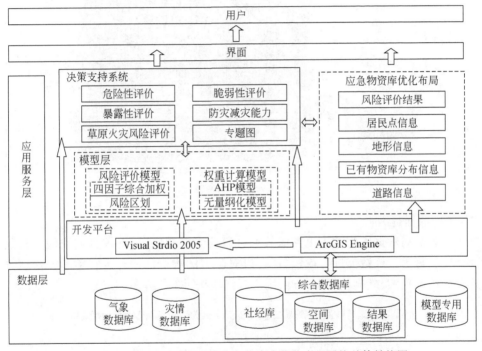

图 7.22 北方牧区草原雪灾应急物资库优化布局系统总体结构图

2. 系统子模块分类与功能

以系统实际运行的需要与功能间的逻辑关系为出发点,北方牧区草原雪灾应急物资库优化布局系统分为三个子模块,分别是:GIS 浏览及已有物资库信息查询子模块、草原雪灾风险评价及应急物资库优化布局子模块与应急物资库优化布局专题图制作子模块。

1) GIS 浏览及已有物资库信息查询子模块

该子系统总体功能是实现 GIS 的基本功能,包括地图的浏览、地图的放大缩小、数据的加载、要素选择、鹰眼地图、图层的选择、删除、更新等操作,还包括对已经录入系统的已有物资库信息的查询,分为按地理位置查询、按时间查询、模糊查询等功能,是整个系统的基础功能。

(1)地图浏览

提供基础性的 GIS 浏览功能,主要通过加载 ArcGIS Engine 中的组件来实现,包括 MapControl、LayoutControl、TOCControl、ToolbarControl、LicenseControl 等。也有通过二次开发实现的功能,如鹰眼地图、右键菜单等(图 7.23)。

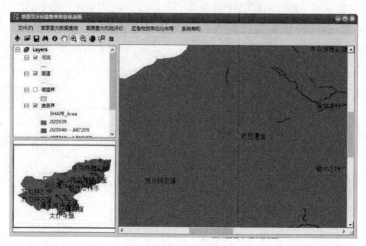

图 7.23　地图浏览

(2)数据查询

主要是对数据库中的历史灾情数据进行检索的模块,可以按日期或地点对风速、气温、降雪量等数据进行检索,还可以对已有的物资库信息进行检索。检索方式分为精确检索、模糊检索等,方便用户查询数据(图 7.24、图 7.25)。

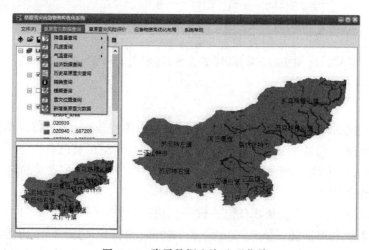

图 7.24　降雪数据查询选项菜单

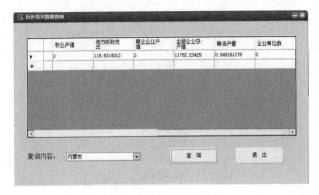

图 7.25　降雪查询结果

(3)图层管理

可以加载研究区域范围内不同的数据进行显示,如降雪数据、各类经济损失数据、物资库位置数据等,也可通过右键菜单对加载的数据进行选中、删除图层可见/图层不可见/图层数量统计等操作(图 7.26、图 7.27)。

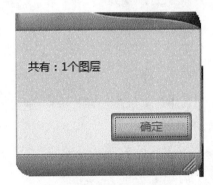

图 7.26　图层数量统计

图 7.27　图层显示位置选择

2)草原雪灾风险评价及应急物资库优化布局子模块

(1)草原雪灾风险评价功能

针对草原雪灾风险形成机制及原理,在系统中添加了草原雪灾四因子,即草原雪灾危险性、暴露性、脆弱性及防灾减灾能力之间的关系及机理,并根据自然灾害风险形成机制及四因子理论构建了草原雪灾风险评价概念框架及评价流程。

本系统中实现了由于指标单位不一致情况下,统一指标方法,并利用 AHP 方法为原理,实现了层次分析法对指标赋权重功能(图 7.28、图 7.29)。

本系统利用自然灾害风险形成机制,从草原雪灾危险性、暴露性、脆弱性及防灾减灾能力四因子出发,分别对四因子进行评价,并最终实现草原雪灾风险评价及可视化管理。

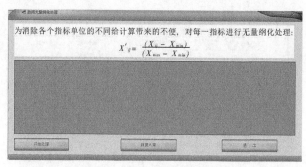

图7.28　指标无量纲化处理

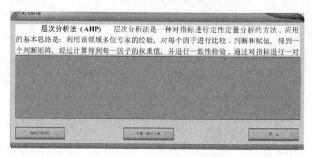

图7.29　层次分析法界面

①危险性评价功能

危险性评价主要实现对研究区指标入手,作为草原雪灾危险性评价指标,通过指标无量纲化处理与权重计算,并实现专题图制作(图7.30)。

图7.30　草原雪灾风险形成机制

②暴露性评价功能

暴露性评价指标主要包括牧区人口数量、牧业总产值、牧畜数量、建筑数量、可燃物承载量五个因子对暴露性进行评价，通过指标无量纲化处理功能及权重计算功能实现指标数据统一与权重计算，实现暴露性评价。

③脆弱性评价功能

草原雪灾脆弱性指标包括0~14岁、60岁以上人口数量、牧业产值占比例、幼畜数量、易燃建筑物数量、气温、可燃物类型六个基本评价因子，通过指标无量纲化处理功能及权重计算功能实现指标数据统一与权重计算，实现脆弱性评价。

④防灾减灾能力评价功能

防灾减灾能力包括防火人员数量、防火设备数量、反应时间、防火资金投入、路网密度五个因子。分别利用指标无量纲化处理功能及权重计算功能实现指标数据统一与权重计算，并实现防灾减灾能力评价。

如图7.31所示为草原雪灾风险评价功能示意图。

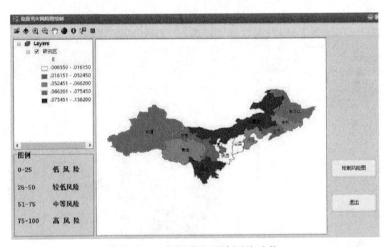

图7.31　草原雪灾风险评价功能

（2）北方牧区草原雪灾应急物资库优化布局功能

针对草原雪灾的特点，从草原雪灾灾情等级、交通因素、承灾体分布及灾害救援损失四个方面出发，作为草原雪灾应急物资库优化布局的约束条件，分别实现了提取危险源、道路、平坦区域等，作为应急物资库建立条件。

从应急物资库布局原则，即远离危险源、交通便利、地势相对平坦等选取应急物资库选址适宜区。应急物资库优化布局，利用集合覆盖理论，实现优化布局，并利用ArcGIS功能将结果可视化（图7.32）。

3）应急物资库优化布局专题图制作子模块

该子系统的功能是将应急物资库优化布局结果以专题图的形式进行输出、方便结果的演示、发布等操作，发布文件格式包括JPG文件、PDF文件等形式，可按需求进行选择（图7.33）。

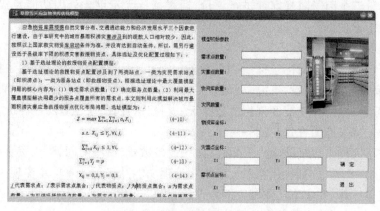

图 7.32 应急物质库建立条件界面

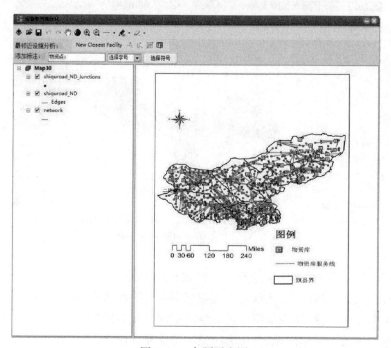

图 7.33 专题图出图

7.1.6 北方牧区草原雪灾应急避难所优化布局系统

1. 系统总体结构

本软件系统的开发是针对草原雪灾问题进行风险评价与应急避难所优化布

局,主要功能有 GIS 浏览与图层管理功能、草原雪灾数据管理、避难所优化布局、布局结果可视化、空间位置与属性互查和数据统计与分析等。

北方牧区草原雪灾应急避难所优化布局系统总体结构如图 7.34 所示。

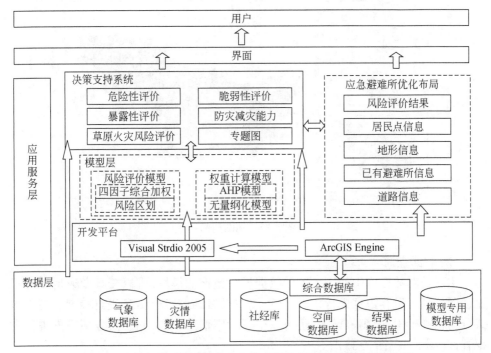

图 7.34　北方牧区草原雪灾应急避难所优化布局系统总体结构图

2. 系统子模块分类与功能

以系统实际运行的需要与功能间的逻辑关系为出发点,北方牧区草原雪灾应急避难所优化布局系统分为三个子模块,分别是 GIS 浏览及已有避难所信息查询子模块、草原雪灾风险评价及应急避难所优化布局子模块与应急避难所优化布局专题图制作子模块。

1) GIS 浏览及已有避难所信息查询子模块

该子系统总体功能是实现 GIS 的基本功能,包括地图的浏览、地图的放大缩小、数据的加载、要素选择、鹰眼地图、图层的选择、删除、更新等操作,还包括对已经录入系统的已有避难所信息的查询,分为按地理位置查询、按时间查询、模糊查询等功能,是整个系统的基础功能。

(1) 地图浏览

提供基础性的 GIS 浏览功能,主要通过加载 ArcGIS Engine 中的组件来实现,包括 MapControl、LayoutControl、TOCControl、ToolbarControl、LicenseControl 等。也有

通过二次开发实现的功能,如鹰眼地图、右键菜单等(图7.35)。

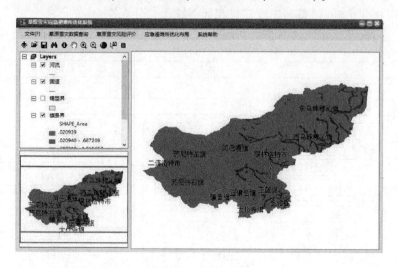

图7.35 地图浏览

(2)数据查询

主要是对数据库中的历史灾情数据进行检索的模块,可以按日期或地点对风速、气温、降雪量等数据进行检索,还可以对已有的避难所信息进行检索。检索方式分为精确检索、模糊检索等,还可以根据检索信息制图制表等,方便用户进行数据查询(图7.36、图7.37)。

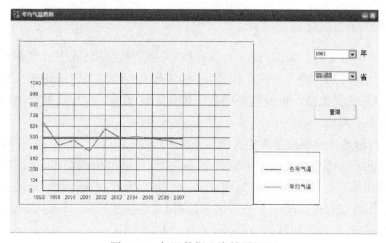

图7.36 气温数据查询结果界面

第 7 章　草原旱灾、雪灾应急救助管理系统构建与决策研究　　　·283·

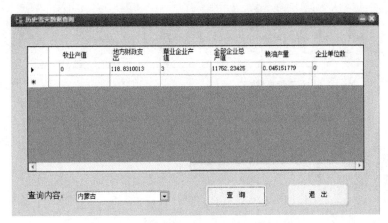

图 7.37　社会经济信息查询结果界面

(3) 图层管理

可以加载研究区域范围内不同的数据进行显示,如降雪数据、各类经济损失数据、避难所位置数据等,也可通过右键菜单对加载的数据进行选中、删除图层可见/图层不可见、图层数量统计等操作(图 7.38、图 7.39)。

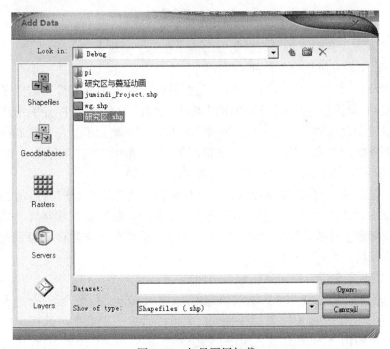

图 7.38　矢量图层加载

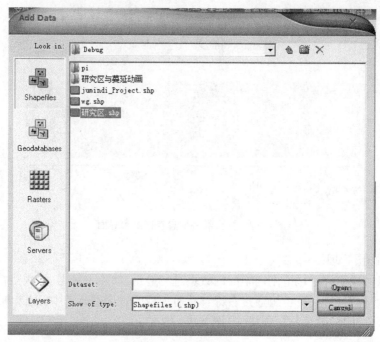

图 7.39　图层输出

2) 草原雪灾风险评价及应急物资库优化布局子模块

(1) 草原雪灾风险评价功能

针对草原雪灾风险形成机制及原理，在系统中添加了草原雪灾四因子即草原雪灾危险性、暴露性、脆弱性及防灾减灾能力之间的关系及机理，并根据自然灾害风险形成机制及四因子理论构建了草原雪灾风险评价概念框架及评价流程。

本系统实现了在指标单位不一致情况下，统一指标方法，并利用 AHP 方法为原理，实现了层次分析法对指标赋权重功能（图 7.40）。

本系统利用自然灾害风险形成机制，从草原雪灾危险性、暴露性、脆弱性及防灾减灾能力四因子出发，分别对四因子进行评价。并最终实现草原雪灾风险评价及可视化管理。评价方法和功能同 7.1.5 小节所介绍的北方牧区草原雪灾应急物资库布局系统类似（图 7.41）。

(2) 草原雪灾应急物资库优化布局功能

应急避难所布局要求居民避难快速可达、众所周知及公平合理、符合安全应急避难所布局原则，从地形因素、路网密度、人口因素 3 个方面考虑区级应急避难所优化布局影响因素，选取远离危险源、交通便利、地势相对平坦区域，作为应急避难所选址适宜区。应急避难所的优化布局，利用集合覆盖理论，实现优化布局，并利用 ArcGIS 功能将结果可视化（图 7.42）。

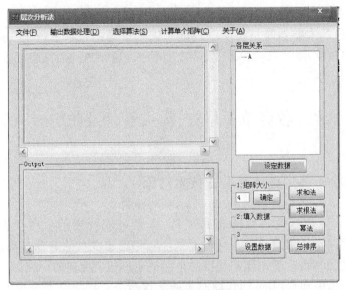

图 7.40　层次分析法计算界面

图 7.41　草原雪灾风险形成机制

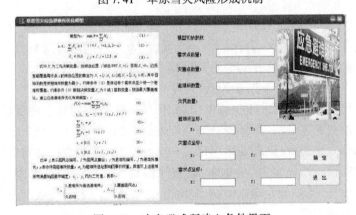

图 7.42　应急避难所建立条件界面

3）应急避难所优化布局专题图制作子模块

该子系统的主要功能是将应急避难所优化布局结果以专题图的形式进行输出、方便结果的演示/发布等操作,发布文件格式包括 JPG 文件、PDF 文件等形式,可按需求进行选择。

7.2 北方牧区草原旱灾、雪灾管理及防御对策研究

7.2.1 草原干旱灾害风险管理技术对策

保险是一种自然灾害风险转移工具,也是风险管理的一种手段(李思佳,2013)。费率厘定是保险公司在期望理赔金额和理赔次数的基础上确定充分费率的过程(郑慧,2014)。费率厘定的目的是期望通过相关保费的计算,准备足够的资金,保证预期损失和费用的支付,同时也能为保险公司提供一个合理的报酬率(郑慧,2012)。

本书以松嫩草原为代表,对我国北方草原干旱风险管理模型进行说明。在保险费率计算基本原理指导下,根据松嫩草原干旱灾害风险区划基础上,以县级市行政区划为基本空间单元体系,对各县级市草原干旱灾害风险进行了再区划,通过对草原干旱灾害保险纯费率厘定方法进行修正,计算出松嫩草原各县级市保险纯费率值,以费率值为主要区划指标,结合各县级市的自然地理特征,从灾前、灾中、灾后三方面全面考虑,构建了干旱风险管理框架体系和模型,并利用干旱灾害风险动态评价及区划和费率厘定的区划结果开展干旱灾害的风险管理研究。为地方政府开展防灾减灾和应急服务提供决策参考。

1. 保险费率的概念、构成与厘定方法

(1)保险费率的概念与构成

保险费率是指对应某一具体的保险合同,投保人缴纳的保险费率与其对应的保险金额(保额)的比值,一般以百分比的形式出现。即

$$保险费率 = 保费/对应的保险金额 \times 100\% \tag{7.1}$$

保费是指投保人为了获得保险的保障,依照保险合同的规定向保险人缴纳的费用。依据保费的三分法,将保费分为纯保费、附加保费和行政开支等三个部分。与保费三部分内容对应,保险费率也可以分为纯费率、附加费率和行政开支费率。其中,纯费率,也叫期望损失-成本率,是指纯保费与其对应的总保险金额的比值(冷慧卿,2011)。费率厘定包括纯费率厘定、附加费率厘定和行政开支费率厘定,本书只进行纯费率厘定工作。

(2) 保险费率厘定方法

草场保险还未形成完整的体系,因此本书借鉴农作物保险费率厘定方法和模型。目前国内外农作物保险费率厘定模型主要有三类:

①依据保险业务数据进行直接统计分析法

即成本–损失率(loss–cost rate, LCR)法。一个地区的纯费率利用以下公式计算:

$$R^{n+1} = E\left[\frac{L\%}{C\%}\right] = \frac{1}{n}\sum_{i=1}^{n}\frac{L_i}{C_j} \quad (7.2)$$

式中, R^{n+1} 是指 $n+1$ 年的费率,等于随机总赔付金额($L\%$)与总保险金额($C\%$)比值的期望值。这种纯费率厘定方法要求较长时间序列的草场保险数据,因此本书草原保险费率厘定未使用此方法。

②依据历史产量损失率数据计算法

此类方法是利用参数估计法和非参数估计法,假设历史产量损失率遵循正态分布,从而估计减产的概率模型,便计算出保险纯费率。计算公式如下:

$$R = E[\delta(y\%)] = \int_0^{\theta y}\delta(y\%) \cdot h(y\%) \cdot d(y\%) = \int_0^{\theta \bar{y}}(\theta\bar{y}) \cdot h(y\%) \cdot \frac{dy}{\theta\bar{y}} \quad (7.3)$$

式中,R 为费率值,$\delta(y\%)$ 为当理论产量为 $y\%$ 时的减产率,$h(y\%)$ 为实际产量服从概率密度分布,$\bar{y}$ 是 $y\%$ 的期望值,当做理论产量,θ 为保障水平。

此类方法要求历史草产量数据时间序列在 25 年以上。松嫩草原历史草产量很难获得长时间序列的数据,因此,此类方法不可取。

③根据区域灾害系统理论,利用历史灾情案例数据计算费率法

此类方法是在获取历史大量灾情数据的情况下,根据区域灾害系统理论,通过致灾过程的定量化和承灾体遭受损失的可能性即损失程度的模型化描述下,进而计算出多年平均损失率与纯费率值。此种方法计算的损失率数据基础是多年平均损失率,表明灾害已经发生,这种方法计算费率的保险农牧民一般不愿意支付保费。

风险是灾害发生的可能性。因此,本书依据区域灾害系统理论和综合灾害风险管理理论,在草原干旱灾害风险区划基础上进行了草原干旱灾害保险纯费率厘定研究,具有一定的参考价值。

2. 草原干旱灾害保险纯费率厘定

(1) 保险费率计算方法

目前保险公司制定纯费率的计算公式为:

$$R = \bar{X} \times (1 + K) \quad (7.4)$$

式中,$\bar{X}$ 代表多年平均损失率,是纯费率厘定的基本指标;K 为稳定系数,是损失率的离散程度,是纯费率厘定的辅助指标。

多年平均损失率计算公式如下:

$$\bar{X} = \frac{1}{n}\sum_{i=1}^{n} X_i \tag{7.5}$$

式中,X_i 是第 i 年的损失率,n 为年数。

稳定系数 K 的计算公式如下:

$$K = \frac{S_{\bar{X}}}{\bar{X}} \times 100\% \tag{7.6}$$

式中,K 为稳定系数;$S_{\bar{X}}$ 为标准误差。

标准误差 $S_{\bar{X}}$ 可以通过以下公式获取:

$$S_{\bar{X}} = \frac{\sigma}{\sqrt{n}} \tag{7.7}$$

式中,σ 代表标准差。

标准差 σ 通过以下公式计算获得:

$$\sigma = \sqrt{\frac{1}{n-1}\sum_{i=1}^{n}(X_i - \bar{X})} \tag{7.8}$$

(2)松嫩草原干旱灾害风险再区划

干旱灾害进行风险区划是对保险进行费率厘定的基础,是保险发展和推广的前提(姜甜甜,2016)。因此,本章基于草原干旱灾害风险区划基础上进行草原干旱灾害保险纯费率厘定工作。尽管以 1km×1km 格网尺度的松嫩草原干旱灾害风险结果为保险纯费率厘定提供了高空间分辨率,但随之将会遇到保险运行成本过高的问题。因此,本章依据第 6 章草原干旱灾害风险区划基础上,通过干旱灾害保险纯费率计算方法的修正,对研究区域县级市为基本单元进行了保险纯费率厘定工作。首先,按照研究区各个县级市分别统计了干旱灾害风险值,然后运用 ArcGIS 的自然断点方法对其进行等级划分,并绘制了松嫩草原不同生育期干旱灾害风险再区划图(图 7.43)。

从图 7.43 可以看出,研究区内不同生育期草原干旱灾害风险分布表现出比较明显的地区差异。

在返青期-开花期高风险发生在洮南市和通榆县区域;中风险发生在龙江县、依安县、拜泉县、明水县、林甸县、青冈县、兰西县、安达市、肇州县、大安市、乾安县、长岭县和双辽市等区域;低风险发生在讷河市、克山县、甘南县、富裕县、大庆市、镇赉县、双城市、扶余县和农安县等区域;轻风险发生在五大连池市、北安县、克东市、齐齐哈尔市、杜尔伯特蒙古族自治县、泰来县、肇源县、松原市、肇东市、哈尔滨市、前郭尔罗斯蒙古族自治县、白城市、德惠市、长春市和公主岭市等县级市。把整个研究区分为1个高风险区、3个中风险区、4个低风险区和4个轻风险区。

在开花期-成熟期高风险值集中在大安市、洮南市、通榆县、长岭县和双辽市等县级市区域；中风险值出现在龙江县、林甸县、白城市、泰来县、镇赉县、杜尔伯特蒙古族自治县、安达市、大庆市、肇州县、乾安县、前郭尔罗斯蒙古族自治县、农安县、扶余县和长春市等县级市区域；低风险值发生在讷河市、甘南县、富裕县、齐齐哈尔市、依安县、拜泉县、明水县、青冈县、兰西县、肇东县、哈尔滨市、肇源县、哈尔滨市、松原市、双城市、德惠县和公主岭市等县级市；轻风险值发生在五大连池市、北安县、克山县、克东县和北安市等区域。把整个研究区被分割成1个高风险区、1个轻风险区、3个低风险区和2个中风险区。

在成熟期-枯黄期，高风险值出现在白城市、洮南市、通榆县、长岭县和双辽市等县级市；中风险发生在讷河市、甘南县、克山县、依安县、龙江县、拜泉县、泰来县、大安县、前郭尔罗斯蒙古族自治县、长春市、扶余县和肇州县等区域；低风险值发生在克东县、明水县、林甸县、安达市、兰西县、杜尔伯特蒙古族自治县、大庆市、肇东县、松原市、农安县和公主岭市等县级市区域；轻风险分布在五大连池市、北安县、富裕县、齐齐哈尔市、青冈县、双城市、哈尔滨市、肇源县和德惠市等县级市区域。整个研究区被分割成1个高风险区、3个中风险区、3个低风险区和5个轻风险区域。

在全生育期内主要是以低风险为主，高风险值主要集中在大安市、白城市、镇赉县和洮南市等县级市；中风险值在泰来县、肇源县、松原市、通榆县、乾安县、北安县、五大连池市和克东县等区域。把整个研究区分成1个高风险区、4个中风险区、1个低风险区和1个轻风险区。

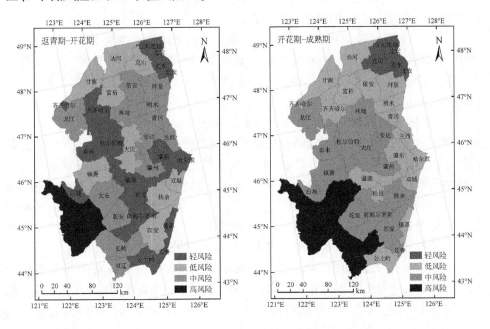

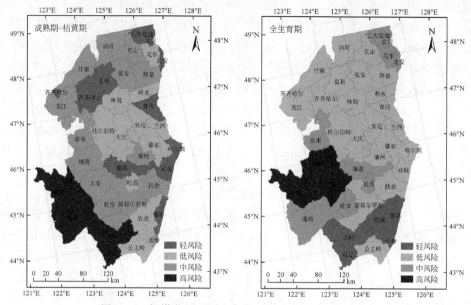

图7.43 松嫩草原不同生育期干旱灾害风险再区划图

(3)基于风险区划的松嫩草原干旱灾害保险纯费率修正

通过对松嫩草原不同生育期干旱灾害风险按照县级市进行再区划研究结果表明,研究区内各地区干旱灾害风险水平不同。因此,为了避免因整个研究区设置统一费率而造成严重的基差风险,需要在纯费率的基础上按照前面草原干旱灾害风险再区划结果进行调整,风险系数的大小与研究区域干旱灾害风险等级有关。由此得到松嫩草原干旱灾害保险纯费率厘定公式如下:

$$\text{草原保险纯费率} = \text{风险系数} \times \text{灾害损失率} \times (1 + \text{稳定系数}) \quad (7.9)$$

式中,根据前面草原干旱灾害风险再区划结果,这里假设轻风险区风险系数为1.0,低风险区风险系数为1.1,中风险区风险系数为1.2,高风险去风险系数为1.3(梁来存,2010;陈新建,2009)。

(4)松嫩草原干旱灾害保险纯费率厘定与分区

草原旱灾保险纯费率厘定是开展草原旱灾保险的基础,也是保险产品定价的前提。根据保险纯费率厘定方法、松嫩草原干旱灾害风险再区划和草原干旱灾害保险纯费率修正方法,计算得到松嫩草原基于县级市的旱灾保险纯费率表(表7.1),以县级市为基本单元,行政区划为区划界线,基于纯费率厘定结果,按纯费率值大小分为高纯费率区、中纯费率区和低纯费率区三个等级的费率区(表7.2),并运用GIS技术绘制出松嫩草原干旱灾害保险纯费率的区划图(图7.44)。

从表7.1、表7.2和图7.44可知,松嫩草原干旱灾害保险纯费率为2.27%至12.49%不等;通过纯费率值的等级划分,将松嫩草原分成高费率区、中费率区和低费率区三个等级,纯费率值分别是8.48%~12.49%、4.97%~8.47%和2.27%~

4.96%;从空间分布来看,空间差异显著。洮南市、通榆县、前郭尔罗斯蒙古族自治县干旱灾保险纯费率较高;其次是克山县、克东县、拜泉县、安达市、龙江县、泰来县、镇赉县、白城市、肇源县、杜尔伯特蒙古族自治县、扶余县、乾安县、农安县、长岭县、双辽市、大安县、长春市保险中等费率区;低费率区为五大连池市、北安市、讷河市、甘南县、富裕县、齐齐哈尔市、林甸县、明水县、青冈县、大庆市、兰西县、肇东市、肇州县、松原市、哈尔滨市、双城市、德惠市、公主岭市。符合高风险区域费率高,风险低区域费率低的规律。这一结果跟实际较相符,个别有相差的地区有可能是数据收集或者运算过程中引起的。值得说明的是,纯费率高的地区不一定是草原区域,对于既是草原区又是纯费率值高的地区,应该引起保险公司的注意。在实际应用当中,为了能让农牧民接受,而且能交付得起,对高风险区域的高费率值应适当的下调。而且,保险公司也要考虑高风险地区的特点,再决定这些地区是否符合开展业务。

表7.1 松嫩草原旱灾保险纯费率表

县级市	纯费率/%	县级市	纯费率/%
长春市辖区	5.44	泰来县	7.83
德惠市	4.42	富裕县	3.66
公主岭市	2.97	克山县	7.01
双辽市	5.59	克东县	5.27
松原市	3.79	拜泉县	5.35
前郭尔罗斯	11.95	讷河市	4.04
长岭县	8.47	大庆市	4.56
乾安县	7.23	肇州县	2.52
扶余县	5.08	肇源县	5.36
白城市	5.84	林甸县	3.87
镇赉县	7.53	杜尔伯特蒙古族自治县	5.52
通榆县	12.49	北安市	4.96
洮南市	9.33	五大连池市	3.67
大安市	7.80	兰西县	2.27
哈尔滨市	3.31	青冈县	2.72
双城市	3.38	明水县	4.09
齐齐哈尔市	4.26	安达市	5.37
龙江县	6.21	肇东市	4.57
依安县	3.89		

表 7.2　松嫩草原旱灾保险纯费率等级划分

纯费率等级	纯费率范围	县级市
高费率	8.48%~12.49%	洮南市、通榆县、前郭尔罗斯蒙古族自治县
中费率	4.97%~8.47%	克山县、克东县、拜泉县、安达市、龙江县、泰来县、镇赉县、白城市、肇源县、杜尔伯特蒙古族自治县、扶余县、乾安县、农安县、长岭县、双辽市、大安县、长春市
低费率	2.27%~4.96%	五大连池市、北安市、讷河市、甘南县、富裕县、齐齐哈尔市、林甸县、明水县、青冈县、大庆市、兰西县、肇东市、肇州县、松原市、哈尔滨市、双城市、德惠市、公主岭市

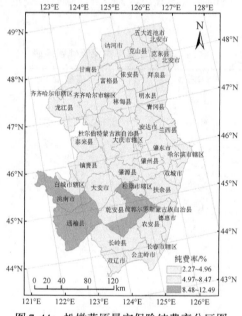

图 7.44　松嫩草原旱灾保险纯费率分区图

3. 小结

为了满足在较高空间分辨率下开展草原旱灾保险纯费率厘定需求,本书选取松嫩草原为研究区,根据草原旱灾风险分区基础上,在保险费率计算原理和方法指导下,以县级市行政单元为基本空间单元进行了草原保险纯费率厘定工作,以费率值为主要区划指标,结合各县级市的自然地理特征,对松嫩草原县级市干旱灾害费率进行了分区,并利用 GIS 绘制出了费率分区图。结果表明:松嫩草原干旱灾害保险纯费率为 2.27 至 12.49% 不等;通过纯费率值的等级划分,将松嫩草原分成高费率区、中费率区和低费率区三个等级,纯费率值分别是 8.48%~12.49%、

4.97%~8.47%和2.27%~4.96%;从空间分布来看,空间差异显著。风险高的地区纯费率高,风险低的地区纯费率低。保险赔付原则是风险越大,保险费率就越高(吴荣军等,2013)。因此,为了避免因整个研究区设置统一费率而造成严重的基差风险,本章开展基于风险区划的草原旱灾县级市保险纯费率厘定研究,对不同的风险分区采取不用的纯费率。

在理论上,从区域灾害形成机理出发,不管哪种灾种、灾害强度还是发生的频率都会存在差异,传统的方法是利用历史损失率厘定保险费率,且厘定的全省采取统一费率不能事实反映真实的风险水平。因此,在进行保险费率厘定时充分考虑灾害的区域特性,基于灾害风险评价分区基础上,利用期望损失率厘定了草原干旱灾害保险纯费率。在方法上,突破和完善了传统方法的局限性和不完整性。因此,本研究不管是从理论上还是从方法上做到了创新。研究结果为保险公司因地制宜的制定我国草原旱灾保险费率提供指导和参考。

7.2.2 草原雪灾损失防御对策研究

草原雪灾突发性强、危害大,其成因复杂,涉及天气、气候、社会以及自然界各种相关因素,其发生具有一定的随机性和不确定性。早期的雪灾防治研究多侧重于自然致灾因子方面。近年来,人们认识到草原雪灾是在自然和人为因素的共同作用下形成和发展的灾害,雪灾的发生,不仅受降雪量、积雪深度、积雪密度和积雪持续时间的影响,同时和草场状况、棚舍条件及生产力水平等紧密相关,是一种多因素综合的气象灾害。而且,由于各地区资源、气候条件各异,社会经济发展水平不同,土地利用方式不同,所受到的雪灾的影响以及其抵御灾害的能力也存在很大的差异。

在内蒙古锡林郭勒盟草原雪灾灾情区划的基础上提出草地畜牧业区域可持续发展模式与防御减灾对策。由于草原雪灾灾情主要是由雪灾致灾因子的危险性、孕灾环境的稳定性和承灾体的脆弱性综合作用的结果,因此,草原雪灾防御管理对策的提出也是针对这3个方面展开的(图7.45)。

1. 草原雪灾草场损失防御对策

通过草原干旱雪灾灾害链贝叶斯网络发现,草原干旱也是引起草原雪灾的致灾因子之一。尤其是受灾害链影响较为严重的锡盟北部地区,牧草生长季,由于水热条件时空分布不均,导致牧草产量低,打草量不足,导致饲草储备贫乏,在冬季降雪后无法放牧采食的情况下,牲畜草料无法及时供给,造成牲畜掉膘瘦弱,甚至死亡。

草地是一个具有自我调节能力的生态系统,有强化和改善草地对灾害的反应脆弱性的作用,所以,既要不断的提高草地生产力,发展畜牧业,又要良好地维护草

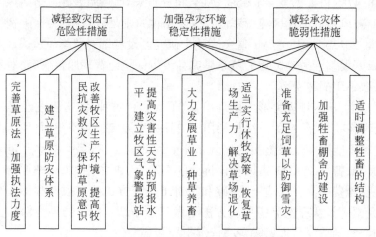

图 7.45 草原雪灾防御管理对策

地生态平衡,在生态效益的前提下,追求经济效益。以畜打草,以草定畜,用养结合。

(1) 继续加强草原监督管理工作,长期有效地推行春季休牧措施

近几年来,锡林郭勒盟盟委、行署高度重视草原保护工作,把禁、休牧和草畜平衡制度作为牧区基本制度,坚定不移地贯彻落实有关政策措施。休牧期间由于增加了牧民的成本,牧民承担着生态及畜牧业生产双重压力,在现有的休牧补偿政策下,建立生态补偿机制,给予资金扶持和信贷优先的政策,使休牧成为牧民自觉自愿行为,以便更好的保护草原,维护生态与环境。

(2) 加强牧区水利建设,合理利用水资源以增加牧草产量

内蒙古锡林郭勒牧区降水资源不足,气候干旱,缺水严重。因此,充分合理地开发利用有限的水资源,对减灾和草地畜牧业的可持续发展至关重要。充分利用水资源的途径是既要控制地表水,又要有计划地开发地下水。在满足人、畜饮水的前提下,进行草场的灌溉改良,选育抗旱的牧草品种,提高牧草的抗旱能力,增加牧草产量。

(3) 大力发展草业,种草养畜

内蒙古锡林郭勒盟草原各地牧草长势不同,为了使家畜在各季节都能获得较好的饲草供应,冬季牲畜一般要转场到冬营地,草原类型不同,造成冬季牲畜饲草供应存在差异,有些地区饲草储备不足。充足的草料是发展畜牧业生产的物质基础。适当开发草料资源,发展饲料工业,建立人工或半人工草场,围绕以冬草贮备为主的草原基本建设,适时贮草备料,提高牧草对光能的转化效率和家畜对牧草的再转化,抓好秋膘,平衡冬、春饲草饲料供应,以提高畜体抗灾能力。

2. 草原雪灾牲畜损失防御对策

在冬季来临之前，贮草水平偏低时，留足适龄母畜、后备畜、种公畜、生产役畜，适当宰杀老、弱、病畜，尽可能多地育肥出售，缓解冬春畜草饲料供应的压力，确保母、幼畜能够比较安全的渡灾，提高适应雪灾及其他灾害的能力，使生态效益和经济效益有机地统一起来。

在内蒙古锡林郭勒盟牧草低矮稀疏地区，如果缺乏大面积的打草场，贮草条件差，那么这些地区在积极解决草料的前提下，还可以通过调整畜群结构来减轻雪灾的危害。如果发生雪灾时，根据各种家畜破雪采食能力的大小，混合编群，由于牛的采食能力最差，所以要先放马，再放羊，后放牛，使各种家畜都可采食，以减轻雪灾的危害。

3. 草原雪灾牲畜棚舍损失防御对策

棚圈是保证牲畜躲避寒冬积雪的重要条件之一，在牲畜棚圈简陋缺乏的条件下而牲畜掉膘，母畜流产，仔畜成活率低，老、弱、幼畜死亡率增高。锡盟草原地区牲畜棚舍等基础设施条件不好，多数牲畜棚圈材质简陋，搭建方式简单，而降雪过程，多伴随大风，会导致棚舍被破坏。因此，在雪灾影响牲畜棚舍严重的太仆寺旗、多伦县和锡林浩特市等锡盟地区，应选用坚固耐用的材质，合理科学的搭建棚舍。同时，在积雪季及时清理牲畜棚舍顶部积雪，避免因积雪过厚压塌损毁棚舍。

4. 草原雪灾人口损失防御对策

居安思危，预防为主。各级政府的高度重视和支持是减灾工作不断发展的重要前提。采用各种形式，宣传和普及灾害与减灾知识，提高全社会的防灾意识和减灾能力，全面提高牧民群众的整体素质，培养长期防灾减灾的思想，提高牧民自我预防意识，对灾害的发生有思想和物质上的准备，并采取各种有效的减灾措施，就能够大幅降低灾害带来的损失。强化各级政府的责任意识，把保障人民群众利益和生产财产安全作为草原防灾减灾的首要任务，并且要不断完善和改进草原法，加强执法力度。

只有科学地规划与协调人类的活动，在顺乎自然规律的前提下，发挥人类的积极作用，消除、削减或回避灾害，调节、控制或疏导承灾体，保护、转移承灾体或提高承灾体的承灾能力，减少人为因素诱发的灾害源，这样才能积极、有效、科学地减灾。自然灾害的社会性决定其需要多部门的协同合作，建立起完善配套的减灾体系的任务包括对灾害的监测预警、风险分析、问题分析、政策分析、决策组织实施等。对各种减灾措施进行风险分析、灾情分析和技术评价，为政府和决策者提供信息服务和决策支持。要求各部门能够全力协作，共同做好减灾服务工作。

5. 草原雪灾经济损失防御对策

不能控制雪灾的发生,但却可以对雪灾的发生提前做出预测和预警,进而采取积极有效的抗灾措施来减轻灾害。逐步建立起雪灾监测、预测、预警和评估决策系统,使雪灾对社会经济造成的损失降低到最低程度。加强灾害性天气的预测预报,以减少受害损失。加强草原雪灾监测网的建设,做到对草原雪灾的预警预报,减轻雪灾带来的损失。建立草原雪灾专家系统,提出草原雪灾减灾控制措施和策略,指导草原雪灾的综合防治工作。

6. 其他措施

调整锡盟地区经济结构,优化土地利用布局,合理地安排农业、牧业的比重。加强草原雪灾的科学研究与创新,加快科研成果在草原雪灾防灾救灾工作中的转化应用。加大草原雪灾的科研资金投入,利用 GIS、GPS、RS 等新兴科技手段深入研究草原雪灾形成的因素、发生发展的机制、时空分布特征以及预报预警等。

推进草原雪灾研究领域信息管理、专业培训以及科学研发等方面的国际合作与交流,积极学习借鉴国外灾害管理的举措与经验;建立健全与国际组织、各国政府在草原雪灾的合作交流机制,使我国草原雪灾工作达到国际先进水平。

参 考 文 献

陈新建.2009.湖北省水稻生产风险与灾害补偿机制研究.武汉:华中农业大学.
冷慧卿.2011.我国森林火灾风险评估与保险费率厘定研究.北京:清华大学.
李思佳.2013.基于灾害风险分析的农业气象指数保险研究.南京:南京信息工程大学.
梁来存.2010.我国粮食单产保险纯费率厘定的实证研究.统计研究,27(5):67~73.
姜甜甜.2016.基于农业保险风险区划的山东省小麦干旱指数保险研究.济南:山东财经大学.
吴荣军,史继清,关福来,等.2013.基于风险区划的农业干旱保险费率厘定——以河北省冬麦区为例.气象,39(12):1649~1655.
郑慧.2012.风暴潮灾害风险管理研究.青岛:中国海洋大学.
郑慧.2014.风暴潮灾害保险费率厘定模型与实证研究.北京:经济科学出版社.

彩 图

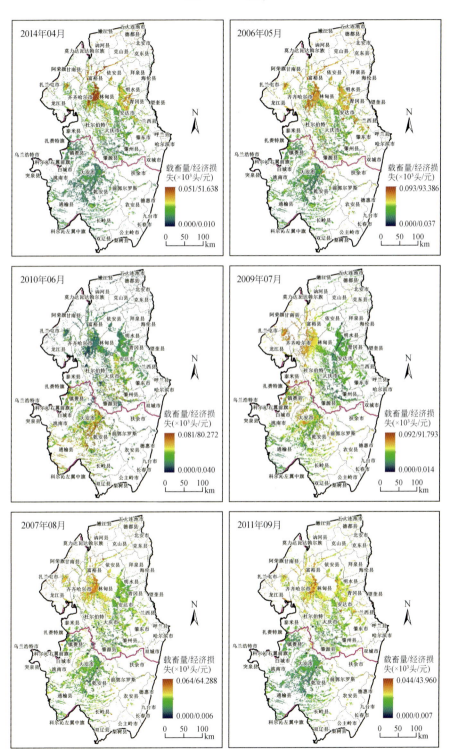

图 2.24 草原干旱灾害对草地载畜量造成损失的快速评估结果图

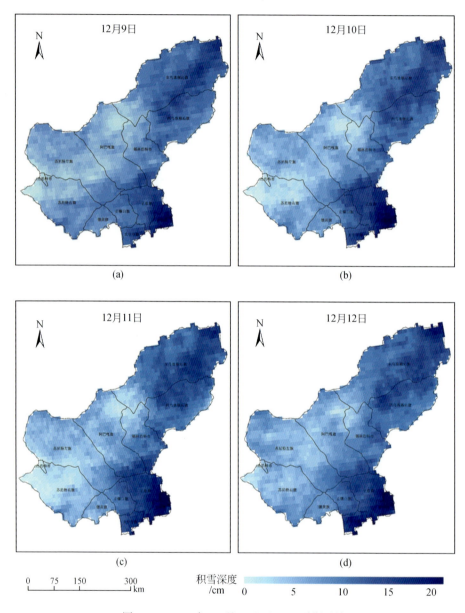

图 3.24 2015 年 12 月 9 日至 12 日雪深反演

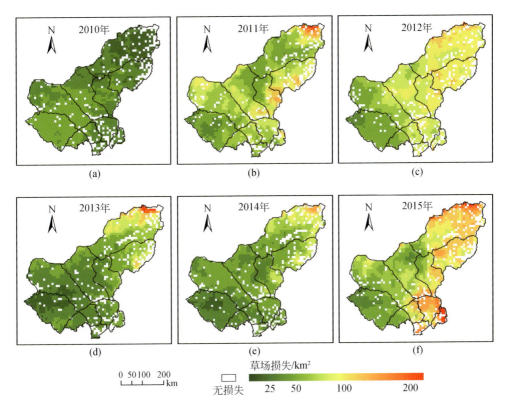

图 3.26 锡林郭勒地区 2010~2015 年草原雪灾草场损失快速评估结果

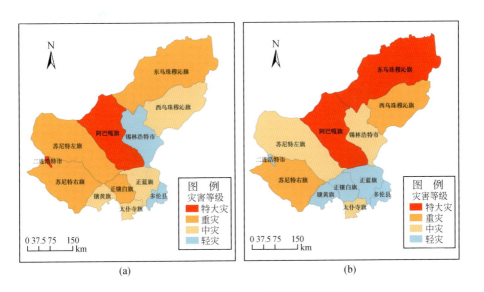

图 4.22 锡盟草原旱灾与雪灾等级区划图
(a)旱灾等级;(b)雪灾等级

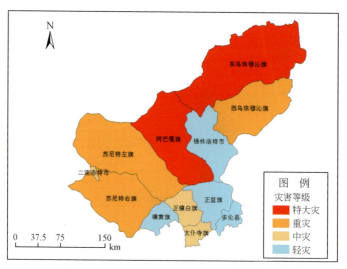

图 4.23 锡盟草原旱雪灾害链综合灾害等级区划图

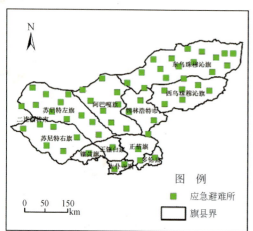 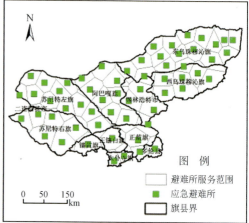

图 6.31 应急避难所优化布局

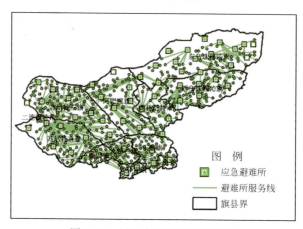

图 6.32 居民点对应应急避难所